普通高等教育电气与自动化专业理实一体化“十三五”规划教材

主　编◎刘　昕　黄亚飞　曹斌芳
副主编◎廖柏林　张书真　勒国庆

信号与系统

XINHAO YU XITONG

前 言

“信号与系统”课程是电子信息工程、电子信息科学与技术、通信工程等专业的一门学科基础课程，是“通信原理”“数字信号处理”“自动控制原理”等专业课程的先修课程。通过本课程的学习，培养学生的抽象思维能力，提高学生分析问题、解决问题的能力，为学生进一步研究通信理论、信号处理、信号检测及控制理论等内容奠定基础。在学习本课程过程中，让学生掌握信号与线性系统分析的基本理论、基本原理和方法，使学生能够在后续学习及工作中灵活应用这些方法解决实际问题。

随着信息科学技术的迅速发展，新的信号处理技术不断涌现。信号是信息的载体，系统是信息处理的手段，因此，作为研究信号与系统基本理论和方法的“信号与系统”课程，必须紧跟信息科学技术的发展趋势。为此，编者结合多年的教学经验与实践成果，参阅了大量国内外最新优秀教材，编写了本书。

本书是以国家高校教学改革、大力发展应用型本科建设为背景，以实现学习目标、组织专业教学为目的，本着“厚基础、易教学、重实践”的原则精心编写而成的。本书立足于“加强基础，精选内容；结合实际，逐步更新；突出重点，利于教学”的指导思想。在内容结构上，采取先“信号分析”，后“系统分析”；先“连续信号与系统分析”，后“离散信号与系统分析”；先“时域分析”，后“变换域分析”。这种结构，既体现了两者之间在理论分析上相对独立、内容上相互并行的特点，又遵循了先易后难、循序渐进的教学原则。本书内容安排上深入浅出，注意概念和理论与工程应用背景相结合。

本书以信号和系统为主要研究对象，从信号和系统的分析，一直到信号通过系统后的响应，利用各种数学工具，从时域、频域和复频域等多个角度，推导出了各种信号与系统的分析方法，并由此引出了频谱、频率响应、因果性、稳定性等实际应用中的很多重要的特性，给出了分析和解决实际应用问题的理论和方法。在时域分析中，主要讲述基本信号的数学定义和性质、信号的变换与运算以及系统的描述与时域特性等；在变换域分析中，重点讲述了傅里叶变换、拉普拉斯变换和 z 变换的数学概念、基本性质和工程应用背景等。

本书内容丰富，论述清楚，系统性和实践性较强。结构上注重突出重点、分散难点，强调数学概念与物理概念并重，力求实现理论与实践有机结合。同时，本书精心选编了大量的例题与习题，有利于培养学生分析问题和解决问题的能力。

本书由吉首大学刘昕、长沙理工大学黄亚飞、湖南文理学院曹斌芳任主编。全书共7章，其中第1章、第3章由长沙理工大学黄亚飞编写，第2章由邵阳学院勒国庆编写，第4章、第6章由吉首大学刘昕、湖南文理学院曹斌芳编写，第5章由吉首大学张书真编写，第7章由吉首大学廖柏林编写。刘昕对全书进行了统稿与修改工作。本书的出版得到了吉首大学教务处、吉首大学信息科学与工程学院、中南大学出版社的大力支持，在此致以诚挚的谢意。

编者

2019 年 6 月

目 录

第1章 信号与系统的基本概念 ……………………………………………… (1)

1.1 信号 ……………………………………………… (1)

1.1.1 信号的概念 ……………………………………………… (1)

1.1.2 信号的描述 ……………………………………………… (2)

1.1.3 信号的分类 ……………………………………………… (3)

1.1.4 典型时间信号 ……………………………………………… (5)

1.2 奇异信号 ……………………………………………… (8)

1.2.1 单位斜变信号 ……………………………………………… (8)

1.2.2 单位阶跃信号 ……………………………………………… (9)

1.2.3 单位冲激信号 ……………………………………………… (9)

1.2.4 单位冲激偶信号 ……………………………………………… (11)

1.3 信号的基本运算 ……………………………………………… (12)

1.3.1 信号整体的运算 ……………………………………………… (13)

1.3.2 信号之间的运算 ……………………………………………… (14)

1.4 信号的分解 ……………………………………………… (16)

1.4.1 直流分量与交流分量 ……………………………………………… (16)

1.4.2 奇分量与偶分量 ……………………………………………… (16)

1.4.3 脉冲分量 ……………………………………………… (16)

1.4.4 实部分量和虚部分量 ……………………………………………… (17)

1.4.5 正交函数分量 ……………………………………………… (18)

1.5 系统 ……………………………………………… (18)

1.5.1 系统的概念 ……………………………………………… (18)

1.5.2 系统的描述 ……………………………………………… (18)

1.5.3 系统的分类 ……………………………………………… (19)

1.5.4 线性系统及线性系统的判定 ……………………………………………… (21)

1.5.5 时不变系统及时不变系统的判定 ……………………………………………… (23)

1.5.6 线性时不变系统的性质 ……………………………………………… (24)

习 题 ……………………………………………… (25)

第 2 章　连续时间系统的时域分析 ……………………………………………… (29)

2.1　微分方程的建立和求解 ……………………………………………… (29)

2.1.1　连续时间系统微分方程的建立 ……………………………… (29)

2.1.2　微分方程的数学经典求解法 ……………………………… (30)

2.1.3　关于 0^- 与 0^+ ……………………………………………… (32)

2.1.4　微分方程的双零求解法 ……………………………………… (36)

2.2　冲激响应和阶跃响应 ……………………………………………… (38)

2.2.1　系统的冲激响应 ……………………………………………… (38)

2.2.2　冲激响应的求解 ……………………………………………… (39)

2.2.3　系统的阶跃响应 ……………………………………………… (41)

2.2.4　阶跃响应的求解 ……………………………………………… (41)

2.2.5　冲激响应与阶跃响应的关系 ……………………………… (42)

2.3　卷积积分 ……………………………………………………………… (43)

2.3.1　卷积积分定义 ………………………………………………… (43)

2.3.2　卷积的图解 …………………………………………………… (44)

2.3.3　卷积的性质 …………………………………………………… (45)

2.3.4　零状态响应的卷积求解法 ………………………………… (50)

习　题 ……………………………………………………………………… (52)

第 3 章　连续时间系统的频域分析 ……………………………………………… (58)

3.1　周期连续信号的傅立叶级数 …………………………………… (58)

3.1.1　三角函数形式的傅立叶级数 ……………………………… (58)

3.1.2　指数形式的傅立叶级数 …………………………………… (60)

3.1.3　三角函数形式与指数形式的傅立叶级数之间的关系 ……… (60)

3.1.4　函数的对称性与傅立叶级数的关系 ……………………… (61)

3.1.5　周期连续信号频谱的特点 ………………………………… (62)

3.1.6　一些典型周期连续信号的傅立叶级数 …………………… (64)

3.2　非周期信号的频谱(傅立叶变换) ……………………………… (66)

3.2.1　频谱密度函数 ………………………………………………… (66)

3.2.2　傅立叶变换公式 ……………………………………………… (67)

3.2.3　几种典型信号的傅立叶变换 ……………………………… (68)

3.3　傅立叶变换的性质 ………………………………………………… (72)

3.3.1　线性特性 ……………………………………………………… (72)

3.3.2　对称特性 ……………………………………………………… (72)

3.3.3　奇偶虚实特性 ………………………………………………… (73)

3.3.4　时域尺度变换特性 …………………………………………… (74)

3.3.5　时域移位特性 ………………………………………………… (75)

3.3.6　频域移位特性 ………………………………………………… (75)

3.3.7　调制与解调 …… (76)
3.3.8　时域卷积特性 …… (76)
3.3.9　频域卷积特性 …… (76)
3.3.10　时域微分特性 …… (77)
3.3.11　频域微分特性 …… (77)
3.3.12　时域积分特性 …… (78)
3.3.13　频域积分特性 …… (79)
3.4　周期信号的傅立叶变换 …… (80)
3.4.1　正弦、余弦信号的傅立叶变换 …… (80)
3.4.2　一般周期信号的傅立叶变换 …… (81)
3.4.3　周期信号的傅立叶系数与傅立叶变换的关系 …… (82)
3.5　连续时间系统的频域分析 …… (83)
3.5.1　频率响应 …… (84)
3.5.2　非正弦周期信号激励下系统的稳态响应 …… (85)
3.5.3　非周期信号激励下系统的响应 …… (86)
3.5.4　无失真传输 …… (86)
3.5.5　理想低通滤波器 …… (89)
3.5.6　系统的因果性与系统的可实现性 …… (90)
3.6　抽样定理 …… (91)
3.6.1　抽样信号的傅立叶变换 …… (91)
3.6.2　时域抽样 …… (92)
3.6.3　时域抽样定理 …… (94)
3.6.4　频域抽样 …… (96)
3.6.5　频域抽样定理 …… (97)
习　题 …… (97)

第4章　拉普拉斯变换 …… (104)

4.1　拉普拉斯变换 …… (104)
4.1.1　拉氏变换的定义——从傅氏变换到拉氏变换 …… (104)
4.1.2　拉普拉斯变换的收敛域 …… (105)
4.1.3　常用信号的单边拉氏变换 …… (105)
4.2　拉普拉斯变换基本性质 …… (107)
4.2.1　线性性质 …… (107)
4.2.2　时域平移性质 …… (108)
4.2.3　复频域移位性质 …… (109)
4.2.4　尺度变换性质 …… (109)
4.2.5　时域微分性质 …… (110)
4.2.6　时域积分性质 …… (111)
4.2.7　*s* 域微分性质及积分性质 …… (112)

4.2.8 初值定理 …………………………………………………… (113)
4.2.9 终值定理 …………………………………………………… (114)
4.2.10 时域卷积性质 …………………………………………… (115)
4.2.11 复频域卷积性质 ………………………………………… (115)
4.3 拉普拉斯逆变换 ……………………………………………… (116)
4.3.1 部分分式展开法 ………………………………………… (117)
4.4.2* 围线积分法(留数定理法) ……………………………… (120)
4.4 微分方程的 s 域变换解法 ………………………………… (121)
4.5 电路的 s 域(复频域)模型 ………………………………… (124)
4.5.1 电阻元件的 s 域模型 ………………………………… (124)
4.5.2 电容元件的 s 域模型 ………………………………… (124)
4.5.3 电感元件的 s 域模型 ………………………………… (125)
4.6 系统函数 ……………………………………………………… (126)
4.6.1 系统函数 …………………………………………………… (126)
4.6.2 互联系统的系统函数 …………………………………… (127)
4.6.3 系统函数 $H(s)$ 的零点和极点确定系统的时域响应 $h(t)$ ………… (128)
4.6.4 系统函数 $H(s)$ 的零点和极点与系统的频率特性的关系 ………… (131)
4.6.5 系统函数 $H(s)$ 极点位置确定系统的稳定性 ………………… (133)
4.7 拉普拉斯变换与傅里叶变换的关系 ………………………… (134)
习 题 ………………………………………………………………… (136)

第5章 离散时间系统的时域分析 ………………………………… (138)

5.1 离散时间信号——序列 ……………………………………… (138)
5.1.1 序列的概念 ……………………………………………… (138)
5.1.2 序列的运算 ……………………………………………… (139)
5.1.3 典型的序列 ……………………………………………… (141)
5.1.4 序列的周期性 …………………………………………… (144)
5.2 离散时间系统 ………………………………………………… (145)
5.2.1 线性系统 ………………………………………………… (145)
5.2.2 移不变系统 ……………………………………………… (146)
5.2.3 线性移不变系统 ………………………………………… (147)
5.2.4 因果系统 ………………………………………………… (148)
5.2.5 稳定系统 ………………………………………………… (148)
5.3 常系数线性差分方程的求解 ………………………………… (150)
5.3.1 用递推(迭代)法求解差分方程 ………………………… (150)
5.3.2 用时域经典法求解差分方程 …………………………… (151)
5.3.3 用双零法求解差分方程 ………………………………… (152)
5.3.4 用变换域方法求解差分方程 …………………………… (153)
5.4 卷积和 ………………………………………………………… (153)

5.4.1　定义 …… (153)
5.4.2　图解法求卷积和 …… (153)
5.4.3　竖乘法求卷积和 …… (155)
5.4.4　单位抽样响应和卷积和 …… (156)
5.4.5　LSI 系统的性质 …… (158)
习　题 …… (159)
第 6 章　离散时间系统的 z 域分析 …… (162)
6.1　z 变换 …… (162)
6.1.1　z 变换的定义 …… (162)
6.1.2　z 变换的收敛域 …… (162)
6.1.3　典型序列的 z 变换 …… (164)
6.2　z 反变换 …… (165)
6.2.1　围线积分法 …… (165)
6.2.2　幂级数展开法(长除法) …… (167)
6.2.3　部分分式展开法 …… (168)
6.3　z 变换的性质 …… (170)
6.3.1　线性特性 …… (170)
6.3.2　位移特性 …… (171)
6.3.3　序列线性加权特性 …… (171)
6.3.4　序列指数加权特性 …… (172)
6.3.5　初值定理 …… (172)
6.3.6　终值定理 …… (172)
6.3.7　时域卷积定理 …… (173)
6.3.8　z 域卷积定理 …… (174)
6.4　z 变换与拉普拉斯变换的关系 …… (176)
6.4.1　z 平面与 s 平面的映射关系 …… (176)
6.4.2　z 变换与拉普拉斯变换表达式对应 …… (178)
6.5　系统函数 …… (179)
6.5.1　系统函数 …… (179)
6.5.2　系统函数零、极点分布与系统的时域特征 …… (179)
6.5.3　系统函数零、极点的分布与频响特性 …… (180)
6.5.4　利用系统函数判定系统的特性 …… (182)
6.6　z 域分析 …… (183)
6.6.1　利用 z 变换解差分方程 …… (183)
6.6.2　系统的 z 域框图 …… (184)
习　题 …… (187)

第7章 系统的状态变量分析 …… (189)

7.1 状态变量分析的基本概念 …… (189)
7.1.1 状态 …… (190)
7.1.2 状态变量 …… (190)
7.1.3 状态矢量 …… (190)
7.1.4 状态空间 …… (190)
7.1.5 状态方程与输出方程 …… (190)
7.2 状态方程的建立 …… (191)
7.2.1 状态变量的选择 …… (191)
7.2.2 状态方程的建立 …… (191)
7.2.3 电路的状态方程的建立 …… (192)
7.2.4 连续时间系统状态方程的建立 …… (194)
7.2.5 离散时间系统状态方程的建立 …… (196)
7.3 求解状态方程的基本知识 …… (198)
7.3.1 连续时间系统状态方程的时域解法 …… (198)
7.3.2 连续时间系统状态方程的拉普拉斯变换解法 …… (199)
7.3.3 离散时间系统状态方程的时域解法 …… (201)
7.3.4 离散时间系统状态方程的 z 变换解法 …… (202)
习 题 …… (203)

参考文献 …… (204)

第 1 章　信号与系统的基本概念

信号与系统是两个使用极为广泛的基本概念，它们相互关联且密不可分，在自然科学领域和社会科学领域都存在大量的应用研究问题。随着信息技术的迅速发展和计算机的广泛使用，信号与系统及其理论研究日益复杂。本章主要介绍信号与系统的基本概念及信号与系统的分类和特性，着重研究信号的各种表示和计算分析方法，重点讨论线性系统与时不变系统的特性。

1.1　信号

1.1.1　信号的概念

"信号"一词在人们的日常生活与社会活动中有着广泛的含义。严格地说，信号是指消息或信息的表现形式与传输载体，而消息或信息则是信号的具体内容。

1. 消息

人们常常把来自外界的各种报道统称为消息。消息涉及的内容包括天文、地理、现实、历史、政治、经济、科技、文化等。消息可以通过书信、电话、广播、电视、互联网等多种媒体或方式进行发布和传输。

2. 信息

通常把消息中有意义的内容称为信息，如文字、声音、图像、数据等。人们关注消息的目的是获取和利用其中包含的信息。在本书中，对信息和消息两词未加严格区分。

3. 信号

为了有效地传播和利用消息，常常需要将消息转换成便于传输和处理的信号。广义上，信号就是携带信息的随时间变化的物理量或物理现象，它是消息的载体。

根据物理量的不同特性，可把信号分为声信号、光信号、电信号等不同类别。如图 1 - 1 所示是一段声音信号，图1 - 2 是一幅经典的灰度图像(属于光信号)。在各种信号中，电信号是一种最便于传输、控制与处理的信号，其基本形式是随时间变化的电压、电流或电荷。同时，在实际应用中，许多非电信号常可通过适当的传感器转换成电信号。因此，研究电信号具有重要意义。在本书中，若无特殊说明，信号一词均指电信号。

图 1－1 声音信号

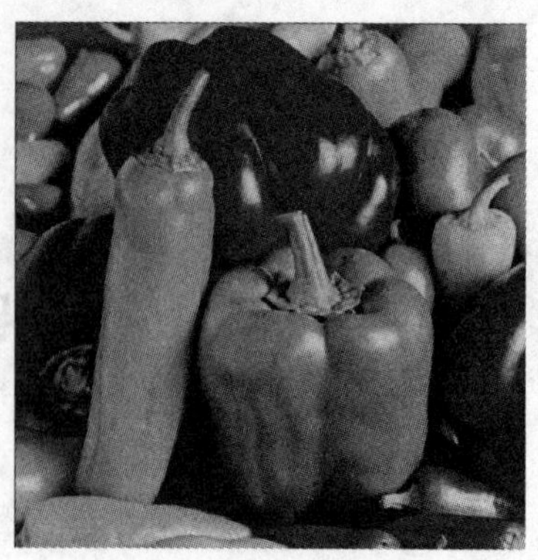

图 1－2 灰度图像

1.1.2 信号的描述

信号的描述可有多种方式，而一般常用的有下列三种。

1. 函数解析式

因为信号通常是时间变量 t 的函数，所以对于某一类信号就可以用时间函数来描述，通常用函数 $f(t)$ 表示信号。例如，矩形脉冲信号可描述为

$$f(t) = \begin{cases} 1, & 0 \leqslant t \leqslant t_0 \\ 0, & \text{其他} \end{cases} \tag{1-1}$$

应当注意，信号与函数在概念的内涵与外延上是有区别的。信号一般是时间变量 t 的函数，但函数并不一定都是信号，信号是实际的物理量或物理现象，而函数则可能只是一种抽象的数学定义。为便于讨论，本书对“信号”与“函数”两名词相互通用，不予区分。

2. 波形图

信号随时间 t 的变化情况，可以通过专门的仪器观测到其变化轨迹图形，因此也可以用图形描述信号。若所得到的图形是曲线，也称为信号的波形，如图 1－3 所示为矩形脉冲信号的波形。

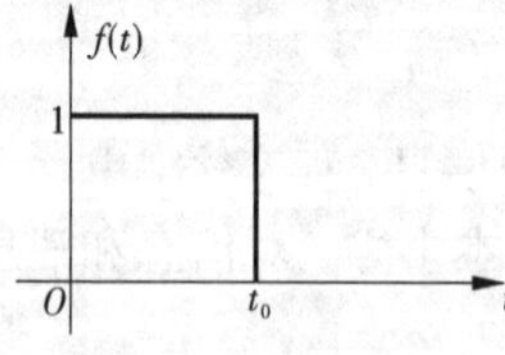

图 1－3 矩形脉冲信号

3. 观测或统计数据

随着现代电子信息技术的飞速发展，相当一部分信号是用其采样点的数据表示，如飞行体的轨道观测返回数据等。

除了上述直观的描述方法外，随着问题的深入，需要用频谱分析、各种正交变换，以及其他方式来描述和研究信号。根据描述信号的自变量不同还可分为时域描述和频域描述。时域描述以时间为独立变量，反映信号的幅值随时间变化的关系；频域描述以频率为独立变量，反映信号的频率组成及其幅值、相位的大小。通过适当的数学变换能实现信号时域描述与频域描述之间的相互转换。

1.1.3　信号的分类

信号的形式多种多样，可以从不同的角度进行分类，主要有确定信号与随机信号、连续时间信号与离散时间信号、周期信号与非周期信号、能量信号与功率信号、因果信号与反因果信号。

1. 确定信号与随机信号

若信号被表示为一确定的时间函数，对于给定的某一时刻，可确定一相应的信号值，这种信号称为确定信号或规则信号。如图 1 - 4 所示的正弦信号就是一个典型的确定信号。

通常，实际系统工作时，总会受到来自系统内部或周围环境的各种噪声和干扰的影响。由于噪声和干扰的随机性，任一系统的输出信号都不可能是确定信号。把在某一时刻取值不确定的信号称为不确定信号或随机信号。研究随机信号要用到概率统计的方法。尽管如此，研究确定信号仍是十分重要的，它不仅广泛应用于系统分析设计中，同时也是进一步研究随机信号的基础。图 1 - 5 所示混合噪声的正弦信号就是随机信号的一个例子。

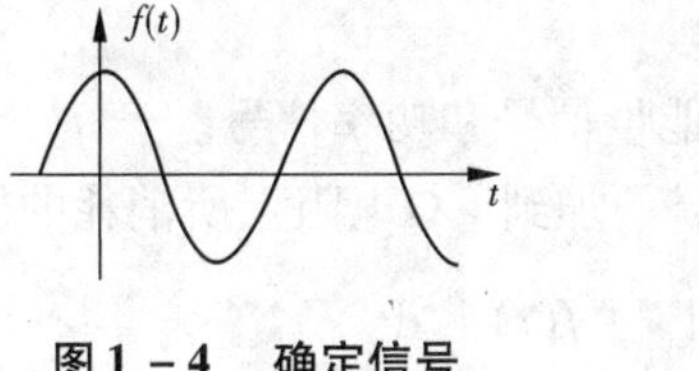

图 1 - 4　确定信号

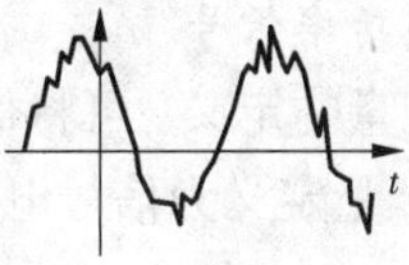

图 1 - 5　随机信号

2. 连续时间信号与离散时间信号

按照时间函数取值的连续性与离散性可将信号划分为连续时间信号与离散时间信号。

在连续时间范围内有定义的信号称为连续时间信号，简称为连续信号，常用 $f(t)$ 表示。连续信号可以有有限个间断点，其幅值可以是连续的，也可以是离散的。如正弦信号和矩形脉冲信号都是连续信号。时间和幅值都连续的信号称为模拟信号。在实际应用中，模拟信号与连续信号两名词往往不予区分。

只有在一些离散时刻才有定义的信号称为离散时间信号，简称为离散信号或序列，常用 $f(n)$ 表示。离散时间信号一般通过采样保持器对模拟信号采样得到。当信号的幅值只取有限个离散量时，处于离散量之间的幅度以最接近的离散量近似，称为信号幅度的量化。经过幅度量化的离散信号称为数字信号。数字信号通常通过模拟 - 数字转换器（ADC）对模拟信号采样量化得到。对如图 1 - 6(a) 所示的模拟信号进行采样得到图 1 - 6(b) 所示的离散采样信号，再经过幅度量化后得到图 1 - 6(c) 所示的数字信号。

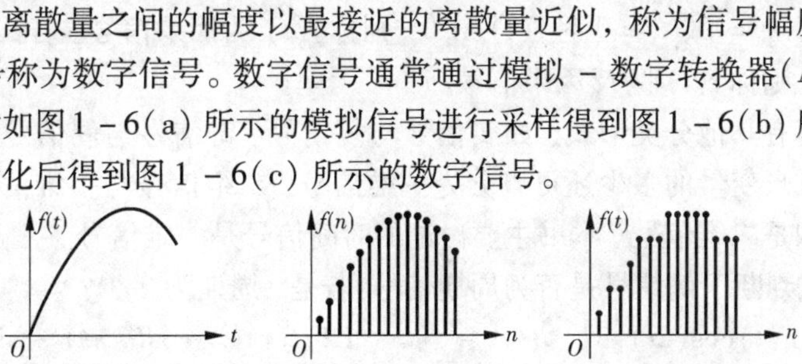

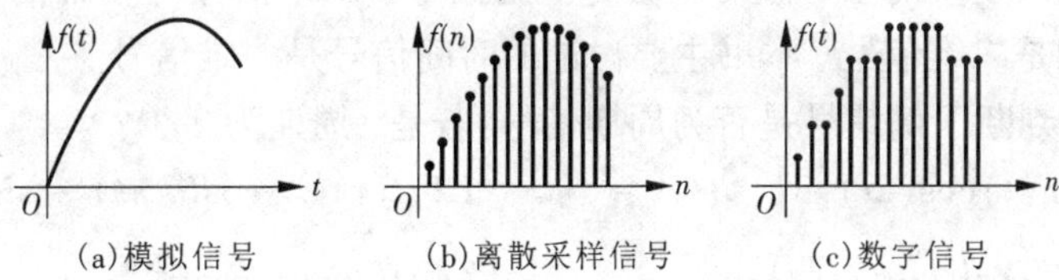

(a)模拟信号　(b)离散采样信号　(c)数字信号

图 1 - 6　三种不同的信号

3. 周期信号与非周期信号

所谓周期信号就是依一定时间间隔周而复始，而且是无始无终的信号。连续时间周期信号可表示为

$$f(t) = f(t + mT),\ m = 0,\ \pm 1,\ \pm 2,\ \cdots \tag{1-2}$$

满足式(1－2)的最小正数 T 称为 $f(t)$ 的周期，如图1－7(a)所示。

离散时间周期信号可表示为

$$f(n) = f(n + mN),\ m = 0,\ \pm 1,\ \pm 2,\ \cdots \tag{1-3}$$

满足式(1－3)的最小正整数 N 称为 $f(n)$ 的周期，如图1－7(b)所示。

凡是不满足式(1－2)或(1－3)的信号称为非周期信号。非周期信号在时间上不具有周而复始变化的特性，它不存在周期，或者认为它具有趋向无穷大的周期。

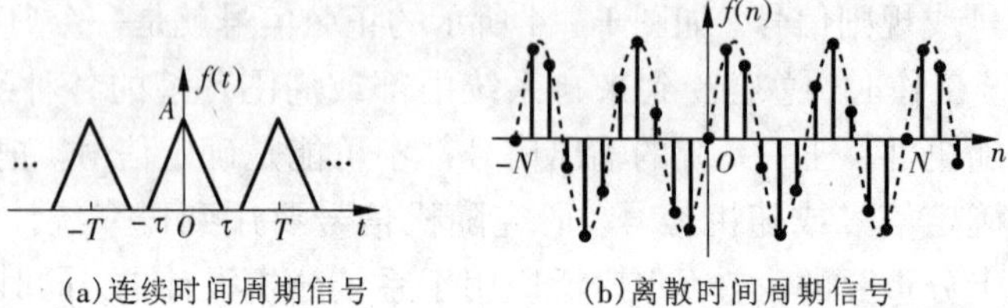

图1－7 连续、离散时间周期信号

4. 能量信号与功率信号

根据功率和能量的定义，可将信号分为能量信号和功率信号。

信号 $f(t)$ 的能量定义为信号电压(或电流)加到1 Ω电阻上所消耗的能量，以 E 表示。

$$E = \lim_{T\to\infty}\int_{-T}^{T} |f(t)|^2 \mathrm{d}t \tag{1-4}$$

信号 $f(t)$ 的功率定义为信号电压(或电流)在1 Ω电阻上所消耗的平均功率，以 P 表示。

$$P = \lim_{T\to\infty}\frac{1}{T}\int_{-\frac{T}{2}}^{\frac{T}{2}} |f(t)|^2 \mathrm{d}t \tag{1-5}$$

如果信号 $f(t)$ 的能量 E 满足：$0 < E < \infty$(且信号功率 $P = 0$)，则称 $f(t)$ 为能量有限信号(简称能量信号)。如果信号 $f(t)$ 的功率 P 满足：$0 < P < \infty$(且信号能量 $E \to \infty$)，则称 $f(t)$ 为功率有限信号(简称功率信号)。显然，直流信号和周期信号都是功率信号，具有有限幅值的时限信号都是能量信号。一个信号不可能既是能量信号又是功率信号，但有可能既不是能量信号也不是功率信号。

5. 因果信号与反因果信号

若 $t < 0$ 时 $f(t) = 0$，$t \geqslant 0$ 时 $f(t) \neq 0$，则称 $f(t)$ 为因果信号。若 $t < 0$ 时 $f(t) \neq 0$，$t \geqslant 0$ 时 $f(t) = 0$，则称 $f(t)$ 为反因果信号。

此外，信号还有其他分类形式，如实信号与复信号、奇信号与偶信号、有时限信号与无时限信号等。若按自变量的多少还可以分为一维信号、二维信号与多维信号，声音信号是一维信号，电视图像是二维信号。本书主要讨论的时间信号是一维信号。

例1－1 试判断下例信号是否为周期信号?若是，周期为多少?

(1) $f(t) = \sin(t)\cos(2t)$　　(2) $f(t) = \cos(3\pi t) + \sin(5t)$

(3) $f(t) = \mathrm{e}^{-2t}\cos\left(7\pi t + \dfrac{\pi}{6}\right)$　　(4) $f(n) = \cos\left(\dfrac{8\pi}{9}n + \dfrac{1}{2}\right)$

解： 设两个周期信号的周期分别为 T_1 和 T_2，若 $\dfrac{T_1}{T_2} = \dfrac{k_1}{k_2}$ 为一个有理数，则它们的和信号仍然是一个周期信号，当 k_1 与 k_2 为不可约的整数时，和信号的周期为 $k_1 T_2$ 或 $k_2 T_1$。

(1) $$f(t)=\sin(t)\cos(2t)=\frac{1}{2}[\sin(3t)+\sin(t)]$$

$\sin(3t)$ 的周期为 $T_1=\frac{2\pi}{3}$，$\sin(t)$ 的周期为 $T_2=2\pi$，则$\frac{T_1}{T_2}=\frac{1}{3}$为有理数，故$f(t)$ 是周期信号，且$f(t)$ 的周期为 $3T_1=2\pi$。

(2) 由于$\cos(3\pi t)$ 的周期为 $T_1=\frac{2}{3}$，$\sin(5t)$ 的周期为 $T_2=\frac{2\pi}{5}$，于是$\frac{T_1}{T_2}=\frac{5}{3\pi}$为无理数，所以$f(t)$ 不是周期信号。

(3) 因$f(t)$ 的振幅是随时间按指数规律变化的，故$f(t)$ 为非周期信号。

(4) 设$f(n)$ 的周期为 N，则有$f(n)=f(n+mN)$（N 为正整数），即

$$\cos\left(\frac{8\pi}{9}n+\frac{1}{2}\right)=\cos\left[\frac{8\pi}{9}(n+mN)+\frac{1}{2}\right]$$

于是$\frac{8\pi}{9}mN$ 必须是 2π 的整数倍，不妨设

$$\frac{8\pi}{9}mN=2\pi k,\ (k\text{ 为整数})$$

即

$$\frac{mN}{k}=\frac{2\pi}{8\pi/9}=\frac{9}{4}\quad（有理数）$$

易知，可以取适当的整数 k 和正整数 N，使得上式成立。故 N 存在，$f(n)$ 是周期信号。由 N 的最小正整数的要求，$f(n)$ 的周期为 $N=9$。

例 1－2　已知信号$f_1(t)=\mathrm{e}^{-2|t|}$ 和$f_2(t)=\mathrm{e}^{-2t}$，试判断它们是否为能量信号或功率信号。

解： 分别用式(1－4) 和式(1－5) 计算$f_1(t)$ 的能量和功率，

$$E=\lim_{T\to\infty}\int_{-T}^{T}|f_1(t)|^2\mathrm{d}t=\lim_{T\to\infty}\left[\int_{-T}^{0}\mathrm{e}^{4t}\mathrm{d}t+\int_{0}^{T}\mathrm{e}^{-4t}\mathrm{d}t\right]=\frac{1}{2}$$

$$P=\lim_{T\to\infty}\frac{1}{T}\int_{-\frac{T}{2}}^{\frac{T}{2}}|f(t)|^2\mathrm{d}t=\lim_{T\to\infty}\frac{1}{T}\left[\int_{-\frac{T}{2}}^{0}\mathrm{e}^{4t}\mathrm{d}t+\int_{0}^{\frac{T}{2}}\mathrm{e}^{-4t}\mathrm{d}t\right]=0$$

所以$f_1(t)$ 是能量信号。

对于$f_2(t)$ 有

$$E=\lim_{T\to\infty}\int_{-T}^{T}|f_2(t)|^2\mathrm{d}t=\lim_{T\to\infty}\left[\int_{-T}^{T}\mathrm{e}^{-4t}\mathrm{d}t\right]=\infty$$

$$P=\lim_{T\to\infty}\frac{1}{2T}\int_{-T}^{T}|f_2(t)|^2\mathrm{d}t=\lim_{T\to\infty}\frac{1}{2T}\left[\int_{-T}^{T}\mathrm{e}^{-4t}\mathrm{d}t\right]=\lim_{T\to\infty}\frac{\mathrm{e}^{4T}}{8T}=\infty$$

所以$f_2(t)$ 既不是能量信号也不是功率信号。

1.1.4　典型时间信号

下面给出一些典型的连续时间信号表达式和波形，绝大部分信号都可以用这些典型信号及它们的变化形式来表达。

1. 正弦信号

正弦信号和余弦信号二者仅在相位上相差 $\pi/2$，通常将它们统称为正弦信号，一般形式

表示为

$$f(t) = A\cos(\omega_0 t + \varphi) \tag{1-6}$$

式中，A、ω_0 和 φ 分别是正弦信号的振幅、角频率和初相位，其波形如图1-8所示。正弦信号是周期信号，其周期 T 与频率 f、角频率 ω_0 之间的关系为

$$T = \frac{2\pi}{\omega_0} = \frac{1}{f} \tag{1-7}$$

正弦信号的一个特性是其对时间的微分和积分仍是同周期的正弦信号。在物理学中，正弦信号是简谐振动的数学描述。此外，振动物体在弹性媒质中形成的机械波，振动电荷或电荷系在周围空间产生的电磁波以及声波、光波等物理现象，在一定条件下都可以用正弦信号来描述。在电力系统中，理想的电网电压或电流就是频率为 50 Hz 的标准正弦波信号。

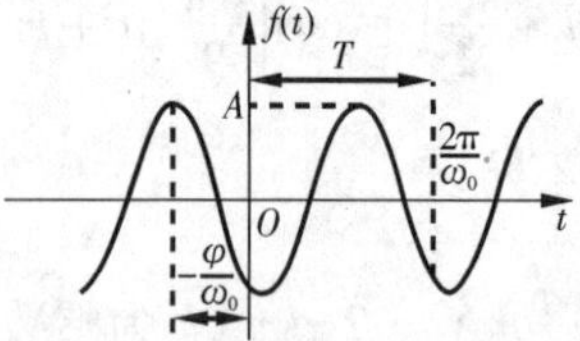

图1-8　正弦信号

2. 指数信号

指数信号的一般形式为

$$f(t) = Ae^{st},\ t \in \mathbf{R} \tag{1-8}$$

式中，$\mathbf{R}$ 表示实数集，根据 A 和 s 的不同取值，可分别得到实指数信号、虚指数信号和复指数信号的形式。

(1) 实指数信号：若 $A = a$ 和 $s = \sigma$ 均为实数，则 $f(t)$ 为实指数信号，即

$$f(t) = ae^{\sigma t} \tag{1-9}$$

当 $\sigma > 0$ 时，$f(t)$ 随时间 t 的增大按指数增长；当 $\sigma < 0$ 时 $f(t)$ 随时间 t 的增大按指数衰减；当 $\sigma = 0$ 时，$f(t)$ 等于常数 a，即为直流信号。其波形如图1-9所示。

实指数信号的一种重要性质是其对时间的微分和积分仍是指数形式。

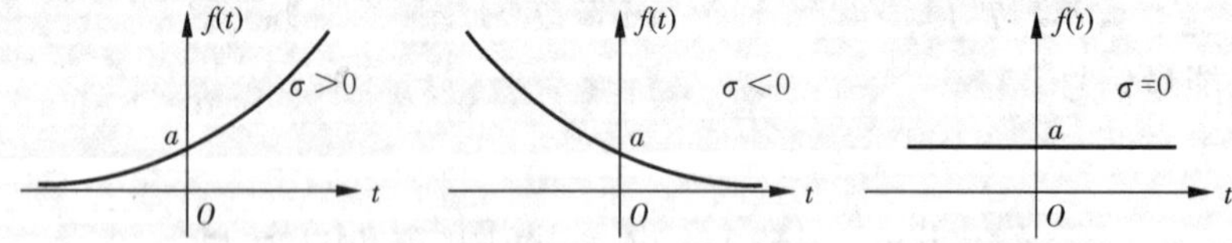

图1-9　实指数信号

(2) 虚指数信号：若 $A = 1$，$s = j\omega_0$，则 $f(t)$ 为虚指数信号，即

$$f(t) = e^{j\omega_0 t} \tag{1-10}$$

根据欧拉(Euler)公式，虚指数信号可以表示为

$$e^{j\omega_0 t} = \cos(\omega_0 t) + j\sin(\omega_0 t) \tag{1-11}$$

式(1-11)表明，$e^{j\omega_0 t}$ 的实部和虚部都是角频率为 ω_0 的正弦振荡。不难证明，$e^{j\omega_0 t}$ 是周期为 $T = 2\pi/|\omega_0|$ 的周期信号，且其对时间的微分和积分仍是同周期的虚指数信号形式。

正弦信号反过来也可用相同周期的虚指数信号来表示，即

$$\cos(\omega_0 t) = \frac{1}{2}(e^{j\omega_0 t} + e^{-j\omega_0 t}) \tag{1-12}$$

$$\sin(\omega_0 t) = \frac{1}{2j}(e^{j\omega_0 t} - e^{-j\omega_0 t}) \tag{1-13}$$

（3）复指数信号：当s为复数、A为实数或复数时，$f(t)$为复指数信号。若设$A = |a| e^{j\varphi}$，$s = \sigma + j\omega_0$，则$f(t)$可表示为

$$\begin{aligned} f(t) &= |a| e^{j\varphi} \cdot e^{(\sigma + j\omega_0)t} = |a| e^{\sigma t} \cdot e^{j(\omega_0 t + \varphi)} \\ &= |a| e^{\sigma t}[\cos(\omega_0 t + \varphi) + j\sin(\omega_0 t + \varphi)] \end{aligned} \tag{1-14}$$

式(1－14)表明，复指数信号$f(t)$的实部和虚部都是振幅按指数规律变化的正弦振荡。若$\sigma < 0$，$f(t)$的实部和虚部为衰减正弦振荡；若$\sigma > 0$，$f(t)$的实部和虚部为增幅正弦振荡。其波形如图 1－10 所示。若$\sigma = 0$，$f(t)$的实部和虚部为等幅正弦信号。

虚指数信号和复指数信号在物理上是不可实现的，但利用它们可以使许多运算和分析得以简化。虚指数信号和复指数信号分别是连续时间信号与系统频域和复频域分析中非常重要的基本信号。

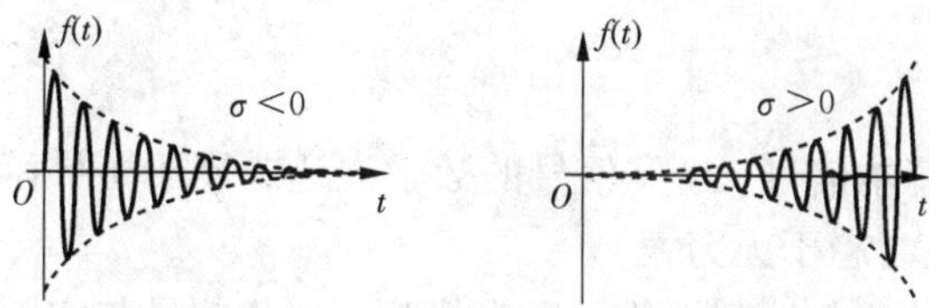

图 1－10 复指数信号的实部和虚部

3. 抽样信号

抽样信号用$Sa(t)$表示，是指$\sin t$与t之比构成的函数，定义为

$$Sa(t) = \frac{\sin t}{t} \tag{1-15}$$

$Sa(t)$的波形如图 1－11 所示。$Sa(t)$函数具有以下性质：

① $\lim\limits_{t \to \pm\infty} Sa(t) = 0$，$\lim\limits_{t \to 0} Sa(t) = 1$。

② $Sa(k\pi) = 0$，$k = \pm 1, \pm 2, \cdots$

③ $\int_{-\infty}^{\infty} Sa(t)\,dt = \pi$，$\int_0^{\infty} Sa(t)\,dt = \frac{\pi}{2}$。

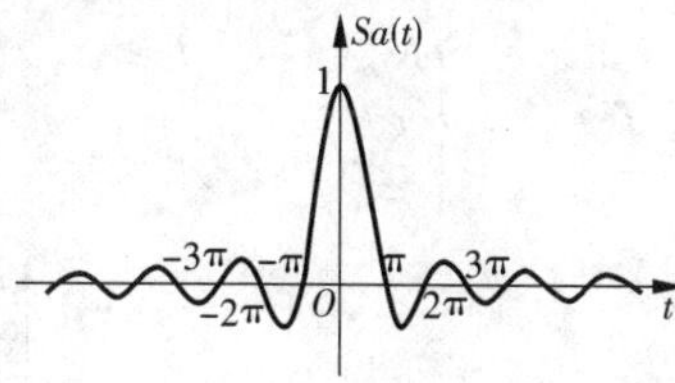

图 1－11 抽样信号

4. 单位矩形脉冲

单位矩形脉冲的定义为

$$g_\tau(t) = \begin{cases} 1, & |t| \leq \frac{\tau}{2} \\ 0, & \text{其他} \end{cases} \tag{1-16}$$

波形如图1－12所示。

5. 符号信号

符号信号的定义为

$$\operatorname{sgn}(t)=\begin{cases}1, & t>0\\ 0, & t=0\\ -1, & t<0\end{cases} \tag{1－17}$$

波形如图1－13所示。

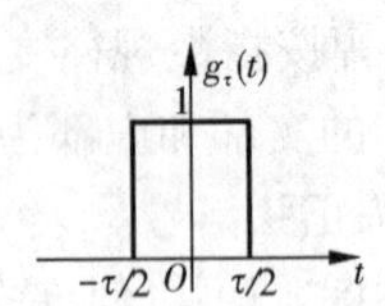

图1－12 单位矩形脉冲

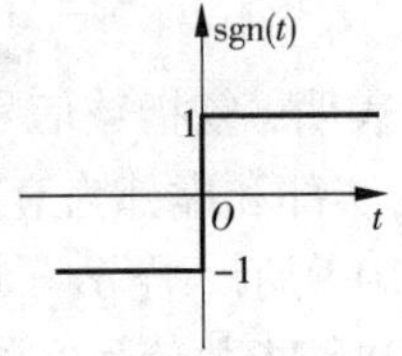

图1－13 符号信号

1.2 奇异信号

奇异信号是另一类基本信号，这类信号的数学表达式属于奇异函数，即函数本身或其导数或高阶导数出现奇异值(趋于无穷大)。

基本信号通常是按某些条件理想化的数学模型，这些信号与实际信号可能存在差距，但极大地方便了信号与系统的理论分析。本节将要介绍的斜变、阶跃、冲激和冲激偶四种信号都是奇异信号，其中单位阶跃和单位冲激是最重要的两种理想信号模型。

1.2.1 单位斜变信号

从某一时刻开始随时间正比例增长的信号称为斜变信号(斜坡信号或斜升信号)。如果增长变化率为1，就称为单位斜变信号，定义式为

$$r(t)=\begin{cases}t, & t\geqslant 0\\ 0, & t<0\end{cases} \tag{1－18}$$

其波形如图1－14所示。在实际应用中常遇到如图1－15所示“截平的”斜变信号，在时间τ以后斜变波形被切平，其表示式如下

$$f(t)=\begin{cases}K, & t\geqslant \tau\\ \dfrac{K}{\tau}r(t), & t<\tau\end{cases} \tag{1－19}$$

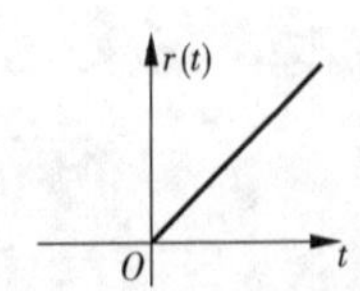

图1－14 单位斜变信号

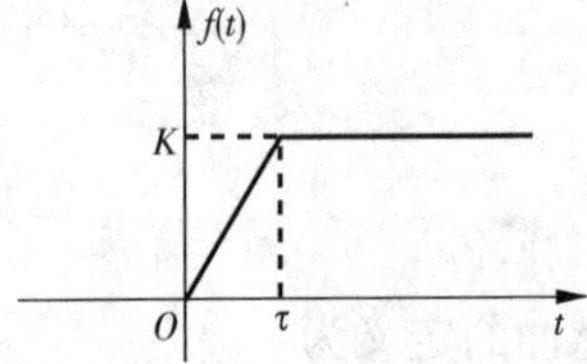

图1－15 截平的斜变信号

1.2.2　单位阶跃信号

单位阶跃信号以符号 $u(t)$ 表示，其定义为

$$u(t)=\begin{cases}1, & t>0\\ 0, & t<0\end{cases} \tag{1-20}$$

其波形如图 1-16(a) 所示。$u(t)$ 在 $t=0$ 处存在间断点，在此点 $u(t)$ 没有定义，或者规定此点函数值 $u(0)=1/2$。

单位阶跃信号的物理背景是，在 $t=0$ 时刻对某一电路接入单位电源(可以是直流电压源或直流电流源)，并且无限持续下去，接入端口处的电压或电流就为阶跃信号 $u(t)$。如果接入电源的时间推迟到时刻 t_0，那么，可用"延时单位阶跃信号"表示，其波形如图 1-16(b) 所示，对应的表示式为

$$u(t-t_0)=\begin{cases}1, & t>t_0\\ 0, & t<t_0\end{cases} \tag{1-21}$$

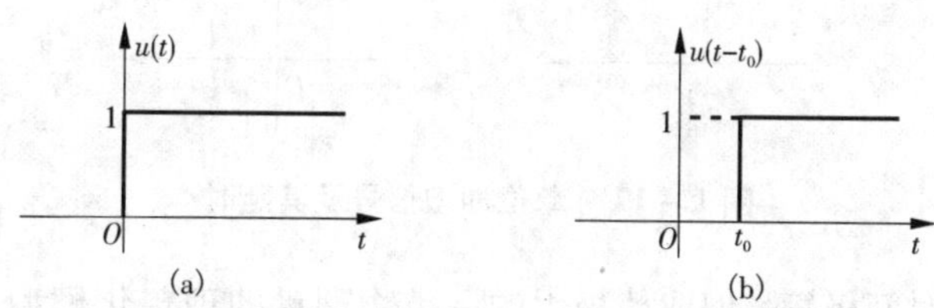

图 1-16　单位阶跃信号及其延时

应用单位阶跃信号及其延时，可以简化某些常用信号的表示。例如，单位矩形脉冲可表示为 $g_\tau(t)=u(t+\tau/2)-u(t-\tau/2)$，符号信号可表示为 $\operatorname{sgn}(t)=u(t)-u(-t)=2u(t)-1$，单位斜变信号可表示为 $r(t)=t\cdot u(t)$。阶跃信号具有单边性，任意信号 $f(t)$ 与阶跃信号 $u(t)$ 的相乘即可截断该信号成为因果信号。因此，因果信号常用 $f(t)u(t)$ 表示，而反因果信号一般用 $f(t)u(-t)$ 表示。

对于分段函数

$$f(t)=\begin{cases}3(t+2), & -6<t<4\\ -2(t-1), & 4<t<7\\ 0, & \text{其他}\end{cases}$$

也能用阶跃信号表示为

$$f(t)=3(t+2)[u(t+6)-u(t-4)]-2(t-1)[u(t-4)-u(t-7)]$$

容易证明，单位阶跃信号与单位斜变信号之间是导数和积分的关系，即

$$\frac{\mathrm{d}r(t)}{\mathrm{d}t}=u(t) \tag{1-22}$$

$$\int_{-\infty}^{t}u(\tau)\mathrm{d}\tau=r(t) \tag{1-23}$$

1.2.3　单位冲激信号

1. 单位冲激信号的定义

单位冲激信号可由不同的方式来定义，其中狄拉克(Dirac) 定义是较常用的一种，表示

式为

$$\begin{cases} \int_{-\infty}^{\infty} \delta(t)\,dt = 1 \\ \delta(t) = 0 \quad (t \neq 0) \end{cases} \tag{1-24}$$

其波形用箭头表示，如图1－17(a)所示。冲激信号具有强度，其强度就是冲激信号对时间的定积分值，为了与信号幅值相区分，在图中以括号注明。

单位冲激信号也称为δ函数。延时的单位冲激信号用$\delta(t-t_0)$表示，说明冲激出现在时刻t_0，如图1－17(b)所示，表示式为

$$\begin{cases} \int_{-\infty}^{\infty} \delta(t-t_0)\,dt = 1 \\ \delta(t-t_0) = 0 \quad (t \neq t_0) \end{cases} \tag{1-25}$$

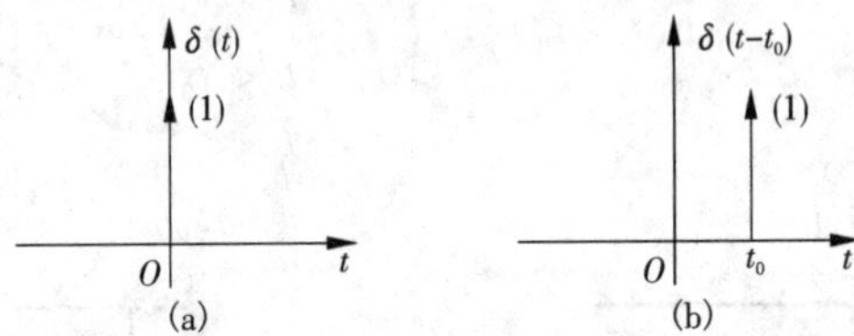

图1－17　单位冲激信号及其延时

冲激信号是作用时间极短，但取值极大的一类物理量的理想化模型。例如，单位阶跃信号加在初始储能为0的电容两端，在$t=0^-$到0^+的极短时间内，电容两端的电压将从0 V跳变到1 V，而流过电容的电流[$i(t)=C\mathrm{d}u(t)/\mathrm{d}t$为无穷大]就可以用冲激信号$\delta(t)$来描述。

冲激信号还可以定义成某些其他常用信号的极限形式，如式(1－26)所示，单位矩形脉冲在脉宽τ趋于零时的极限情况即为单位冲激信号。

$$\delta(t) = \lim_{\tau \to 0} \frac{1}{\tau}\left[u\left(t+\frac{\tau}{2}\right) - u\left(t-\frac{\tau}{2}\right)\right] \tag{1-26}$$

由冲激信号与阶跃信号的定义，可以推导冲激信号与阶跃信号的关系如下：

$$\frac{\mathrm{d}u(t)}{\mathrm{d}t} = \delta(t) \tag{1-27}$$

$$\int_{-\infty}^{t} \delta(\tau)\,\mathrm{d}\tau = u(t) \tag{1-28}$$

2. 冲激信号的性质

(1) 筛选特性

若信号$f(t)$是在$t=t_0$处连续的普通函数，则

$$f(t)\delta(t-t_0) = f(t_0)\delta(t-t_0) \tag{1-29}$$

式(1－29)表明，由于$\delta(t-t_0)$在$t \neq t_0$时的值都为零，故连续时间信号$f(t)$与冲激信号$\delta(t-t_0)$相乘，对冲激信号$\delta(t-t_0)$有影响的只有t_0处的函数值$f(t_0)$。若$t_0=0$，则有

$$f(t)\delta(t) = f(0)\delta(t) \tag{1-30}$$

(2) 取样特性

若信号$f(t)$是在$t=t_0$处连续的普通函数，则

$$\int_{-\infty}^{\infty} f(t)\delta(t-t_0)\,\mathrm{d}t = f(t_0) \tag{1-31}$$

上式表明，连续时间信号$f(t)$与冲激信号$\delta(t-t_0)$相乘，并在$(-\infty,+\infty)$时间域上积分，其结果为$f(t)$在t_0处的采样值$f(t_0)$。若$t_0=0$，则有

$$\int_{-\infty}^{\infty} f(t)\delta(t)\,\mathrm{d}t = f(0) \tag{1-32}$$

(3) 展缩特性

$$\delta(at) = \frac{1}{|a|}\delta(t) \quad (a \neq 0) \tag{1-33}$$

上式可根据广义函数的等效性质来证明，即对广义函数(奇异函数)$f_1(t)$和$f_2(t)$，当且仅当

$$\int_{-\infty}^{\infty} \varphi(t)f_1(t)\,\mathrm{d}t = \int_{-\infty}^{\infty} \varphi(t)f_2(t)\,\mathrm{d}t$$

时有$f_1(t)=f_2(t)$，其中$\varphi(t)$为任意的连续时间信号。证明过程如下：

$$\int_{-\infty}^{\infty} \varphi(t)\delta(at)\,\mathrm{d}t \xlongequal{at=x} \int_{-\infty}^{\infty} \varphi\left(\frac{x}{a}\right)\delta(x)\frac{\mathrm{d}x}{|a|} = \frac{1}{|a|}\int_{-\infty}^{\infty} \varphi\left(\frac{x}{a}\right)\delta(x)\,\mathrm{d}x = \frac{\varphi(0)}{|a|}$$

$$\int_{-\infty}^{\infty} \varphi(t)\frac{\delta(t)}{|a|}\mathrm{d}t = \frac{1}{|a|}\int_{-\infty}^{\infty} \varphi(t)\delta(t)\,\mathrm{d}t = \frac{\varphi(0)}{|a|}$$

故式(1-33)成立。

由展缩特性易得以下推论。

推论 1　$\delta(t)$是偶函数。令$a=-1$，即可得

$$\delta(t) = \delta(-t) \tag{1-34}$$

推论 2

$$\delta(at+b) = \frac{1}{|a|}\delta\left(t+\frac{b}{a}\right) \quad (a \neq 0) \tag{1-35}$$

1.2.4　单位冲激偶信号

1. 单位冲激偶信号的定义

单位冲激信号的导数将出现正、负极性的一对冲激，称为单位冲激偶信号，表示式为

$$\delta'(t) = \frac{\mathrm{d}\delta(t)}{\mathrm{d}t} \tag{1-36}$$

其波形如图 1-18 所示。单位冲激偶信号$\delta'(t)$是这样一种信号：当t从负值趋于零时，它是一个强度为无穷大的正冲激；当t从正值趋于零时，它是一个强度为无穷大的负冲激。

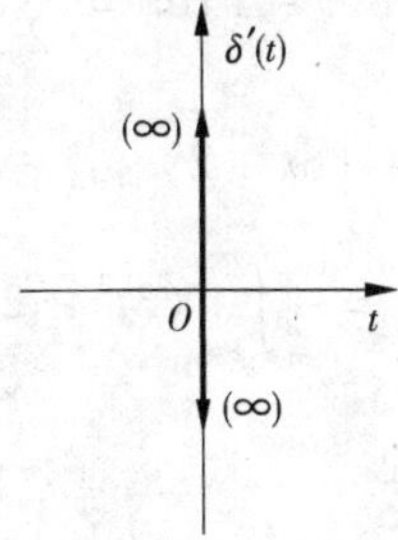

图 1-18　单位冲激偶信号

2. 冲激偶信号的性质

(1) 筛选特性

$$f(t)\delta'(t-t_0)=f(t_0)\delta'(t-t_0)-f'(t_0)\delta(t-t_0) \tag{1-37}$$

对式(1-29)两边求导，整理后可得式(1-37)。若 $t_0=0$，则有

$$f(t)\delta'(t)=f(0)\delta'(t)-f'(0)\delta(t) \tag{1-38}$$

(2) 取样特性

$$\int_{-\infty}^{\infty}f(t)\delta'(t-t_0)\mathrm{d}t=-f'(t_0) \tag{1-39}$$

对式(1-37)两边求积分，整理后可得式(1-39)。若 $t_0=0$，则有

$$\int_{-\infty}^{\infty}f(t)\delta'(t)\mathrm{d}t=-f'(0) \tag{1-40}$$

(3) 展缩特性

$$\delta'(at)=\frac{1}{a|a|}\delta'(t)\quad(a\neq 0) \tag{1-41}$$

可仿照式(1-33)的证明过程得到式(1-41)。由展缩特性易知，单位冲激偶信号是奇函数，即

$$\delta'(-t)=-\delta'(t) \tag{1-42}$$

例1-3 计算下列各式的值。

(1) $\cos(t+\frac{\pi}{4})\delta(t)$　　(2) $\int_{-\infty}^{\infty}\sin(t-\frac{\pi}{4})\delta(t)\mathrm{d}t$

(3) $\int_{-3}^{0}\sin(t-\frac{\pi}{4})\delta(t-1)\mathrm{d}t$　　(4) $\int_{-1}^{2}\mathrm{e}^{-t}\delta(2-2t)\mathrm{d}t$

(5) $\int_{-\infty}^{\infty}(3t^2+2t+1)\delta'(t)\mathrm{d}t$　　(6) $\int_{-\infty}^{\infty}(3t^2+2t+1)\delta'(1-t)\mathrm{d}t$

解： (1) $\cos\left(t+\frac{\pi}{4}\right)\delta(t)=\cos\left(\frac{\pi}{4}\right)\delta(t)=\frac{\sqrt{2}}{2}\delta(t)$

(2) $\int_{-\infty}^{\infty}\sin\left(t-\frac{\pi}{4}\right)\delta(t)\mathrm{d}t=\sin\left(-\frac{\pi}{4}\right)=-\frac{\sqrt{2}}{2}$

(3) 因为积分区间[-3, 0]不包含冲激信号 $\delta(t-1)$ 的 $t=1$ 时刻，所以

$$\int_{-3}^{0}\sin(t-\frac{\pi}{4})\delta(t-1)\mathrm{d}t=0$$

(4) $\int_{-1}^{2}\mathrm{e}^{-t}\delta(2-2t)\mathrm{d}t=\int_{-1}^{2}\mathrm{e}^{-t}\frac{1}{2}\delta(t-1)\mathrm{d}t=\frac{1}{2}\mathrm{e}^{-1}=\frac{1}{2\mathrm{e}}$

(5) $\int_{-\infty}^{\infty}(3t^2+2t+1)\delta'(t)\mathrm{d}t=-(6t+2)|_{t=0}=-2$

(6) $\int_{-\infty}^{\infty}(3t^2+2t+1)\delta'(1-t)\mathrm{d}t=-\int_{-\infty}^{\infty}(3t^2+2t+1)\delta'(t-1)\mathrm{d}t=(6t+2)|_{t=1}=8$

1.3 信号的基本运算

信号在时域中的基本运算包括翻转、时移、尺度变换、相加、相乘、数乘(幅度变化)、微

分(或差分)和积分(或累加)等。下面分别进行介绍。

1.3.1　信号整体的运算

1. 信号的翻转

信号的翻转是指将信号$f(t)$或$f(n)$的波形以纵轴为轴翻转180°，从表示式上看，即将信号的自变量t或n换成$-t$或$-n$，得到另一个信号$f(-t)$或$f(-n)$。如图1－19所示。

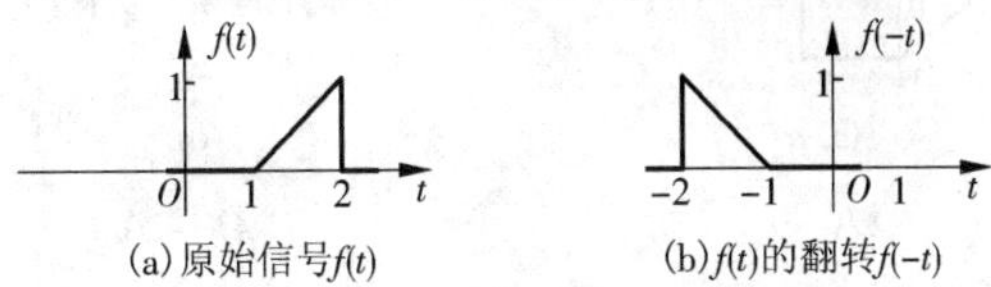

图1－19　连续时间信号的翻转

信号的翻转就是将“未来”与“过去”互换，这显然是不能用硬件来实现的，所以并无实际意义，但它具有理论意义。

2. 信号的时移

将信号$f(t)$的自变量换成$t \pm t_0(t_0>0)$，得到另一个信号$f(t \pm t_0)$，称这种变换为信号的时移或平移。信号$f(t-t_0)$的波形可通过将$f(t)$波形沿t轴向右平移t_0个单位来确定；而$f(t+t_0)$的波形则可通过将$f(t)$波形沿t轴向左平移t_0个单位来确定。如图1－20所示。对于离散信号也有类似情况。设k_0为正整数，那么，$f(n-k_0)$或$f(n+k_0)$分别表示将$f(n)$波形沿n轴向右或向左平移k_0个单位。如图1－21所示。

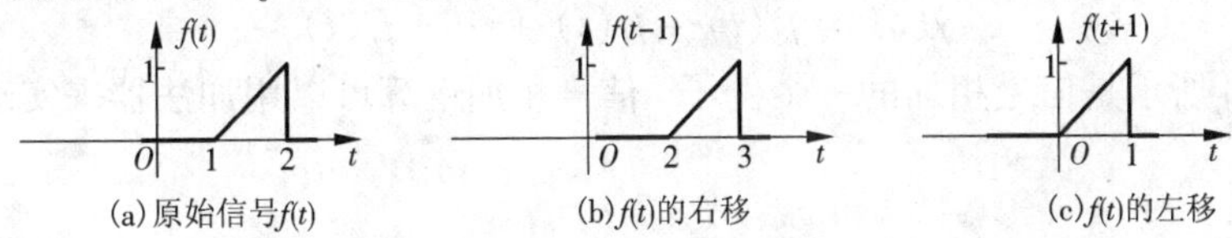

图1－20　连续时间信号的时移

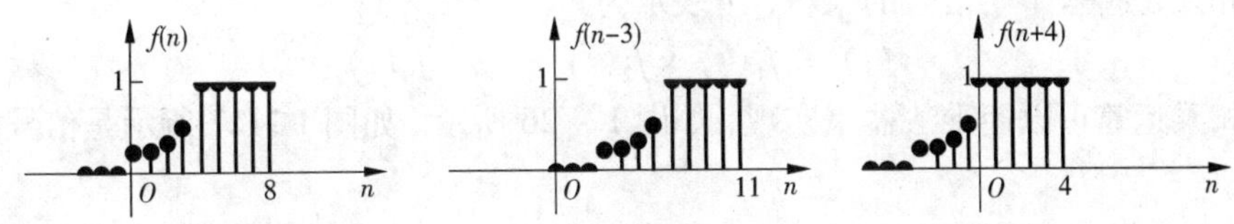

图1－21　离散时间信号的时移

3. 信号的尺度变换

一个信号在时间上的压缩或扩展称为时间尺度变换。如果将信号$f(t)$的自变量t换成$at(a>0)$，并且保持t轴尺度不变，则当$a>1$时，$f(at)$是$f(t)$波形以坐标原点为中心，沿t轴压缩为原来的$1/a$；当$0<a<1$时，$f(at)$是$f(t)$波形沿t轴扩展$1/a$倍。如图1－22所示。

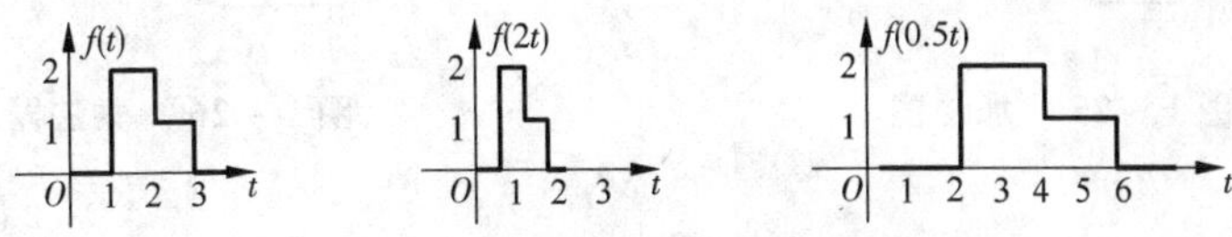

图1－22　连续时间信号的尺度变换

例 1－4 已知信号 $f(t)$ 的波形如图 1－23(a) 所示，试画出 $f(1-2t)$ 的波形。

解： 按翻转－展缩－平移的顺序得相应的波形分别如图(b)、(c)、(d) 所示。也可以按展缩－平移－翻转或平移－展缩－翻转的顺序得到，请同学们自行完成。

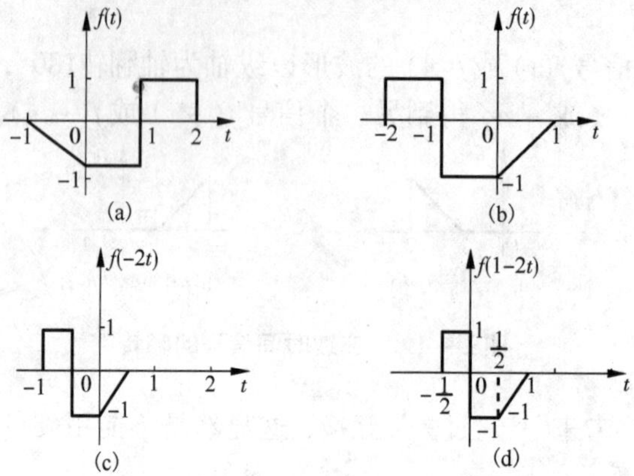

图 1－23 连续时间信号的整体运算

1.3.2 信号之间的运算

1. 信号相加

信号相加是指若干个信号之和，可表示为

$$y(t) = f_1(t) + f_2(t) + \cdots + f_n(t) \tag{1-43}$$

如图 1－24 所示是信号相加的一个例子。信号相加运算可以用加法器来实现，如图 1－25 所示。

2. 信号相乘

信号相乘是指若干个信号的乘积，可表示为

$$y(t) = f_1(t) \times f_2(t) \times \cdots \times f_n(t) \tag{1-44}$$

信号相乘运算可以用乘法器来实现，如图 1－26 所示。如图 1－27 所示是信号相乘的一个例子。

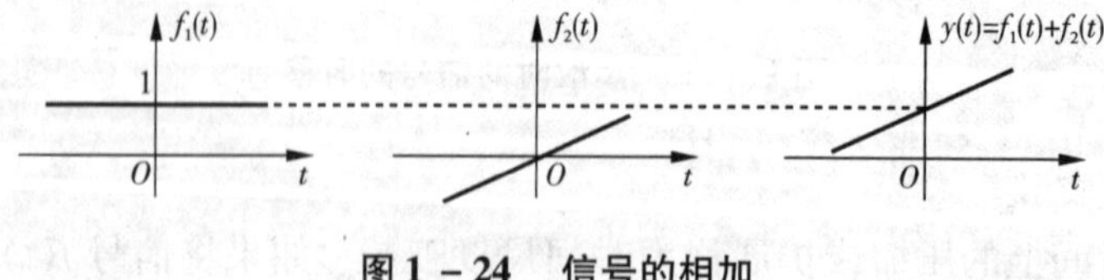

图 1－24 信号的相加

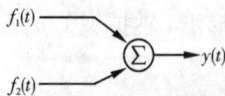

图 1－25 加法器 **图 1－26 乘法器**

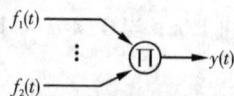

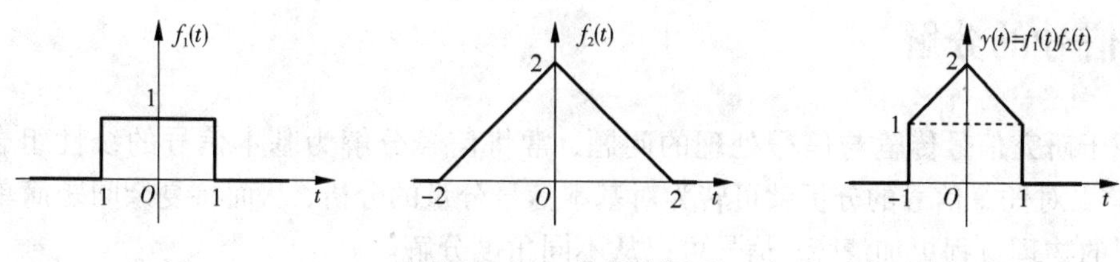

图1－27　信号的相乘

若信号$f(t)$乘以实常数a，即得$y(t)=af(t)$，称为对信号$f(t)$进行数乘运算。可用数乘器实现，数乘器又称标量乘法器或比例器。数乘运算实质上是在对应的横坐标值上将纵坐标的值扩展为原来的a倍。

3. 信号的微分

对信号$f(t)$求一阶导数即得微分信号$y(t)=\frac{\mathrm{d}f(t)}{\mathrm{d}t}=f'(t)$，表示信号随时间的变化率。信号微分运算可以用微分器来实现，如图1－28(a)所示。

4. 信号的积分

将信号$f(t)$在区间$(-\infty,t]$内一次积分即得积分信号$y(t)=\int_{-\infty}^{t}f(\tau)\mathrm{d}\tau$。信号积分运算可以用积分器来实现，如图1－28(b)所示。

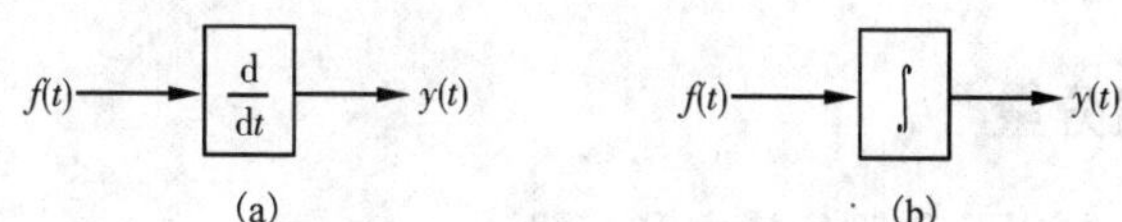

图1－28　连续时间信号的微分和积分

5. 离散信号的差分

离散信号的差分与连续信号的微分相对应，可表示为

$$\text{一阶前向差分：}\Delta f(n)=f(n+1)-f(n) \tag{1-45}$$

$$\text{一阶后向差分：}\nabla f(n)=f(n)-f(n-1) \tag{1-46}$$

依次类推，可得二阶前向差分和二阶后向差分。

$$\Delta^2 f(k)=\Delta[\Delta f(n)]=f(n+2)-2f(n+1)+f(n) \tag{1-47}$$

$$\nabla^2 f(n)-\nabla[\nabla f(n)]=f(n)-2f(n-1)+f(n-2) \tag{1-48}$$

6. 离散信号的累加

离散信号的累加与连续信号的积分相对应，是对其在$(-\infty,k]$区间上求和，可表示为

$$y(n)=\sum_{k=-\infty}^{n}f(k) \tag{1-49}$$

例如，单位阶跃序列可用单位脉冲序列的求和表示为

$$u(n)=\sum_{k=-\infty}^{n}\delta(k) \tag{1-50}$$

1.4 信号的分解

为便于研究信号传输与信号处理的问题，常将信号分解为基本信号的线性组合（加权和）。这样，对任意信号的分析就可转为对基本信号分量的分析，从而将复杂问题简单化，使信号分析的物理过程更加清晰。信号可以从不同角度分解。

1.4.1 直流分量与交流分量

信号平均值即信号的直流分量，对应于信号中不随时间变化的稳定分量。从原信号中去掉直流分量即得信号的交流分量。设$f(t)$为原信号，分解为直流分量f_D和交流分量$f_A(t)$，可表示为

$$f(t) = f_D + f_A(t) \tag{1-51}$$

若此时间信号$f(t)$为电流信号，则在时间T内流过单位电阻所产生的平均功率等于

$$\begin{aligned} P &= \frac{1}{T}\int_{-\frac{T}{2}}^{\frac{T}{2}} f^2(t)\,dt = \frac{1}{T}\int_{-\frac{T}{2}}^{\frac{T}{2}} [f_D + f_A(t)]^2\,dt \\ &= \frac{1}{T}\int_{-\frac{T}{2}}^{\frac{T}{2}} [f_D^2 + 2f_D f_A(t) + f_A^2(t)]\,dt = f_D^2 + \frac{1}{T}\int_{-\frac{T}{2}}^{\frac{T}{2}} f_A^2(t)\,dt \end{aligned} \tag{1-52}$$

在推导过程中用到$f_D f_A(t)$的积分等于零。由此可见，一个信号的平均功率等于直流功率与交流功率之和。

1.4.2 奇分量与偶分量

连续信号可分解为奇分量和偶分量之和，即

$$f(t) = f_o(t) + f_e(t) \tag{1-53}$$

其中，奇分量的定义为

$$f_o(t) = \frac{1}{2}[f(t) - f(-t)] \tag{1-54}$$

偶分量的定义为

$$f_e(t) = \frac{1}{2}[f(t) + f(-t)] \tag{1-55}$$

且有

$$f_o(-t) = -f_o(t), \quad f_e(-t) = f_e(t)$$

用类似的方法可以证明：信号的平均功率等于它的偶分量功率与奇分量功率之和。

1.4.3 脉冲分量

任意信号都可分解为许多脉冲分量的线性组合。下面以图 1-29 来加以说明。

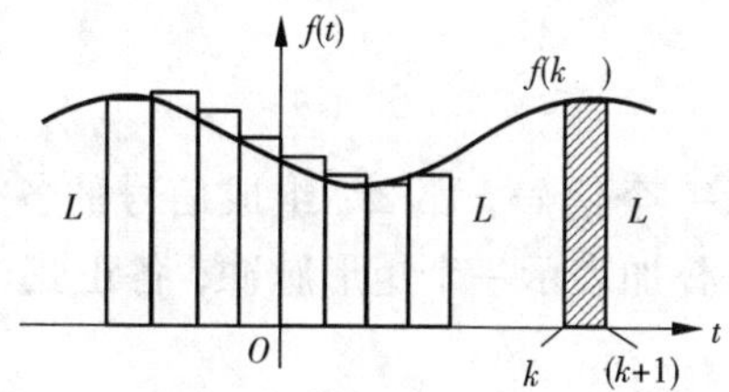

图 1－29　信号分解为脉冲分量的线性组合

从图1－29看出，将任意信号$f(t)$分解为许多小矩形，间隔都为Δ，各矩形的高度就是信号$f(t)$在该点的函数值，图中阴影部分所示窄脉冲的表示式为

$$f(k\Delta)[u(t-k\Delta)-u(t-k\Delta-\Delta)] \tag{1-56}$$

将所有这样的矩形脉冲相叠加即得$f(t)$的近似表示式

$$f(t)\approx\sum_{k=-\infty}^{\infty}f(k\Delta)[u(t-k\Delta)-u(t-k\Delta-\Delta)] \tag{1-57}$$

Δ越小，式(1－51)的误差就越小。当$\Delta\to 0$时，式(1－57)可精确表示$f(t)$，此时$k\Delta\to$连续变量τ，且$\Delta\to \mathrm{d}\tau$，于是得到

$$\begin{aligned}f(t)&=\lim_{\Delta\to 0}\sum_{k=-\infty}^{\infty}f(k\Delta)\frac{[u(t-k\Delta)-u(t-k\Delta-\Delta)]}{\Delta}\cdot\Delta\\&=\lim_{\Delta\to 0}\sum_{k=-\infty}^{\infty}f(k\Delta)\delta(t-k\Delta)\cdot\Delta=\int_{-\infty}^{\infty}f(\tau)\delta(t-\tau)\mathrm{d}\tau\end{aligned} \tag{1-58}$$

式(1－58)说明任意信号可以分解为冲激信号的线性组合，这是非常重要的结论。因为它表明不同信号$f(t)$都可以分解为$\delta(t)$的加权和，不同的只是它们的强度不同。在第2章将由此引出卷积积分的概念，卷积积分是连续时间系统时域分析的重要工具。

1.4.4　实部分量和虚部分量

任意复信号都可以分解为实部分量与虚部分量之和。对于连续时间复信号可分解为

$$f(t)=f_{\mathrm{r}}(t)+\mathrm{j}f_{\mathrm{i}}(t) \tag{1-59}$$

其中，$f_{\mathrm{r}}(t)$、$f_{\mathrm{i}}(t)$都是实信号，分别表示实部分量和虚部分量。若信号$f(t)$对应的共轭信号以$f^*(t)$表示，即

$$f^*(t)=f_{\mathrm{r}}(t)-\mathrm{j}f_{\mathrm{i}}(t) \tag{1-60}$$

用$f_{\mathrm{r}}(t)$与$f_{\mathrm{i}}(t)$可分别表示为

$$f_{\mathrm{r}}(t)=\frac{1}{2}[f(t)+f^*(t)] \tag{1-61}$$

$$f_{\mathrm{i}}(t)=\frac{1}{2}[f(t)-f^*(t)] \tag{1-62}$$

离散时间复序列也可分解为实部分量与虚部分量，只需将上式中连续时间变量t换成离散时间变量n即可。

虽然实际产生的信号都是实信号，但在信号分析理论中，常借助复信号来研究某些实信号的问题，它可以建立某些有益的概念或简化运算。例如，复指数信号常用于表示正弦、余弦信号等。

1.4.5 正交函数分量

如果用正交函数集来表示一个信号，那么，组成信号的各分量就是相互正交的。例如，用各次谐波的正弦与余弦信号叠加表示一个矩形脉冲，各正弦、余弦信号就是此矩形脉冲信号的正交函数分量。

把信号分解为正交函数分量的研究方法在信号与系统理论中占有重要地位，第 3 章将介绍的傅里叶级数、傅里叶变换的理论，都是利用正交函数分量来表示连续时间信号。

1.5 系统

1.5.1 系统的概念

要产生信号，并对信号进行传输、处理、存储和转化，需要一定的物理装置，即系统。所谓系统是指由若干相互作用和相互依赖的部件或事物组成并具有一定功能的整体，它能够对信号完成某种变换或运算功能。例如，为了实现某些特定的功能(如转换能量或处理信息)，人们把若干部件有机地组成一个整体，这个整体就是系统，如通信系统、雷达系统、控制系统、电力系统、机械系统等。图 1－30 为无线电广播系统的组成。系统的概念不仅适用于自然科学，还适用于社会科学，如经济组织、生产管理、教育体制、人口发展等。系统在外加信号作用下将产生某种反应，这种外加信号称为系统的输入或激励，相应的反应称为系统的输出或响应，如图 1－31 所示。系统和系统之间通过信号来联系，信号则在系统之间及系统内部流动，系统和信号相互依存。

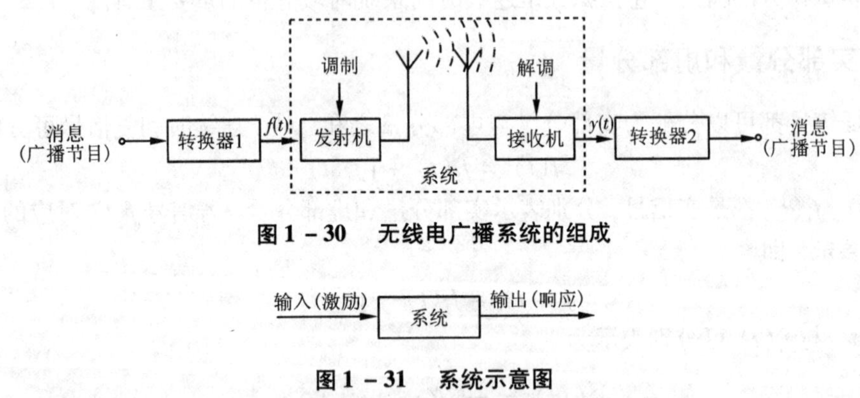

图 1－30 无线电广播系统的组成

图 1－31 系统示意图

1.5.2 系统的描述

要分析一个系统，首先要建立描述系统基本特性的系统模型，这是对实际系统的一种抽象描述。根据不同需要，系统模型往往具有不同形式。以电系统为例，它可以是由理想元器件互联组成的电路图，或者是由基本运算单元构成的模拟框图，或者由节点、传输支路组成的信号流图；也可以是在上述电路图、模拟框图或信号流图的基础上，按照一定规则建立的用于描述系统特性的数学方程。这种数学方程也称为系统的数学模型。

如图 1 - 32 所示，系统是由电阻、电感串联构成。若激励信号是电压源 $f(t)$，系统响应为回路电流 $i(t)$，根据元件的伏安特性与基尔霍夫电压定律（KVL）可建立如下的微分方程

$$L\frac{\mathrm{d}i(t)}{\mathrm{d}t} + Ri(t) = f(t) \tag{1-63}$$

这就是该系统的数学模型。

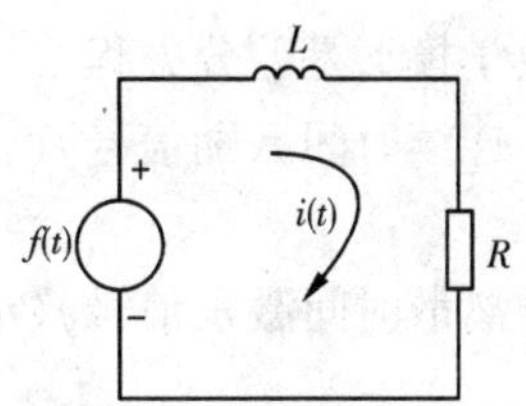

图 1 - 32　*RL* 电路图

借助由加法器、乘法器、积分器（延迟器）等基本运算单元构成的方框图也可以描述系统模型。每个基本单元方框图反映了某种数学运算，描述了其输入与输出信号的关系。如图 1 - 33 所示是连续系统基本单元方框图，如图 1 - 34 所示是离散系统基本单元方框图，利用这些基本方框图即可组成一个完整的系统。

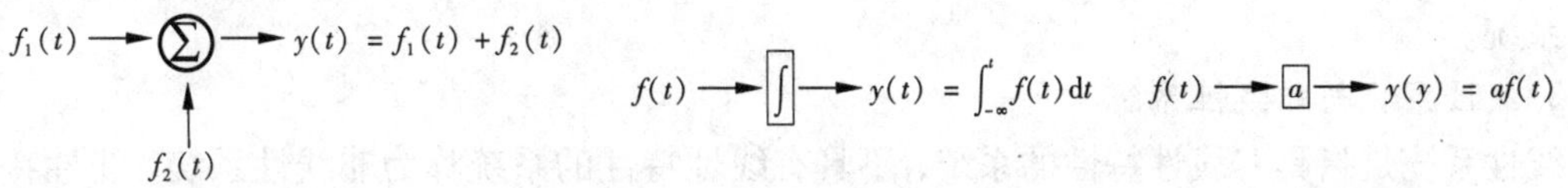

$f_1(t) \to \Sigma \to y(t) = f_1(t) + f_2(t)$，$f_2(t)$

（a）加法器

$f(t) \to \int \to y(t) = \int_{-\infty}^{t} f(t)\mathrm{d}t$

（b）积分器

$f(t) \to a \to y(y) = af(t)$

（c）数乘器

图 1 - 33　连续系统基本单元方框图

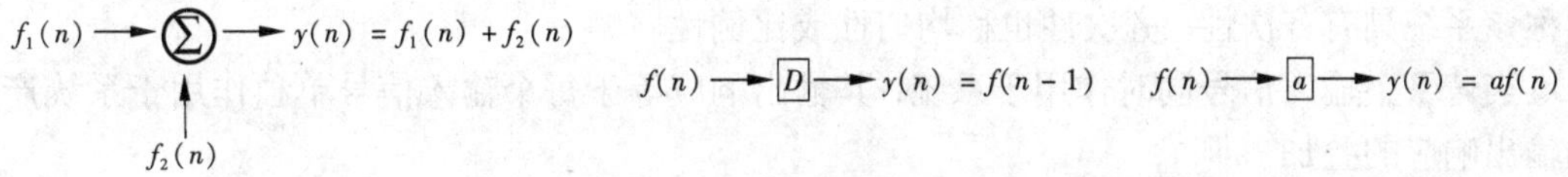

$f_1(n) \to \Sigma \to y(n) = f_1(n) + f_2(n)$，$f_2(n)$

（a）加法器

$f(n) \to D \to y(n) = f(n-1)$

（b）单位延迟器

$f(n) \to a \to y(n) = af(n)$

（c）数乘器

图 1 - 34　离散系统基本单元方框图

在描述系统时，通常可以采用输入输出描述法或状态空间描述法。输入输出描述法着眼于建立系统输入与输出之间的关系，适用于单输入、单输出的系统。状态空间描述法除了可以描述输入与输出之间的关系，还可以描述系统内部的状态，既可用于单输入单输出的系统，又可用于多输入多输出的系统。

1.5.3　系统的分类

在信号与系统分析中，按照系统数学模型和基本特性的不同，可以划分成不同的类型，下面分别介绍。

1. 连续时间系统与离散时间系统

若系统的输入激励与输出响应均为连续时间信号，则这样的系统称为连续时间系统，也称模拟系统，简称连续系统。由 R、L、C 等元件组成的电路都是连续时间系统的例子。

若系统的输入激励与输出响应均为离散时间信号，则这样的系统称为离散时间系统，简称离散系统。数字计算机是典型的离散时间系统的例子。

一般情况下，连续系统只能处理连续时间信号，离散系统只能处理离散时间信号。但在引入某些信号变换的部件（如 A/D 转换器或 D/A 转换器）后，就可以使连续系统能处理离散

时间信号，而离散系统也能处理连续时间信号。连续系统的数学模型是微分方程，离散系统的数学模型是差分方程。

连续时间激励信号 $f(t)$ 通过系统产生的响应 $y(t)$ 记为

$$y(t) = T[f(t)] \text{ 或 } f(t) \to y(t) \tag{1-64}$$

离散时间激励信号 $f(n)$ 通过系统产生的响应 $y(n)$ 记为

$$y(n) = T[f(n)] \text{ 或 } f(n) \to y(n) \tag{1-65}$$

2. 动态系统与静态系统

若系统在 t_0 时刻的响应 $y(t_0)$ 不仅与 t_0 时刻作用于系统的激励有关，而且与区间$(-\infty, t_0)$内作用于系统的激励有关，这样的系统称为动态系统或记忆系统。凡含有记忆元件（如电容、电感、磁心等）的系统均称为动态系统。

若系统在 t_0 时刻的响应 $y(t_0)$ 只与 t_0 时刻作用于系统的激励有关，而与区间$(-\infty, t_0)$内作用于系统的激励无关，这样的系统称为静态系统或无记忆系统。只含电阻元件的系统即为静态系统。

3. 线性系统与非线性系统

线性系统是指具有线性特性的系统，不具有线性特性的系统称为非线性系统。线性特性包括齐次性和叠加性。

若系统输入增加 α 倍，输出也增加 α 倍，即

$$T[\alpha f(t)] = \alpha T[f(t)] \tag{1-66}$$

则称该系统具有齐次性。齐次性也称均匀性或比例性。

当若干个输入信号同时作用于系统，其输出响应等于每个输入信号单独作用于系统产生的输出响应的叠加，即

$$T[f_1(t) + f_2(t)] = T[f_1(t)] + T[f_2(t)] \tag{1-67}$$

则称该系统具有叠加性。叠加性也称可加性。

同时具有齐次性和叠加性，就称系统具有线性特性，即该系统为线性系统。

线性连续系统的数学模型是线性微分方程，线性离散系统的数学模型是线性差分方程。若电路中的无源元件全部是线性元件，则这样的电路系统一定是线性系统，但不能说含有非线性元件的电路系统一定是非线性系统。

4. 时不变系统与时变系统

系统参数不随时间变化的系统，称为时不变系统或定常系统，否则称为时变系统。对于时不变系统，若激励 $f(t)$ 产生的响应为 $y(t)$，则当激励为 $f(t-t_d)$ 时，响应为 $y(t-t_d)$，即输入延迟多长时间，其响应也延迟相同的时间，且响应的波形形状保持相同，如图 1-35 所示。时不变特性可表示为

若

$$y(t) = T[f(t)]$$

则

$$T[f(t-t_d)] = y(t-t_d) \tag{1-68}$$

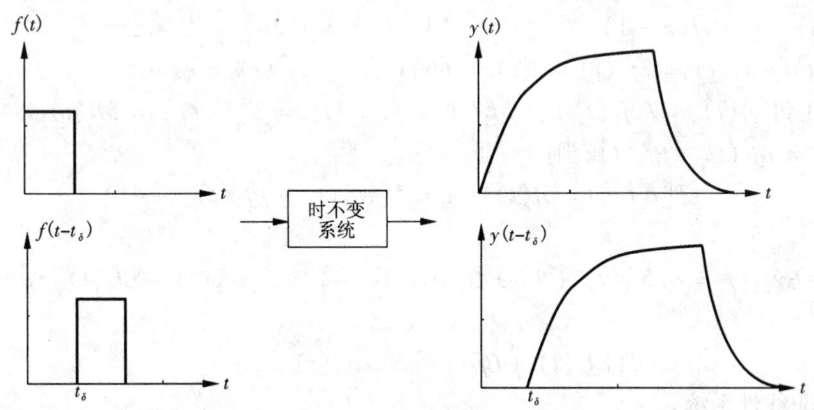

图1-35 系统的时不变特性

5. 因果系统与非因果系统

当$t>t_0$时作用于系统的激励(输入)，不会在$t<t_0$时经系统产生响应(输出)，这样的系统称为因果系统，否则称为非因果系统。具体来说，因果系统在任何时刻的响应只与当前或过去时刻的激励有关，与未来的激励无关；而非因果系统的响应可以超前于激励，即响应还与未来的激励有关。

任何时间系统都是因果系统，这是因为时间具有单方向性，时间是一去不复返的。在因果信号的激励下，因果系统的响应信号也必然是因果信号。

如系统$y(t)=3f(t)$是因果系统，因为系统的输出$y(t)$只取决于当前输入$f(t)$；系统$y(t)=2f(t-1)$也是因果系统，因为输出$y(t)$滞后于输入$f(t)$；而系统$y(t)=4f(t+2)$是非因果系统，因为输出$y(t)$超前于输入$f(t)$。

时间因果系统是可以用硬件实现的，故也称可实现系统。时间非因果系统是不能用硬件实现的，故也称不可实现系统。

虽然时间非因果系统在客观世界中是不存在的，但研究它的数学模型却有助于对时间因果系统的分析，可以借助延时的处理方法来逼近时间非因果系统。因此，在系统分析中，对时间非因果系统的研究也有一定意义。

此外，系统还可分为稳定系统与非稳定系统、集总参数系统与分布参数系统等。在本课程中，重点讨论线性时不变(linear time invariant, LTI)的系统，这也是系统理论的核心与基础。在本课程后续内容中，凡是没有特别说明的系统，都是指线性时不变系统。

1.5.4 线性系统及线性系统的判定

连续时间线性系统的线性特性可表示为

$$T[\alpha f_1(t)+\beta f_2(t)]=\alpha T[f_1(t)]+\beta T[f_2(t)] \tag{1-69}$$

式中，α, β为任意常数。将上式中的时间变量t换成n即为离散时间系统的线性特性。依据式(1-69)可判断某系统是否为线性系统。

例1-5 试判断以下各系统是否为线性系统：

(1)$y(t)=5f(t)+4$ (2)$y(t)=\int_{-\infty}^{t}f(\tau)\mathrm{d}\tau$

(3) $y(n) = f(n)f(n-1)$ (4) $y(n) = f(2n)$

(5) $y'(t) + 3y(t) = 2f'(t) - f(t)$ (6) $y'(t) - 2y^2(t) = \mathrm{e}^{-t}f(t)$

解: (1) 设 $y_1(t) = T[f_1(t)] = 5f_1(t) + 4$, $y_2(t) = T[f_2(t)] = 5f_2(t) + 4$。

令 $f(t) = \alpha f_1(t) + \beta f_2(t)$, 则

$$T[f(t)] = 5f(t) + 4 = 5[\alpha f_1(t) + \beta f_2(t)] + 4$$

而

$$\alpha y_1(t) + \beta y_2(t) = \alpha[5f_1(t) + 4] + \beta[5f_2(t) + 4] = 5[\alpha f_1(t) + \beta f_2(t)] + 4(\alpha + \beta)$$

显然

$$T[\alpha f_1(t) + \beta f_2(t)] \neq \alpha y_1(t) + \beta y_2(t)$$

故该系统为非线性系统。

(2) 仿照(1) 的推导可知该系统为线性系统。

(3) 设 $y_1(n) = T[f_1(n)] = f_1(n)f_1(n-1)$, $y_2(n) = T[f_2(n)] = f_2(n)f_2(n-1)$。

令 $f(n) = \alpha f_1(n) + \beta f_2(n)$, 则

$$T[f(n)] = f(n)f(n-1) = [\alpha f_1(n) + \beta f_2(n)][\alpha f_1(n-1) + \beta f_2(n-1)]$$

而

$$\alpha y_1(n) + \beta y_2(n) = \alpha[f_1(n)f_1(n-1)] + \beta[f_2(n)f_2(n-1)]$$

易知

$$T[\alpha f_1(n) + \beta f_2(n)] \neq \alpha y_1(n) + \beta y_2(n)$$

故该系统为非线性系统。

(4) 设 $y_1(n) = T[f_1(n)] = f_1(2n)$, $y_2(n) = T[f_2(n)] = f_2(2n)$。

令 $f(n) = \alpha f_1(n) + \beta f_2(n)$, 则

$$T[f(n)] = f(2n) = \alpha f_1(2n) + \beta f_2(2n) = \alpha y_1(n) + \beta y_2(n)$$

故该系统为线性系统。

(5) 设 $f_1(t) \to y_1(t)$, $f_2(t) \to y_2(t)$。由已知方程得

$$\alpha[y'_1(t) + 3y_1(t)] = \alpha[2f'_1(t) - f_1(t)]$$
$$\beta[y'_2(t) + 3y_2(t)] = \beta[2f'_2(t) - f_2(t)]$$

将上述两式相加, 整理得

$$[\alpha y_1(t) + \beta y_2(t)]' + 3[\alpha y_1(t) + \beta y_2(t)] = 2[\alpha f_1(t) + \beta f_2(t)]' - [\alpha f_1(t) + \beta f_2(t)]$$

即

$$\alpha f_1(t) + \beta f_2(t) \to \alpha y_1(t) + \beta y_2(t)$$

故该系统为线性系统。

(6) 仿照(5) 的推导可知该系统为非线性系统。

实际上, 许多系统都含有初始状态。所谓初始状态是指系统在初始时刻 $t = 0$ 的前一瞬间的内部储能状态, 记作 $x(0^-)$ 或 $x(0)$。对于具有初始状态的系统, 系统的完全响应 $y(t)$ 将取决于两个不同的激励: 输入信号 $f(t)$ 和初始状态 $x(0^-)$, 表示为

$$y(t) = T[x(0^-), f(t)] \tag{1-70}$$

若输入信号 $f(t)$ 为零, 仅在初始状态 $x(0^-)$ 作用下产生的响应称为系统的零输入响应, 表示为

$$y_x(t) = T[x(0^-), 0] \tag{1-71}$$

若系统初始状态 $x(0^-)$ 为零，仅在输入信号 $f(t)$ 作用下产生的响应称为系统的零状态响应，表示为

$$y_f(t) = T[0, f(t)] \tag{1-72}$$

一个具有初始状态的系统，如果它同时满足以下三个条件，则称之为线性系统，否则为非线性系统。

(1) 完全响应 $y(t)$ 可以分解为零输入响应 $y_x(t)$ 和零状态响应 $y_f(t)$ 之和，即

$$y(t) = y_x(t) + y_f(t) \tag{1-73}$$

这一结论称为系统响应的可分解性。

(2) 零输入响应线性，即零输入响应 $y_x(t)$ 与初始状态 $x(0^-)$ 之间满足线性特性；

(3) 零状态响应线性，即零状态响应 $y_f(t)$ 与激励 $f(t)$ 之间满足线性特性。

例 1-6　已知系统的输入输出关系如下，其中 $f(t)$、$y(t)$ 分别为系统激励和完全响应，$x(0^-)$ 或 $x(0)$ 为初始状态，试判断它们是否为线性系统。

(1) $y(t) = 4x(0^-) + f'(t)$　　(2) $y(t) = 2x(0^-) + e^{f(t)}$

(3) $y(n) = 7x(0)f(n) + 3f(n)$　　(4) $y(n) = x^2(0) + 6f^2(n)$

解：(1) 具有可分解性，零输入响应 $y_x(t) = 4x(0^-)$ 具有线性特性，零状态响应 $y_f(t) = f'(t)$ 也具有线性特性，因此系统为线性系统。

(2) 零输入响应 $y_x(t) = 2x(0^-) + 1$，零状态响应 $y_f(t) = e^{f(t)}$，即 $y(t) \neq y_x(t) + y_f(t)$，故为非线性系统。

(3) 因 $y_x(n) = 0$，$y_f(n) = 3f(n)$，完全响应 $y(n)$ 不具有可分解性，故为非线性系统。

(4) 零输入响应 $y_x(n) = x^2(0)$ 和零状态响应 $y_f(n) = 6f^2(n)$ 都不满足线性特性，系统为非线性系统。

1.5.5　时不变系统及时不变系统的判定

根据式(1-68)可以判断系统是否具有时不变特性。

例 1-7　试判断例 1-5 中各系统是否为时不变系统。

解：(1) 由 $y(t) = T[f(t)] = 5f(t) + 4$，可知

$$T[f(t-t_d)] = 5f(t-t_d) + 4,\quad y(t-t_d) = 5f(t-t_d) + 4$$

即 $T[f(t-t_d)] = y(t-t_d)$，故该系统为时不变系统。

(2) 由 $y(t) = T[f(t)] = \int_{-\infty}^{t} f(\tau)d\tau$，可知

$$T[f(t-t_d)] = \int_{-\infty}^{t} f(\tau - t_d)d\tau = \int_{-\infty}^{t-t_d} f(\lambda)d\lambda = y(t-t_d)$$

故该系统为时不变系统。

(3) 仿照(1)的推导可知该系统为时不变系统。

(4) 设 $g(n) = f(n-n_d)$。因为 $y(n) = T[f(n)] = f(2n)$，可知

$$T[g(n)] = g(2n) = f(2n-n_d),\quad y(n-n_d) = f[2(n-n_d)]$$

于是 $T[f(n-n_d)] \neq y(n-n_d)$，故该系统为时变系统。

(5) $y'(t) + 3y(t) = 2f'(t) - f(t)$ 是线性常系数的微分方程，其对应的系统为线性时不变系统。

(6)$y'(t)-2y^2(t)=e^{-t}f(t)$是非线性变系数的微分方程，其对应的系统为非线性时变系统。

1.5.6 线性时不变系统的性质

在系统理论中，线性时不变系统的分析占有特殊的重要地位，其一些重要的性质在电路基础课中已有介绍，下面予以总结。

1. 齐次性

若激励$f(t)$产生的响应为$y(t)$，则激励$\alpha f(t)$产生的响应即为$\alpha y(t)$，此性质称为齐次性，其中α为任意常数。

2. 叠加性

若激励$f_1(t)$与$f_2(t)$产生的响应为$y_1(t)$、$y_2(t)$，则激励$f_1(t)+f_2(t)$产生的响应即为$y_1(t)+y_2(t)$，此性质称为叠加性。

3. 线性

若激励$f_1(t)$与$f_2(t)$产生的响应为$y_1(t)$、$y_2(t)$，则激励$\alpha f_1(t)+\beta f_2(t)$产生的响应即为$\alpha y_1(t)+\beta y_2(t)$，此性质称为线性。

4. 时不变性

若激励$f(t)$产生的响应为$y(t)$，则激励$f(t-t_d)$产生的响应即为$y(t-t_d)$，此性质称为时不变性。它说明激励延迟时间t_d，其响应也延迟时间t_d，且其波形不变。

5. 微分性

若激励$f(t)$产生的响应为$y(t)$，则激励$\dfrac{df(t)}{dt}$产生的响应即为$\dfrac{dy(t)}{dt}$，此性质称为微分性。

6. 积分性

若激励$f(t)$产生的响应为$y(t)$，则激励$\int_{-\infty}^{t}f(\tau)d\tau$产生的响应即为$\int_{-\infty}^{t}y(\tau)d\tau$，此性质称为积分性。

例1-8 已知某系统的零状态响应为$y_f(t)=f(t)\cos(\omega_0 t)$，试确定该系统是否为：

(1)线性系统；(2)时不变系统；(3)因果系统；(4)动态系统

解：(1)设$y_{f_1}(t)=T[f_1(t)]=f_1(t)\cos(\omega_0 t)$，$y_{f_2}(t)=T[f_2(t)]=f_2(t)\cos(\omega_0 t)$，则

$$T[\alpha f_1(t)+\beta f_2(t)]=[\alpha f_1(t)+\beta f_2(t)]\cos(\omega_0 t)=\alpha y_{f_1}(t)+\beta y_{f_2}(t)$$

因此该系统是线性系统。

(2)已知$y_f(t)=T[f(t)]=f(t)\cos(\omega_0 t)$，则有

$$T[f(t-t_d)]=f(t-t_d)\cos(\omega_0 t)\neq y_f(t-t_d)=f(t-t_d)\cos[\omega_0(t-t_d)]$$

故该系统不是时不变系统。

(3)因为任一时刻的零状态响应只与当前时刻的输入有关，所以该系统是因果系统。

(4)因为系统的响应与过去的激励无关，故该系统不是动态系统。

习　题

1－1　判断下列叙述的正误：

(1)(　　) 正弦序列 $f(n) = \sin(\Omega_0 n + \varphi)$ 是周期序列。

(2)(　　) 对连续周期信号采样所得的离散时间序列也是周期信号。

(3)(　　) 所有非周期信号都是能量信号。

(4)(　　) 若 $f(n)$ 是周期序列，则 $f(2n)$ 也是周期序列。

(5)(　　) 单位冲激信号 $\delta(t)$ 为奇函数。

1－2　图1所示信号中，哪些是连续信号？哪些是离散信号？哪些是周期信号？哪些是非周期信号？哪些是有始信号？

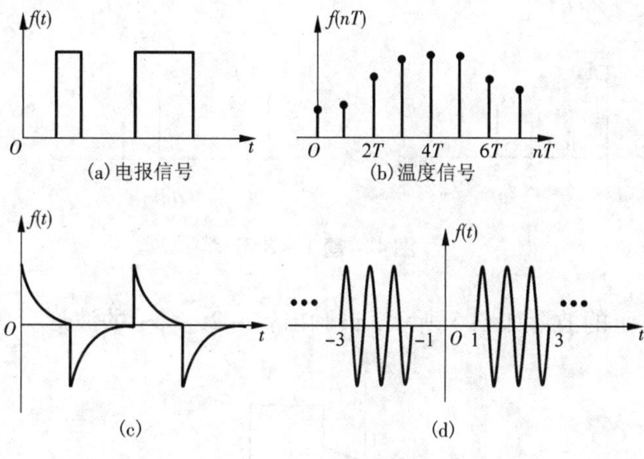

(a) 电报信号　(b) 温度信号

(c)　(d)

图1　题1－2图

1－3　试画出离散信号 $f(k) = \sin\left(\frac{\pi}{4}k\right)$ 的图形，并指出 $f(2)$、$f(5)$ 的样值是多少。

1－4　给定题图2所示信号 $f(t)$，试画出下列信号的波形。

(1) $2f(t-2)$

(2) $f(2t)$

(3) $f\left(\frac{t}{2}\right)$

(4) $f(-t+1)$

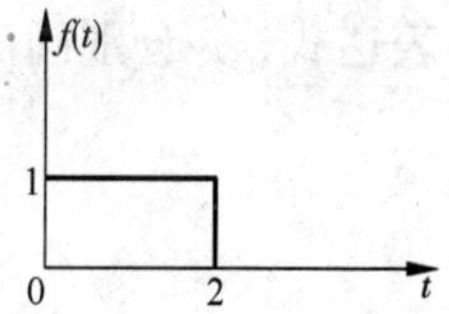

图2　题1－4图

1－5　设有如下函数 $f(t)$，试分别画出它们的波形。

(1) $f(t) = 2u(t-1) - 2u(t-2)$

(2) $f(t) = \sin(\pi t)[u(t) - u(t-6)]$

1－6　画出以下各式表示信号的波形。

(1) $f(t) = tu(t)$　　(2) $f(t) = (t-1)u(t-1)$

(3) $f(t) = tu(t-1)$　　(4) $f(t) = (t-1)u(t)$

1－7　试用单位阶跃信号的组合表示题图3所示信号。

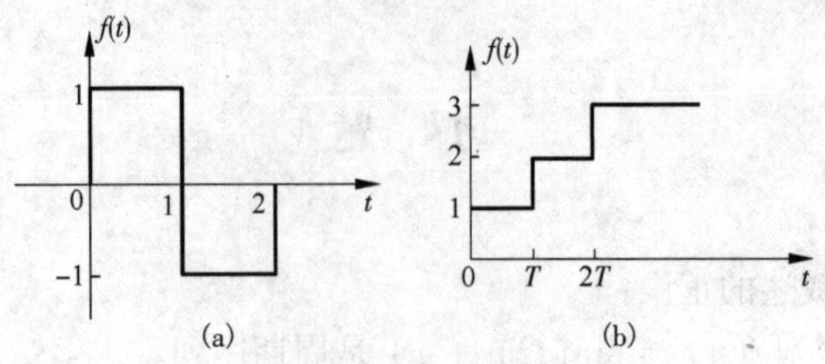

图3　题1－7图

1－8　写出题图4所示各信号的表达式。

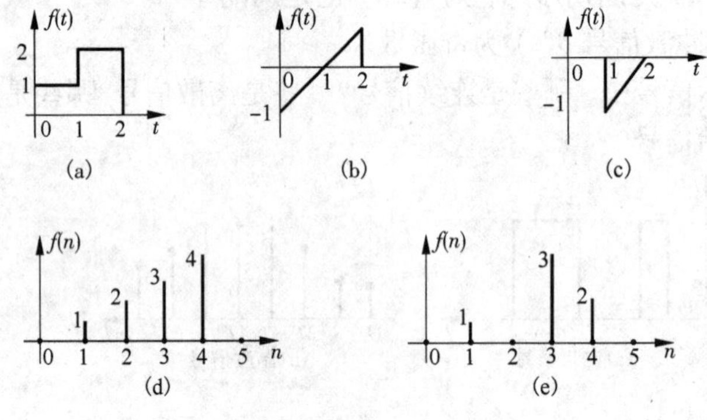

图4　题1－8图

1－9　已知$f(t)$的波形如图5所示，试画出$f(-2t-3)$的波形。

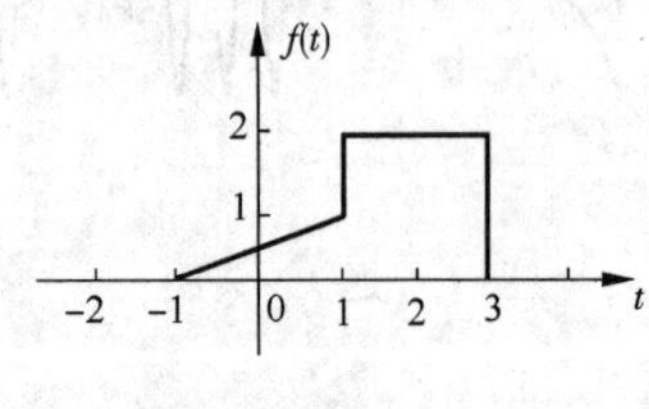

图5　题1－9图

1－10　设有如图6所示信号$f(t)$，对图(a)写出$f'(t)$的表达式，对图(b)写出$f''(t)$的表达式，并分别画出它们的波形。

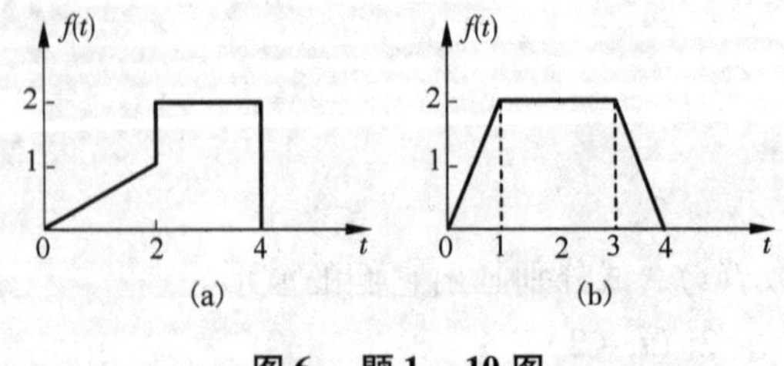

图6　题1－10图

1－11　试写出图7中各波形的表达式，并求出$\frac{\mathrm{d}}{\mathrm{d}t}f(t)$。

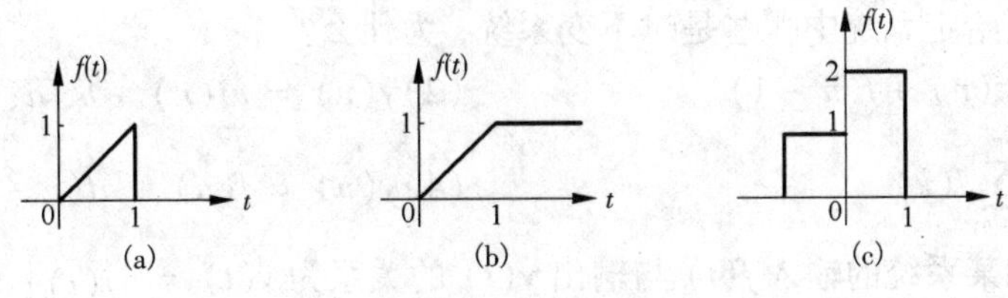

图 7　题 1 - 11 图

1 - 12　说明下列函数的信号是否是周期信号，若是，求周期 T（本题属于连续情况）。

(1) $\sin^2\left(t-\dfrac{\pi}{6}\right)$　　(2) $a\sin(4t)+b\cos(7t)$

(3) $3\cos t+2\sin(\pi t)$　　(4) $2\cos(3\pi t)u(t)$

1 - 13　判断下列各序列是否是周期性的，若是，试确定其周期（本题属于离散情况）。

(1) $f(n)=A\cos\left(\dfrac{3}{7}n-\dfrac{\pi}{8}\right)$　　(2) $f(n)=\mathrm{e}^{-\mathrm{j}\frac{\pi}{8}n}$

(3) $f(n)=\mathrm{e}^{\mathrm{j}(10n-\pi)}$　　(4) $f(n)=\mathrm{e}^{\mathrm{j}5\pi n}+\mathrm{e}^{\mathrm{j}\pi n}$

1 - 14　试计算下列结果。

(1) $t\delta(t-1)$　　(2) $\int_{-\infty}^{\infty}t\delta(t-1)\,\mathrm{d}t$

(3) $\int_{0^-}^{\infty}\cos\left(\omega t-\dfrac{\pi}{3}\right)\delta(t)\,\mathrm{d}t$　　(4) $\int_{0^-}^{0^+}\mathrm{e}^{-3t}\delta(-t)\,\mathrm{d}t$

1 - 15　试计算下面的积分。

(1) $\int_{-2}^{2}\delta(t-3)(t+1)\,\mathrm{d}t$　　(2) $\int_{-\infty}^{\infty}(t^3+t)\delta'(t)\,\mathrm{d}t$

(3) $\int_{-\infty}^{\infty}\delta(-2t)(\cos t+1)\,\mathrm{d}t$　　(4) $\int_{-\infty}^{\infty}\delta'(-t)(1-\mathrm{e}^{-2t})\,\mathrm{d}t$

(5) $\int_{-\infty}^{\infty}[\delta(t+2)-\delta(t-3)](t^3+2)\,\mathrm{d}t$

1 - 16　试证明方程 $y'(t)+ay(t)=f(t)$ 所描述的系统为线性系统，式中 a 为常量。

1 - 17　已知系统具有初始状态 $x(0^-)$，试判别以下给定系统中哪些是线性系统？

(1) $y(t)=ax(0^-)+bf^2(t)$　　(2) $y(t)=x(0^-)+f(t)\dfrac{\mathrm{d}f(t)}{\mathrm{d}t}$

(3) $y(t)=x^2(0^-)+3t^3f(t)$　　(4) $y(t)=x(0^-)\sin(5t)+tf(t)$

(5) $y(t)=f(t)+f(1-t)$

1 - 18　试判别以下差分方程表示的离散系统是否为线性系统。

(1) $y(n)=nf(n)+f(n-1)$　　(2) $y(n)=f(n)y(n-1)$

(3) $y(n)=\mathrm{e}^{f(n)}$　　(4) $y(n)=af(n)+bf(n-1)$，a，b 为常数

(5) $y(n)=af(n)+b$，a，b 为常数，且 $b\neq 0$

1 - 19　以下给定系统中哪些是时不变系统，为什么？

(1) $y(t)=f(t)+f(1-t)$　　(2) $y(t)=3tf(t)$

(3) $y(t)=f(2t)$　　(4) $y(t)=\dfrac{\mathrm{d}}{\mathrm{d}t}f(t)$

1-20　以下给定系统中哪些是时不变系统，为什么？

(1) $y(n) = nf(n) + f(n-1)$　　(2) $y(n) = af(n) + b$，a，b 为常数

(2) $y(n) = \sum_{k=n_1}^{n} f(k)$　　(4) $y(n) = f(n) + af(n-1)$，a 为常数

1-21　已知某系统的输入 $f(t)$ 与输出 $y(t)$ 的关系为 $y(t) = |f(t)|$，试判定该系统是否为线性时不变系统？

1-22　设有线性时不变系统的方程为 $y'(t) + ay(t) = f(t)$，若在非零 $f(t)$ 作用下其响应 $y(t) = 1 - e^{-t}$，试求方程 $y'(t) + ay(t) = 2f(t) + f'(t)$ 的响应。

1-23　试判断以下给定系统中哪些是因果系统。

(1) $T[f(n)] = f(n+1) + \sin[\omega_0(n+1)]$　(2) $T[f(n)] = f(n) + f(n-n_0)$

(3) $T[f(n)] = f(-n)$　　(4) $T[f(n)] = (n+1)f(n)$

1-24　试判断以下给定系统中哪些是稳定系统。

(1) $y(n) = \sum_{k=n_0}^{n} f(k)$　　(2) $y(n) = \sum_{k=n_0}^{N} f(k)$（$N$ 为常数）

(3) $y(n) = nf(n)$　　(4) $y(n) = f(n) + n$

1-25　$\lim_{\substack{y \to 0 \\ y > 0}} \frac{1}{\pi} \cdot \frac{y}{x^2 + y^2}$ 是否可以定义一个冲激信号 $\delta(t)$？为什么？

1-26　计算下列信号的能量或功率。

(1) $\cos(t)u(t)$　(2) $e^{-t}u(t)$　(3) $te^{-t}u(t)$　(4) $e^{-|t|}$

第 2 章　连续时间系统的时域分析

本章将研究连续时间系统的时域分析方法，主要包含两种：一种是经典法，另一种是双零法。经典法即利用高等数学中微分方程的理论求解动态方程，得到系统响应的函数表达式；双零法即将系统响应分为零输入响应和零状态响应。本章随后介绍了系统冲激响应与阶跃响应的求法，卷积积分的相关知识以及利用卷积积分求解零状态响应。

2.1　微分方程的建立和求解

2.1.1　连续时间系统微分方程的建立

对连续时间系统进行分析时，首先要建立系统的数学模型，写出其相应的微分方程，然后分析微分方程并求解。对于电系统，建立数学模型并不困难。当这个系统是一个线性电路时，建立微分方程的依据是利用元件特性以及基尔霍夫定律。现举例说明微分方程的建立方法。

例 2－1　如图 2－1 所示，建立系统的微分方程。

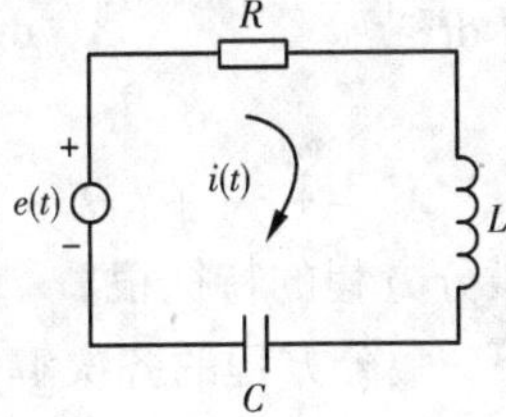

图 2－1　RLC 串联电路

解：把 $i(t)$ 作为参数变量，根据元件的电压电流关系有：

电容：

$$i(t) = c\frac{\mathrm{d}u_c(t)}{\mathrm{d}t} \tag{2-1}$$

电感：

$$u_L(t) = L\frac{\mathrm{d}i(t)}{t} \tag{2-2}$$

对整个电路，根据基尔霍夫电压定律（KVL）有：

$$u_c(t) + u_L(t) + i(t)R = e(t) \tag{2-3}$$

把式(2－1)、式(2－2)代入上式并化简有：

$$L\frac{\mathrm{d}i(t)}{\mathrm{d}t} + Ri(t) + \frac{1}{C}\int_{-\infty}^{t} i(\tau)\mathrm{d}\tau = e(t) \tag{2-4}$$

将方程两边对 t 微分得

$$L\frac{\mathrm{d}^2 i(t)}{\mathrm{d}t^2} + R\frac{\mathrm{d}i(t)}{\mathrm{d}t} + \frac{1}{C}i(t) = \frac{\mathrm{d}e(t)}{\mathrm{d}t} \tag{2-5}$$

一般情况下，对于一个线性系统，根据其物理意义，我们都能够建立微分方程。设输入激励信号 $f(t)$ 与输出响应信号 $y(t)$ 之间的关系，总可以用下列形式的微分方程式来描述。

$$\frac{\mathrm{d}^n y(t)}{\mathrm{d}t^n} + a_{n-1}\frac{\mathrm{d}^{n-1} y(t)}{\mathrm{d}t^{n-1}} + \cdots + a_1\frac{\mathrm{d}y(t)}{\mathrm{d}t} + a_0 y(t)$$

$$= b_m\frac{\mathrm{d}^m f(t)}{\mathrm{d}t^m} + b_{m-1}\frac{\mathrm{d}^{m-1} f(t)}{\mathrm{d}t^{m-1}} + \cdots + b_1\frac{\mathrm{d}f(t)}{\mathrm{d}t} + b_0 f(t) \tag{2-6}$$

其中，a_0，a_1，…，a_{n-1}，b_0，b_1，…，b_m 为常数，它们由系统的结构和参数决定。例如在电路中，由 R，C，L 决定。式(2－6)为定常系数的 n 阶微分方程，对此微分方程求解，即可得到输出响应 $y(t)$。

2.1.2 微分方程的数学经典求解法

在高等数学和电路分析理论学习中，我们知道，常系数线性微分方程的完全解由齐次解 $y_h(t)$ 和特解 $y_p(t)$ 两部分组成，即

$$y(t) = y_h(t) + y_p(t) \tag{2-7}$$

(1) 齐次解

齐次解是当式(2－6)中的激励信号 $x(t)$ 及各阶导数都等于零时的解，即齐次解应满足齐次微分方程

$$a_n\frac{\mathrm{d}^n y(t)}{\mathrm{d}t^n} + a_{n-1}\frac{\mathrm{d}^{n-1} y(t)}{\mathrm{d}t^{n-1}} + \cdots + a_1\frac{\mathrm{d}y(t)}{\mathrm{d}t} + a_0 y(t) = 0 \tag{2-8}$$

微分方程的特征方程为

$$a_n\lambda^n + a_{n-1}\lambda^{n-1} + \cdots + a_1\lambda + a_0 = 0 \tag{2-9}$$

特征方程的根 λ_1，λ_2，…，λ_n 称为微分方程的特征根。

在特征根为不相等实根的情况下，微分方程的齐次解为

$$y_h(t) = A_1 e^{\lambda_1 t} + A_2 e^{\lambda_2 t} + \cdots + A_n e^{\lambda_n t} \tag{2-10}$$

这里 A_1，A_2，…，A_n 是由边界条件(在本书中称为初始条件)所决定的系数。

齐次解的形式仅取决于特征方程根的性质，而与激励信号无关，因此齐次解有时称为固有解(或称自由解)，自由解也称为系统的自由响应。齐次解的系数 A_1，A_2，…，A_n 与激励信号有关。不同特征根所对应的齐次解总结如表 2－1 所示。

(2) 特解

系统微分方程式(2－6)的特解 $y_p(t)$ 是由输入信号产生的，因此也被称为强迫解。特解必须满足非齐次微分方程，特解的形式与激励函数的形式有关。表2－2列出了几种典型激励函数 $x(t)$ 对应的特解 $y_p(t)$。由表2－2选定特解函数式后，代入原方程后求得特解函数式中的待定系数，即可求出特解。特解也称为系统的强迫响应。

(3) 完全解

求得系统微分方程的齐次解和特解后，将齐次解 $y_h(t)$ 和特解 $y_p(t)$ 相加即可得到系统微分方程的完全解。下面通过例题说明经典法求解的全部过程。

表 2－1　不同特征根所对应的齐次解(自由解)

特征根 λ	齐次解 $y_h(t)$ 的形式
单实根	$Ae^{\lambda t}$
r 重实根	$A_{r-1}t^{r-1}e^{\lambda t}+A_{r-2}t^{r-2}e^{\lambda t}+\cdots+A_1te^{\lambda t}+A_0e^{\lambda t}$
一对共轭复根 $\lambda_{1,2}=\alpha\pm i\beta$	$e^{\alpha t}[A_1\cos(\beta t)+A_2\sin(\beta t)]$ 或 $Ae^{\alpha t}\cos(\beta t-\theta)$，其中 $Ae^{\alpha t}=A_1+iA_2$
r 重共轭复根	$A_{r-1}t^{r-1}e^{\lambda t}\cos(\beta t+\theta_{r-1})+A_{r-2}t^{r-2}e^{\lambda t}\cos(\beta t+\theta_{r-2})+\cdots+A_0e^{\lambda t}\cos(\beta t+\theta_0)$

注：表中 A_i 为待定系数，由初始条件确定。

例 2－2　已知微分方程 $\dfrac{dy^2(t)}{dt^2}+6\dfrac{dy(t)}{dt}+5y(t)=\cos 2tu(t)$，$y(0^+)=0$，$y'(0^+)=0$，求输出信号 $y(t)$ 的表达式。

解： (1) 求出齐次解

根据微分方程，写出特征方程

$$\lambda^2+6\lambda+5=0$$

解得特征根为

$$\lambda_1=-1,\quad \lambda_2=-5$$

根据表 2－1，则齐次解为

$$y_h(t)=A_1e^{-t}+A_2e^{-5t}$$

表 2－2　与几种典型的激励函数相应的特解

激励函数	特解 $y_p(t)$
E(常数)	B
t^p	$B_pt^p+B_{p-1}t^{p-1}+\cdots+B_1t+B_0$
$e^{\alpha t}$	$Be^{\alpha t}$
$\cos\omega_0t$	$B_1\cos\omega_0t+B_2\sin\omega_0t$
$\sin\omega_0t$	
$t^pe^{\alpha t}\cos\omega_0t$	$(B_pt^p+B_{p-1}t^{p-1}+\cdots+B_1t+B_0)e^{\alpha t}\cos\omega_0t+$
$t^pe^{\alpha t}\sin\omega_0t$	$(D_pt^p+D_{p-1}t^{p-1}+\cdots+D_1t+D_0)e^{\alpha t}\sin\omega_0t$

注：(1) 表中 B、D 均为待定系数；

(2) 若自由项由几种激励函数组合，则特解也为其相应的组合；

(3) 若表中所列特解与齐次解重复，则应在特解中增加一项——t 倍乘表中特解，若这种重复形有 k 次(即特征根为 k 重根)，则依次增加倍乘 t，t^2，…，t^k 诸项。

(2) 求特解

由微分方程，根据表 2 - 2 可知特解函数式为

$$y_p(t) = B_1\sin2t + B_2\cos2t$$

将 $y_p(t)$ 代入微分方程，得

$$-4B_1\sin2t - 4B_2\cos2t + 12B_1\cos2t - 12B_2\sin2t + 5B_1\sin2t + 5B_2\cos2t = \cos2t$$

化简后得

$$(B_1 - 12B_2)\sin2t + (12B_1 + B_2 - 1)\cos2t = 0$$

即

$$\begin{cases} B_1 - 12B_2 = 0 \\ 12B_1 + B_2 = 1 \end{cases}$$

解得

$$B_1 = \frac{12}{145}, \quad B_2 = \frac{1}{145}$$

于是，特解为

$$y_p(t) = \frac{12}{145}\sin2t + \frac{1}{145}\cos2t$$

(3) 求完全解

完全解为

$$y(t) = y_h(t) + y_p(t) = A_1\mathrm{e}^{-t} + A_2\mathrm{e}^{-6t} + \frac{12}{145}\sin2t + \frac{1}{145}\cos2t$$

下面确定待定系数 A_1、A_2。

由初始条件 $y(0^+) = 0$, $y'(0^+) = 0$，可以得到

$$\begin{cases} A_1 + A_2 + \dfrac{1}{145} = 0 \\ -A_1 - 6A_2 + \dfrac{24}{145} = 0 \end{cases}$$

联立求解，可得 $A_1 = -\dfrac{6}{145}$，$A_2 = \dfrac{1}{29}$。

所以完全解为

$$y(t) = -\frac{6}{145}\mathrm{e}^{-t} + \frac{1}{29}\mathrm{e}^{-6t} + \frac{12}{145}\sin2t + \frac{1}{145}\cos2t, \quad t > 0$$

也可以用阶跃函数表示

$$y(t) = \left(-\frac{6}{145}\mathrm{e}^{-t} + \frac{1}{29}\mathrm{e}^{-6t} + \frac{12}{145}\sin2t + \frac{1}{145}\cos2t\right)u(t)$$

2.1.3 关于 0^- 与 0^+

由微分方程的经典解法可知，要得到微分方程的完全解，需要确定完全解表达式中齐次解的待定系数 $A_i(i = 1, 2, \cdots, n)$，而要确定这些待定系数，则要首先确定求解区间内微分方程的一组边界条件。在系统分析中，常把响应区间确定为激励信号 $x(t)$ 加入之后系统状态变化区间。一般激励 $x(t)$ 都是从 $t = 0$ 时刻加入，这样系统的响应区间定为 $0^+ \leqslant t < \infty$。一

组边界条件可以给定为在此区间内任一时刻 t_0，要求满足 $y(t_0)$，$\dfrac{dy(t_0)}{dt}$，$\dfrac{d^2y(t_0)}{dt^2}$，…，$\dfrac{d^ny(t_0)}{dt^n}$ 的各值。一般取 $t_0=0^+$，这样就可以对应确定系数 $A_i(i=1,2,\cdots,n)$。因此，我们称 $y^{(k)}(0^+)=\left[y(0^+),\dfrac{dy(0^+)}{dt},\cdots,\dfrac{d^{n-1}y(0^+)}{dt^{n-1}}\right]$ 为初始条件（简称 0^+ 状态）。

如果系统在激励信号加入之前瞬间有一组状态，定义为

$$y^{(k)}(0^-)=\left[y(0^-),\frac{dy(0^-)}{dt},\cdots,\frac{d^{n-1}y(0^-)}{dt^{n-1}}\right]$$

这组状态称为系统的起始状态（简称 0^- 状态），它包含了为计算未来响应的全部“过去”信息，对于一个具体的系统，系统的 0^- 状态就是系统中储能元件的储能情况。在激励信号 $x(t)$ 加入之后，由于受到激励的影响，这组状态从 $t=0^-$ 到 $t=0^+$ 时刻可能发生变化，导致 $y(0^+)$，$\dfrac{dy(0^+)}{dt}$，…，$\dfrac{d^{n-1}y(0^+)}{dt^{n-1}}$ 不等于 $y(0^-)$，$\dfrac{dy(0^-)}{dt}$，…，$\dfrac{d^{n-1}y(0^-)}{dt^{n-1}}$，这种现象称为起始点的跳变。

（1）起始点跳变的产生

对电容而言

$i_C(t)$　C　$+$　$u_C(t)$　$-$

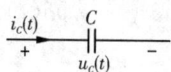

由伏安关系

$$\begin{aligned}u_C(t)&=\frac{1}{C}\int_{-\infty}^{t}i_C(\tau)d\tau=\frac{1}{C}\int_{-\infty}^{0^-}i_C(\tau)d\tau+\frac{1}{C}\int_{0^-}^{0^+}i_C(\tau)d\tau+\frac{1}{C}\int_{0^+}^{t}i_C(\tau)d\tau\\&=v_C(0^-)+\frac{1}{C}\int_{0^-}^{0^+}i_C(\tau)d\tau+\frac{1}{C}\int_{0^+}^{t}i_C(\tau)d\tau\end{aligned}$$

令 $t=0^+$，可得

$$u_C(0^+)=u_C(0^-)+\frac{1}{C}\int_{0^-}^{0^+}i_C(\tau)d\tau+0$$

如果 $i_C(t)$ 为有限值，则

$$\int_{0^-}^{0^+}i_C(\tau)d\tau=0$$

此时

$$u_C(0^+)=u_C(0^-)$$

如果 $i_C(t)=\delta(t)$，则

$$\int_{0^-}^{0^+}i_C(\tau)d\tau=1$$

此时

$$u_C(0^+)=u_C(0^-)+\frac{1}{C}$$

由上面的分析可知，当没有受到冲激电流（或阶跃电压）作用时，电容两端的电压 $u_C(t)$ 不发生跳变，即满足换路定则；当受到冲激电流（或阶跃电压）作用时，电容两端的电压 $u_C(t)$ 会发生跳变。

同样可以推导，对电感而言，当电感没有受到冲激电压(或阶跃电流)作用时，流过电感的电流 $i_L(t)$ 不跳变，即满足换路定则。当电感受到冲激电压(或阶跃电流)作用时，流过电感的电流 $i_L(t)$ 会发生跳变。

(2) 初始条件的确定

用经典法求解系统响应时，为确定自由响应部分的待定系数 $A_i(i=1, 2, \cdots, n)$，还必须根据系统的 0^- 状态和激励信号 $x(t)$ 情况求出 0^+ 状态。在确定系统的初始条件时，系统的 0^- 状态到 0^+ 状态有没有跳变取决于微分方程右端激励项是否包含 $\delta(t)$ 及其各阶导数。如果包含有 $\delta(t)$ 及其各阶导数，说明相应的 0^- 状态到 0^+ 状态发生了跳变，即 $y(0^+)\neq y(0^-)$ 或 $y'(0^+)\neq y'(0^-)$ 等。为确定 $y(0^+)$、$y'(0^+)$ 等 0^+ 状态的值，可以使用冲激函数匹配法。它的基本原理是，$t=0$ 时刻微分方程左右两端的 $\delta(t)$ 及其各阶导数应该平衡相等。

例 2-3 如果描述系统的微分方程为 $\frac{\mathrm{d}^2y(t)}{\mathrm{d}t^2}+3\frac{\mathrm{d}y(t)}{\mathrm{d}t}+2y(t)=\delta'(t)$，给定 0^- 状态起始值为 $y(0^-)$，确定它的 0^+ 状态 $y(0^+)$。

解： 由微分方程可知，方程右端含 $\delta'(t)$，为使方程平衡，等式左端也应有对应的 $\delta'(t)$ 函数，而且只能出现在最高阶项，否则，若在低阶项中出现 $\delta'(t)$ 函数，导致 $\delta''(t)$ 函数的出现，将不能与右端平衡，故它一定是属于 $y''(t)$，因此可以设

$$y''(t)=a\delta'(t)+b\delta(t)+cu(t)$$

将上式从 0^- 到 0^+ 积分一次，可得

$$y'(t)=a\delta(t)+bu(t)$$

再积分一次可得

$$y(t)=au(t)$$

把上面两个式子代入原方程，可得

$$[a\delta'(t)+b\delta(t)+cu(t)]+3[a\delta(t)+bu(t)]+2au(t)=\delta'(t)$$

根据方程两端对应项系数相等，可以得到

$$\begin{cases}a=1\\ b+3a=0\\ c+3b+2a=0\end{cases}$$

求解可得 $a=1$，$b=-3$，$c=7$，因此

$$y(0^+)-y(0^-)=a=1,\quad y(0^+)=1+y(0^-)$$
$$y'(0^+)-y'(0^-)=b=-3,\quad y'(0^+)=-3+y'(0^-)$$

这个确定 0^+ 时值的过程中，显然 c 的值并不影响其结果，所以以后 n 阶微分方程平衡法求 0^+ 时的值无须求解 c 的值。

需要说明的是，确定初始条件的方法还有奇异函数平衡法、微分特性法等，有兴趣的读者可以参考相关书籍。利用冲激函数匹配法确定初始条件的求解方法基本步骤如下。

一般情况下，如果 $t=0$ 时的微分方程为

$$c_n\frac{\mathrm{d}^ny(t)}{\mathrm{d}t^n}+c_{n-1}\frac{\mathrm{d}^{n-1}y(t)}{\mathrm{d}t^{n-1}}+\cdots+c_0y(t)=b_m\frac{\mathrm{d}^m\delta(t)}{\mathrm{d}t^m}+b_{m-1}\frac{\mathrm{d}^{m-1}\delta(t)}{\mathrm{d}t^{m-1}}+\cdots+b_0\delta(t)$$

第一步：首先根据方程右边激励项中 $\delta(t)$ 的最高微分阶次，确定方程左边 $y(t)$ 的最高微分次项的 $\delta(t)$ 的微分阶次，并构造相应的冲激函数形式，此时 t 在 0^- 到 0^+ 区间，可得

$$\frac{\mathrm{d}^n y(t)}{\mathrm{d}t^n} = a_m \frac{\mathrm{d}^m \delta(t)}{\mathrm{d}t^m} + a_{m-1} \frac{\mathrm{d}^{m-1}\delta(t)}{\mathrm{d}t^{m-1}} + \cdots + a_0\delta(t) + bu(t)$$

第二步：将上式通过一次或多次积分得到 $r(t)$ 及其微分的冲激函数形式，即

$$\begin{cases} \dfrac{\mathrm{d}^{n-1} y(t)}{\mathrm{d}t^{n-1}} = a_m \dfrac{\mathrm{d}^{m-1}\delta(t)}{\mathrm{d}t^{m-1}} + a_{m-1}\dfrac{\mathrm{d}^{m-2}\delta(t)}{\mathrm{d}t^{m-2}} + \cdots + a_1\delta(t) + a_0 u(t) \\ \dfrac{\mathrm{d}^{n-2} y(t)}{\mathrm{d}t^{n-2}} = a_m \dfrac{\mathrm{d}^{m-2}\delta(t)}{\mathrm{d}t^{m-2}} + a_{m-1}\dfrac{\mathrm{d}^{m-3}\delta(t)}{\mathrm{d}t^{m-3}} + \cdots + a_1 u(t) \\ \cdots\cdots \\ y(t) = \cdots\cdots \end{cases}$$

第三步，将以上方程代入微分方程，平衡方程两边的 $\delta(t)$ 及其微分项，可以求得 a_m，a_{m-1}，$\cdots a_0$，则

$$\begin{cases} \dfrac{\mathrm{d}^{n-1} y(0^+)}{\mathrm{d}t^{n-1}} - \dfrac{\mathrm{d}^{n-1} y(0^-)}{\mathrm{d}t^{n-1}} = a_0 \\ \dfrac{\mathrm{d}^{n-2} y(0^+)}{\mathrm{d}t^{n-2}} - \dfrac{\mathrm{d}^{n-2} y(0^-)}{\mathrm{d}t^{n-2}} = a_1 \\ \cdots \\ y(0^+) - y(0^-) = \cdots\cdots \end{cases}$$

因此 0^+ 时

$$\begin{cases} \dfrac{\mathrm{d}^{n-1} y(0^+)}{\mathrm{d}t^{n-1}} = \dfrac{\mathrm{d}^{n-1} y(0^-)}{\mathrm{d}t^{n-1}} + a_0 \\ \dfrac{\mathrm{d}^{n-2} y(0^+)}{\mathrm{d}t^{n-2}} = \dfrac{\mathrm{d}^{n-2} y(0^-)}{\mathrm{d}t^{n-2}} + a_1 \\ \cdots\cdots \\ y(0^+) = y(0^-) + \cdots\cdots \end{cases}$$

需要说明的是，当 b_m，b_{m-1}，$\cdots$，b_1 均为零，只有 b_0 不等于 0，则容易得出

$$\begin{cases} \dfrac{\mathrm{d}^{n-1} y(0^+)}{\mathrm{d}t^{n-1}} = \dfrac{\mathrm{d}^{n-1} y(0^-)}{\mathrm{d}t^{n-1}} + b_0 \\ \dfrac{\mathrm{d}^{n-2} y(0^+)}{\mathrm{d}t^{n-2}} = \dfrac{\mathrm{d}^{n-2} y(0^-)}{\mathrm{d}t^{n-2}} \\ \cdots \\ y(0^+) = y(0^-) \end{cases}$$

即只有 $n-1$ 阶导数从 $0^- \sim 0^+$ 发生了跳变，其 0^+ 值比 0^- 增加 b_0。其余 $0 \sim n-2$ 阶导数都发生跳变，其 0^+ 与 0^- 值相等。

综上所述，连续时间系统的完全解由齐次解和特解组成。齐次解是自由响应，特解是强迫响应，系统的全响应为自由响应和强迫响应之和。从求解过程来看，强迫响应与激励信号有关，自由响应的参数的系数不仅与起始状态有关，也与激励信号有关。因此，如果微分方程中右边项比较复杂，则难以确定特解形式，因而也难以求取强迫响应。而且如果激励信号发生变化，则系统响应需要重新求取。特别需要指出的是，经典法来源于高等数学中微分方程的求解，是一种纯数学方法，无法突出响应的物理概念。因此，为了区分由起始状态引起

的响应和由激励信号引起的响应，明晰物理概念，我们将连续时间系统的响应分解为零输入响应和零状态响应。

2.1.4 微分方程的双零求解法

对于连续时间系统而言，系统的全响应可以分解为自由响应$y_h(t)$和强迫响应$y_p(t)$两部分，也可以分解为零输入响应$y_{zi}(t)$和零状态响应$y_{zs}(t)$之和，即

$$y(t)=y_h(t)+y_p(t)=y_{zi}(t)+y_{zs}(t) \tag{2-11}$$

(1) 零输入响应

零输入响应是指输入为零，即没有外加激励信号的作用，只由起始状态(起始时刻系统的储能) 所引起的响应，一般用$y_{zi}(t)$表示。

零输入响应满足的微分方程为

$$a_n\frac{d^n y(t)}{dt^n}+a_{n-1}\frac{d^{n-1}y(t)}{dt^{n-1}}+\cdots+a_1\frac{dy(t)}{dt}+a_0y(t)=0 \tag{2-12}$$

这是一个齐次方程，其解的形式与齐次解相同，由特征根可写出解的不同形式，具体可查阅表2－1。为便于叙述，本小节只讨论特征根为单根的情况。若其特征根为单根，则解的形式为

$$y_{zi}(t)=\sum_{k=1}^{n}A_{zik}e^{\lambda_k t} \tag{2-13}$$

由于激励信号$x(t)=0$，系统在起始时刻不会产生跳变，所以$y^{(k)}(0^+)=y^{(k)}(0^-)$。因此，由边界条件确定的待定系数$A_{zik}$可以由起始状态$y^{(k)}(0^-)$确定。

例2－4 系统的微分方程为$\frac{d^2y}{dt^2}+2\frac{dy}{dt}+y(t)=x(t)$，分别求以下两种起始条件下的系统的零输入响应。

(1)$y_1(0^-)=2$，$y'_1(0^-)=1$ (2)$y_2(0-)=4$，$y_2'(0-)=2$

解：(1) 系统的特征方程为

$$\lambda^2+2\lambda+1=0$$

特征根为

$$\lambda_1=\lambda_2=-1(\text{两相等实根})$$

根据式(2－13)，设系统零输入响应为

$$y_{zi1}(t)=A_1e^{-t}+A_2te^{-t}$$

由起始条件，可得

$$\begin{cases}y_{zi1}(0^+)=y_1(0^-)=A_1=2\\ y'_{zi1}(0^+)=y'_1(0^-)=-A_1+A_2=1\end{cases}$$

联立求解，可得$A_1=2$，$A_2=3$，因此系统的零输入响应为

$$y_{zi1}(t)=2e^{-t}+3te^{-t},\ t>0$$

(2) 系统零输入响应的形式同本例(1)，可设为

$$y_{zi2}(t)=B_1e^{-t}+B_2te^{-t}$$

由起始条件，可得

$$\begin{cases} y_2(0_-) = B_1 = 4 \\ y'_2(0_-) = -B_1 + B_2 = 2 \end{cases}$$

联立求解，可得 $B_1 = 4$，$B_2 = 6$，所以系统的零输入响应为

$$y_{zi2}(t) = 4e^{-t} + 6te^{-t}, \quad t > 0$$

由例题可知，$y_{zi2}(t) = 2y_{zi1}(t)$，当外加激励为零时，起始储能扩大一倍，对应的零输入响应就扩大一倍，即系统的零输入响应对应于起始状态呈线性，这种现象即为零输入线性。

(2) 零状态响应

零状态响应是指系统的起始状态为零，由外加激励信号作用而引起的响应，一般用 $y_{zs}(t)$ 表示。

对于零状态响应，就是微分方程式(2-6)在系统的初始储能为零，即 $y^{(k)}(0^-) = 0$ 时的解。此时微分方程为非齐次微分方程，其解与微分方程(2-6)解类似，由自由响应和强迫响应构成。其中自由响应的形式由特征根确定，如表 2-1 所示；强迫响应的形式取决于激励的形式，如表 2-2 所示。同样，为便于叙述，本小节只讨论特征根为单根的情况。若其特征根为单根，则解的形式为

$$y_{zs}(t) = \sum_{k=1}^{n} A_{zsk} e^{\lambda_k t} + y_p(t) \tag{2-14}$$

将式(2-13)和式(2-14)代入式(2-11)，可得系统全响应的表达式为

$$y(t) = \underbrace{\sum_{k=1}^{n} A_{zik} e^{\lambda_k t}}_{\text{零输入响应}} + \underbrace{\sum_{k=1}^{n} A_{zsk} e^{\lambda_k t} + y_p(t)}_{\text{零状态响应}} = \underbrace{\sum_{k=1}^{n} (A_{zik} + A_{zsk}) e^{\lambda_k t}}_{\text{自由响应}} + \underbrace{y_p(t)}_{\text{强迫响应}} = \underbrace{\sum_{k=1}^{n} A_k e^{\lambda_k t}}_{\text{自由响应}} + \underbrace{y_p(t)}_{\text{强迫响应}} \tag{2-15}$$

在零状态响应中，由于存在外加激励的作用，当 $t = 0$ 时，如果微分方程右端出现冲激函数及其各阶导数项，起始状态将发生跃变，此时，$y^{(k)}(0^+) \neq y^{(k)}(0^-)$。由式(2-15)可知，$A_k = A_{zik} + A_{zsk}$，$A_k$ 是由初始条件 $y^{(k)}(0^+)$ 和外加激励共同决定的，因此，自由响应也可以分解为两部分，一部分由系统的起始储能产生，另一部分由激励信号产生。当系统的起始状态为零，即前一部分为零时，后一部分仍可存在，亦即零输入响应零状态响应的齐次解部分都仅为自由响应的一部分。而零输入响应表达式中的待定系数 A_{zik} 由系统的起始条件 $y^{(k)}(0^-)$ 决定，所以零状态响应表达式中的待定系数 A_{zsk} 由跳变量 $y_{zs}^{(k)}(0^+) = y^{(k)}(0^+) - y^{(k)}(0^-)$ 和外加激励共同确定。

例 2-5　系统的微分方程为 $\dfrac{d^2y(t)}{dt^2} + 5\dfrac{dy(t)}{dt} + 4y(t) = \dfrac{dx(t)}{dt} + 2x(t)$，$x(t) = u(t)$，求系统的零状态响应。

解：因为 $x(t) = u(t)$，所以系统的零状态响应是微分方程

$$\frac{d^2y(t)}{dt^2} + 5\frac{dy(t)}{dt} + 4y(t) = \delta(t) + 2u(t) \tag{2-16}$$

满足 $y(0^-) = y'(0^-) = 0$ 的解。

(1) 求齐次解

系统的特征方程为

$$\lambda^2 + 5\lambda + 4 = 0$$

解得特征根为 $\lambda_1 = -4$，$\lambda_2 = -1$，则所对应的齐次解为

$$y_h(t) = A_1\mathrm{e}^{-4t} + A_2\mathrm{e}^{-t}$$

（2）求特解

当 $t > 0$ 时，微分方程为

$$\frac{\mathrm{d}^2}{\mathrm{d}t^2}y(t) + 5\frac{\mathrm{d}}{\mathrm{d}t}y(t) + 4y(t) = 2$$

设特解为 $y_p(t) = B$，代入上式，可得 $B = \frac{1}{2}$，则系统的零状态响应为

$$y_{zs}(t) = A_1\mathrm{e}^{-4t} + A_2\mathrm{e}^{-t} + \frac{1}{2} \tag{2-17}$$

（3）求初始条件

由于微分方程(2-16)右端的冲激函数项最高阶次是 $\delta(t)$，故只有 $y''(t)$ 在零时刻跳变，且其 0^+ 比其 0^- 增加 1，而 $y(t)$ 在 $t = 0$ 时不会跳变，即

$$\begin{cases} y_{zs}(0^+) = y(0^+) - y(0^-) = 0 \\ y'_{zs}(0^+) = y'(0^+) - y'(0^-) = 1 \end{cases}$$

（4）求零状态响应

当 $t = 0^+$ 时，将上面所求的初始值 $y_{zs}(0^+)$ 和 $y'_{zs}(0^+)$ 代入零状态响应表达式(2-17)，解得待定系数为

$$A_1 = -\frac{1}{6},\quad A_2 = -\frac{1}{3}$$

将待定系数代入零状态响应表达式，得到系统的零状态响应为

$$y_{zs}(t) = -\frac{1}{6}\mathrm{e}^{-4t} - \frac{1}{3}\mathrm{e}^{-t} + \frac{1}{2}$$

2.2 冲激响应和阶跃响应

2.2.1 系统的冲激响应

以单位冲激信号 $\delta(t)$ 作为激励，系统产生的零状态响应称为“单位冲激响应”，或简称“冲激响应”，通常用 $h(t)$ 表示。

对于连续时间 LTI 系统，其冲激响应 $h(t)$ 满足微分方程

$$a_n\frac{\mathrm{d}^n h(t)}{\mathrm{d}t^n} + a_{n-1}\frac{\mathrm{d}^{n-1}h(t)}{\mathrm{d}t^{n-1}} + \cdots + a_1\frac{\mathrm{d}h(t)}{\mathrm{d}t} + a_0 h(t)$$

$$= b_m\frac{\mathrm{d}^m\delta(t)}{\mathrm{d}t^m} + b_{m-1}\frac{\mathrm{d}^{m-1}\delta(t)}{\mathrm{d}t^{m-1}} + \cdots + b_1\frac{\mathrm{d}\delta(t)}{\mathrm{d}t} + b_0\delta(t) \tag{2-18}$$

及起始条件 $h^{(k)}(0^-) = 0(k = 0, 1, \cdots, n-1)$。由于方程的右端出现 $\delta(t)$ 及其各阶导数，为保证系统对应的微分方程式恒等，方程式两边所具有的冲激信号及其各阶导数必须相等，分 3 种情况。

（1）当 $n < m$ 时，$h(t)$ 中将包含 $\delta(t)$ 及 $\delta'(t)$，一直到 $\delta^{(m-n)}(t)$；

（2）当 $n = m$ 时，$h(t)$ 中将包含有 $\delta(t)$；

(3) 当$n > m$时，方程右端最高阶次为$\frac{\mathrm{d}^m\delta(t)}{\mathrm{d}t^m}$，为与之相平衡，则方程左端的$\frac{\mathrm{d}^n h(t)}{\mathrm{d}t^n}$中应包含有$\frac{\mathrm{d}^m\delta(t)}{\mathrm{d}t^m}$，$\frac{\mathrm{d}^{n-1}h(t)}{\mathrm{d}t^{n-1}}$中应包含有$\frac{\mathrm{d}^{m-1}\delta(t)}{\mathrm{d}t^{m-1}}$，以此类推，$\frac{\mathrm{d}^{n-m}h(t)}{\mathrm{d}t^{n-m}}$将包含有$\delta(t)$，而$\frac{\mathrm{d}^{n-m-1}h(t)}{\mathrm{d}t^{n-m-1}}$，…，$\frac{\mathrm{d}h(t)}{\mathrm{d}t}$，$h(t)$中将不包含$\delta(t)$函数。

本节只讨论$n > m$的情况。

在$t > 0$时，$\delta(t)$及其各阶导数均为零，式(2－18)为齐次方程，这说明$\delta(t)$的加入，在$t = 0$时刻引起了系统储能的变化，建立了系统非零的初始条件。而在$t > 0$以后，外部激励为零，只有系统储能起作用，故其解的形式与齐次解的形式相同，不包含特解。因此，求解冲激响应$h(t)$的实质是要确定$t = 0^+$时的初始条件，并求该初始条件下的齐次解。同样，齐次解的形式由特征方程的特征根来决定，可以将特征根分为不等实根、重根、共轭复根等几种情况分别来设定。若系统的特征方程共有n个非重根，则

$$h(t) = \Big(\sum_{k=0}^{n} A_k \mathrm{e}^{\lambda_k t}\Big)u(t) \tag{2-19}$$

剩下的问题是确定系数A_k。由于系统的起始状态为零，即$h(0^-) = h'(0^-) = \cdots = h^{(n-1)}(0^-)$。

下面我们介绍两种方法来确定A_k。

2.2.2　冲激响应的求解

(1) 奇异函数平衡法

奇异函数平衡法的基本做法是，将$h(t)$的表达式(2－19)及$h(t)$的各阶导数代入微分方程式(2－18)，使微分方程两端奇异函数的系数相匹配，从而确定待定系数A_k。该方法可以避免求解初始条件$h(0^+)$，$h'(0^+)$，…，$h^{(n-1)}(0^+)$。下面将举例说明奇异函数平衡法求解冲激响应的过程。

例 2－6　已知某连续时间 LTI 系统的微分方程为

$$\frac{\mathrm{d}^2y(t)}{\mathrm{d}t^2} + 7\frac{\mathrm{d}y(t)}{\mathrm{d}t} + 10y(t) = \frac{\mathrm{d}x(t)}{\mathrm{d}t} + x(t),\quad t > 0$$

试求系统的冲激响应。

解：冲激响应$h(t)$对应的微分方程为

$$\frac{\mathrm{d}^2h(t)}{\mathrm{d}t^2} + 7\frac{\mathrm{d}h(t)}{\mathrm{d}t} + 10h(t) = \frac{\mathrm{d}\delta(t)}{\mathrm{d}t} + \delta(t),\quad t > 0 \tag{2-20}$$

其特征根为

$$\lambda_1 = -2,\quad \lambda_2 = -5$$

于是有

$$h(t) = (A_1\mathrm{e}^{-2t} + A_2\mathrm{e}^{-5t})u(t)$$

对$h(t)$逐次求导得到

$$\begin{aligned}\frac{\mathrm{d}h(t)}{\mathrm{d}t} &= (A_1\mathrm{e}^{-2t} + A_2\mathrm{e}^{-5t})\delta(t) + (-2A_1\mathrm{e}^{-2t} - 5A_2\mathrm{e}^{-5t})u(t)\\ &= (A_1 + A_2)\delta(t) + (-2A_1\mathrm{e}^{-2t} - 5A_2\mathrm{e}^{-5t})u(t)\end{aligned} \tag{2-21}$$

$$\frac{\mathrm{d}^2h(t)}{\mathrm{d}t^2} = (A_1 + A_2)\delta'(t) + (-2A_1 - 5A_2)\delta(t) + (4A_1\mathrm{e}^{-2t} + 25A_2\mathrm{e}^{-5t})u(t) \tag{2-22}$$

将 $h(t)$、$\frac{\mathrm{d}h(t)}{\mathrm{d}t}$、$\frac{\mathrm{d}^2h(t)}{\mathrm{d}t^2}$ 代入微分方程，利用奇异函数平衡的原则，令左右两端对应的奇异函数项系数相等，可以得到

$$\begin{cases} A_1 + A_2 = 1 \\ 5A_1 + 2A_2 = 1 \end{cases}$$

可以解得 $A_1 = -\frac{1}{3}$，$A_2 = \frac{4}{3}$，则系统的冲激响应为

$$h(t) = \left(-\frac{1}{3}\mathrm{e}^{-t} + \frac{4}{3}\mathrm{e}^{-3t}\right)u(t) \tag{2-23}$$

需要注意的是，式(2－21)、式(2－22)讨论的是 $t = 0$ 时的情况，所以 $\frac{\mathrm{d}h(t)}{\mathrm{d}t}$、$\frac{\mathrm{d}^2h(t)}{\mathrm{d}t^2}$ 包含 $\delta(t)$ 及其微分；而式(2－23) 表示的是 $t > 0$ 时，$\delta(t)$ 激励系统之后的响应，所以不包含 $\delta(t)$ 及其微分。

通过上面的求解可以知道，冲激函数匹配法和奇异函数平衡法过程烦琐，只适合于低阶微分方程。

(2) 系统特性法

系统特性法的基本做法是，首先求解右边激励项为 $\delta(t)$ 时的单位冲激响应 $h_0(t)$，再利用系统的线性时不变性求解所求激励的冲激响应。下面我们仍然以例 2－6 的求解来说明该方法的基本步骤。

解：令式(2－20) 的右边为 $\delta(t)$，即

$$\frac{\mathrm{d}^2h(t)}{\mathrm{d}t^2} + 4\frac{\mathrm{d}h(t)}{\mathrm{d}t} + 3h(t) = \delta(t) \tag{2-24}$$

可得

$$h_0(t) = (A_1\mathrm{e}^{-t} + A_2\mathrm{e}^{-3t})u(t) \tag{2-25}$$

显然方程左端最高阶微分项 $h_0''(t)$ 中必须包含 $\delta(t)$ 项，则在 $h'_0(t)$ 中含有 $u(t)$ 项。由于方程右边 $\delta(t)$ 的系数为 1，由冲激函数匹配法可知，系统的初始条件为 $h'_0(0^+) = 1$，$h_0(0^+) = 0$，将其代入式(2－25) 得

$$\begin{cases} A_1 + A_2 = 0 \\ -A_1 - 3A_2 = 1 \end{cases}$$

可以解得

$$A_1 = \frac{1}{2}, \quad A_2 = -\frac{1}{2}$$

因此

$$h_0(t) = \frac{1}{2}(\mathrm{e}^{-t} - \mathrm{e}^{-3t})u(t)$$

当右边的激励项为 $\delta'(t) + 2\delta(t)$ 时，根据系统的线性，其冲激响应为

$$h(t) = h'_0(t) + 2h_0(t) = \frac{1}{2}(\mathrm{e}^{-t} + \mathrm{e}^{-3t})u(t)$$

系统特性法引入了一个中间步骤，但是简化了问题的分析，因而这种方法适合求解高阶微分方程所描述系统的冲激响应。

由于冲激响应 $h(t)$ 为齐次解，是自由响应，因此它完全取决于系统的结构和参数。不同结构和参数的系统，将具有不同的冲激响应，因此冲激响应 $h(t)$ 可以表征系统本身的特性，常用 $h(t)$ 代表一个系统。

2.2.3　系统的阶跃响应

以单位阶跃信号 $u(t)$ 作为激励，系统产生的零状态响应称为“单位阶跃响应”，简称“阶跃响应”，通常用 $g(t)$ 表示。

对于连续时间 LTI 系统，其阶跃响应 $g(t)$ 满足微分方程

$$a_n \frac{\mathrm{d}^n g(t)}{\mathrm{d}t^n} + a_{n-1} \frac{\mathrm{d}^{n-1} g(t)}{\mathrm{d}t^{n-1}} + \cdots + a_1 \frac{\mathrm{d}g(t)}{\mathrm{d}t} + a_0 g(t)$$
$$= b_m \frac{\mathrm{d}^m u(t)}{\mathrm{d}t^m} + b_{m-1} \frac{\mathrm{d}^{m-1} u(t)}{\mathrm{d}t^{m-1}} + \cdots + b_1 \frac{\mathrm{d}u(t)}{\mathrm{d}t} + b_0 u(t) \tag{2-26}$$

及起始条件 $g^{(k)}(0^-) = 0(k = 0, 1, \cdots, n-1)$。$g(t)$ 的形式与微分方程两端的阶次有关，当 $n > m$ 时，$g(t)$ 中将不包含冲激函数。在 $t > 0$ 以后，$u(t)$ 不为零，系统右端为常数，因此，系统的阶跃响应 $g(t)$ 的形式为齐次解加特解，由自由响应和强迫响应构成。当特征方程有 n 个非重根时，$g(t)$ 的形式为

$$g(t) = \left(\sum_{k=1}^{n} A_k \mathrm{e}^{\lambda_k t} + B\right)u(t) \tag{2-27}$$

其中 B 为常数，可用求特解的方法确定。而 A_k 可以用冲激函数匹配法，或奇异函数平衡法来确定，这与求 $h(t)$ 中待定系数的方法类似。

2.2.4　阶跃响应的求解

例 2－7　已知某连续时间 LTI 系统的微分方程为 $\frac{\mathrm{d}^2 y(t)}{\mathrm{d}t^2} + 7\frac{\mathrm{d}y(t)}{\mathrm{d}t} + 10y(t) = \frac{\mathrm{d}x(t)}{\mathrm{d}t} + x(t)$，$t > 0$，试求 $x(t) = u(t)$ 激励时系统的阶跃响应。

解： 当 $x(t) = u(t)$，系统的响应即为 $g(t)$，此时原微分方程式为

$$\frac{\mathrm{d}^2 g(t)}{\mathrm{d}t^2} + 7\frac{\mathrm{d}g(t)}{\mathrm{d}t} + 10g(t) = \frac{\mathrm{d}u(t)}{\mathrm{d}t} + u(t), \quad t > 0 \tag{2-28}$$

求其特征根为

$$\lambda_1 = -2, \quad \lambda_2 = -5$$

阶跃响应的形式为

$$g(t) = (A_1 \mathrm{e}^{-2t} + A_2 \mathrm{e}^{-5t} + B)u(t)$$

将特解 B 代入式(2－28)中，可得 $B = \frac{1}{10}$。

对 $g(t)$ 逐次求导得到

$$\begin{aligned}\frac{\mathrm{d}g(t)}{\mathrm{d}t} &= \left(A_1\mathrm{e}^{-2t} + A_2\mathrm{e}^{-5t} + \frac{1}{10}\right)\delta(t) + (-2A_1\mathrm{e}^{-2t} - 5A_2\mathrm{e}^{-5t})u(t) \\ &= \left(A_1 + A_2 + \frac{1}{10}\right)\delta(t) + (-2A_1\mathrm{e}^{-2t} - 5A_2\mathrm{e}^{-5t})u(t)\end{aligned} \tag{2-29}$$

$$\frac{\mathrm{d}^2g(t)}{\mathrm{d}t^2} = \left(A_1 + A_2 + \frac{1}{10}\right)\delta'(t) + (-2A_1 - 5A_2)\delta(t) + (4A_1\mathrm{e}^{-2t} + 25A_2\mathrm{e}^{-5t})u(t) \tag{2-30}$$

将 $g(t)$、$\frac{\mathrm{d}g(t)}{\mathrm{d}t}$、$\frac{\mathrm{d}^2g(t)}{\mathrm{d}t^2}$ 代入微分方程，利用奇异函数平衡的原则，即方程左右两端对应的奇异函数项系数对应相等，可以得到

$$\begin{cases} A_1 + A_2 + \frac{1}{10} = 0 \\ 5A_1 + 2A_2 + \frac{7}{10} = 1 \end{cases}$$

求解可得

$$A_1 = \frac{1}{6}, \quad A_2 = -\frac{4}{15}$$

于是，阶跃响应为

$$g(t) = \left(\frac{1}{6}\mathrm{e}^{-2t} - \frac{4}{15}\mathrm{e}^{-5t} + \frac{1}{10}\right)u(t) \tag{2-31}$$

本题的阶跃响应也可以通过 $h(t)$ 和 $g(t)$ 的微积分关系求得，由例 2－6 知

$$h(t) = \left(-\frac{1}{3}\mathrm{e}^{-2t} + \frac{4}{3}\mathrm{e}^{-5t}\right)u(t)$$

则

$$\begin{aligned} g(t) &= \int_{-\infty}^{t}\left(-\frac{1}{3}\mathrm{e}^{-2\tau} + \frac{4}{3}\mathrm{e}^{-5\tau}\right)u(\tau)\mathrm{d}\tau \\ &= \int_{0}^{t}\left(-\frac{1}{3}\mathrm{e}^{-2\tau} + \frac{4}{3}\mathrm{e}^{-5\tau}\right)\mathrm{d}\tau u(t) \\ &= \left[\frac{1}{6}\mathrm{e}^{-2\tau} - \frac{4}{15}\mathrm{e}^{-5\tau}\right]_0^t u(t) \\ &= \left(\frac{1}{6}\mathrm{e}^{-2t} - \frac{4}{15}\mathrm{e}^{-5t} + \frac{1}{10}\right)u(t) \end{aligned}$$

2.2.5 冲激响应与阶跃响应的关系

阶跃响应和冲激响应一样，完全由系统本身决定，已知其中的一个，另一个即可确定。由于 $\delta(t)$ 是 $u(t)$ 的微分，而 $u(t)$ 是 $\delta(t)$ 的积分，因此 $h(t)$ 和 $g(t)$ 也满足微积分关系，即有

$$h(t) = \frac{\mathrm{d}g(t)}{\mathrm{d}t} \tag{2-32}$$

$$g(t) = \int_{-\infty}^{t} h(\tau)\mathrm{d}\tau \tag{2-33}$$

2.3　卷积积分

卷积积分简称卷积，是一种数学运算。对于连续时间系统，冲激响应 $h(t)$ 相对易求，可以通过卷积方便地求取任意信号激励下的零状态响应，因此，卷积积分是计算系统零状态响应的基本方法，也是分析线性时不变系统的一个重要工具。

2.3.1　卷积积分定义

卷积积分是具有相同自变量的两个函数间的一种运算。设 $x_1(t)$ 和 $x_2(t)$ 是定义在区间 $(-\infty, +\infty)$ 上的两个连续时间信号，其卷积的数学定义如下：

$$x(t) = x_1(t) * x_2(t) = \int_{-\infty}^{\infty} x_1(\tau)x_2(t-\tau)\mathrm{d}\tau \tag{2-34}$$

其中，符号"＊"为卷积积分的运算符号，卷积的结果是产生一个具有相同自变量的新时间信号。

注意，积分限 $(-\infty \sim +\infty)$ 是对一般函数的表达式。当 $x_1(t)$ 和 $x_2(t)$ 处在某种条件下，卷积积分的上下限可能有所变化。因此对于具体的函数，要根据具体函数的定义区间来选择积分限。

若当 $t<0$ 时，$x_1(t)=0$，则当 $\tau<0$ 时，$x_1(\tau)x_2(t-\tau)=0$，于是式(2-34)的积分限的下限应从零开始，于是

$$x_1(t) * x_2(t) = \int_{0}^{\infty} x_1(\tau)x(t-\tau)\mathrm{d}\tau \tag{2-35}$$

若 $x_1(t)$ 不受到限制，即 $x_1(t)$ 的范围为 $(-\infty \sim +\infty)$，而当 $t<0$ 时 $x_2(t)=0$，即 $\tau>t$ 时，$x_2(t-\tau)=0$，$x_1(\tau)x_2(t-\tau)=0$，于是式(2-34)的积分限的上限应到 t 为止，于是

$$x_1(t) * x_2(t) = \int_{-\infty}^{t} x_1(\tau)x_2(t-\tau)\mathrm{d}\tau \tag{2-36}$$

若当 $t<0$ 时，$x_1(t)$ 和 $x_2(t)$ 均为零，则积分限为 $0\sim t$，且 $t>0$，于是

$$x_1(t) * x_2(t) = \int_{0}^{t} x_1(\tau)x_2(t-\tau)\mathrm{d}\tau$$

因为 $t<0$ 时，$x_1(t)$ 和 $x_2(t)$ 均为零，所以当 $t<0$ 时，$x_1(t) * x_2(t)=0$，故当 $t<0$，$x_1(t)$ 和 $x_2(t)$ 均为零时可以得到

$$x_1(t) * x_2(t) = \int_{0}^{t} x_1(\tau)x_2(t-\tau)\mathrm{d}\tau u(t) \tag{2-37}$$

从上面3种情况可以看出，卷积积分的积分限不仅要根据具体函数的定义域来确定，而且还要根据 t 的变化来改变积分限。

计算两个函数的卷积可以直接通过定义式来计算。对于一些较简单的函数信号，如方波、三角波等，还可以利用图解法来计算。利用图解法计算，可以把抽象的概念形象化，有助于更直观地理解卷积的计算过程。从卷积的定义式可知，积分变量是 τ，$x_2(t-\tau)$ 可以通过反转和平移得到，$x_1(\tau)x_2(t-\tau)$ 可以通过相乘运算得到，$\int_{-\infty}^{\infty} x_1(\tau)x_2(t-\tau)\mathrm{d}\tau$ 可以通过对相乘运算的结果进行积分运算得到。因此，图解法计算卷积的步骤如下：

(1) 将 $x_1(t)$ 和 $x_2(t)$ 中的自变量由 t 改为τ，τ成为函数的自变量；

(2) 把其中一个信号翻转，一般情况下，选择 $x_1(t)$ 和 $x_2(t)$ 中较简单的进行运算，如将 $x_2(\tau)$ 翻转得 $x_2(-\tau)$；

(3) 将 $x_2(-\tau)$ 平移 t 得到 $x_2(t-\tau)$；

(4) 将 $x_1(\tau)$ 与 $x_2(t-\tau)$ 相乘，完成重叠部分相乘的图形积分。

2.3.2 卷积的图解

例 2-8 已知信号 $x(t)$, $h(t)$ 如图 2-2 所示，试求 $y(t) = x(t) * h(t)$。

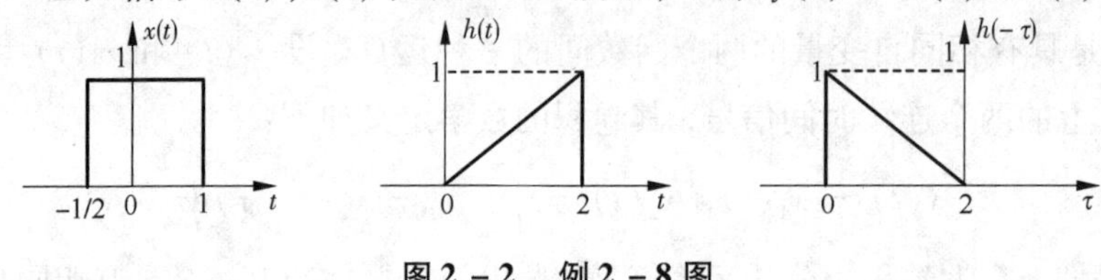

图 2-2 例 2-8 图

解： 将 $x(t)$、$h(t)$ 中的自变量由 t 改为τ，得到 $x(\tau)$、$h(\tau)$，并将 $h(\tau)$ 翻转得 $h(-\tau)$，再将 $h(-\tau)$ 平移 t 得到 $h(t-\tau)$。其中，随着参变量 t 的增加，波形 $h(t-\tau)$ 不断右移，且 $h(t-\tau) = \frac{1}{2}(t-\tau)[u(t-\tau) - u(t-\tau-2)]$，在右移过程中，即 $t = -\frac{1}{2}$ 两波形开始重叠，两者相乘并具有对应的积分值，然后再分离。由于 $h(t-\tau)$ 在随 t 右移的过程中，被积函数 $x(\tau)h(t-\tau)$ 在 t 的不同的区间，其值不一样。根据 $x(\tau)$ 与 $h(t-\tau)$ 的重叠情况，下面分段进行讨论。

(1) 当 $t < -\frac{1}{2}$ 时，$h(t-\tau)$ 的波形与 $x(\tau)$ 的波形没有相遇，如图 2-3(a) 所示，因此 $x(\tau)h(t-\tau) = 0$，故

$$y(t) = x(t) * h(t) = \int_{-\infty}^{\infty} x(\tau)h(t-\tau)\mathrm{d}\tau = 0$$

(2) 当 $-\frac{1}{2} \leqslant t < 1$ 时，$h(t-\tau)$ 的波形与 $x(\tau)$ 的波形相遇，而且随着 t 的增加，其重叠面积增大，如图 2-3(b) 所示。从图中可见，在 $-\frac{1}{2} \leqslant t < 1$ 区间，其重叠区间为 $\left[-\frac{1}{2}, t\right]$，因此卷积积分的上下限取 t 与 $-\frac{1}{2}$，即有

$$y(t) = \int_{-\frac{1}{2}}^{t} 1 \times \frac{1}{2}(t-\tau)\mathrm{d}\tau = \frac{t^2}{4} + \frac{t}{4} + \frac{1}{16}$$

(3) 当 $1 \leqslant t < \frac{3}{2}$ 时，$h(t-\tau)$ 的波形与 $x(\tau)$ 的波形重叠面积不断发生变化，如图 2-3(c) 所示。从图中可见，在 $1 \leqslant t < \frac{3}{2}$ 区间，其重叠区间为 $\left[-\frac{1}{2}, 1\right]$，因此卷积积分的上下限取 1 与 $-\frac{1}{2}$，即有

$$y(t) = \int_{-\frac{1}{2}}^{1} 1 \times \frac{1}{2}(t-\tau)\mathrm{d}\tau = \frac{3}{4}t - \frac{3}{16}$$

(4) 当$\frac{3}{2} \leqslant t < 3$时，$h(t-\tau)$ 的波形与 $x(\tau)$ 的波形重叠面积不断减小，如图 2 - 3(d) 所示。从图中可见，在$\frac{3}{2} \leqslant t < 3$区间，其重叠区间为$[t-2, 1]$，因此卷积积分的上下限取 1 与 $t-2$，即有

$$y(t) = \int_{t-2}^{1} 1 \times \frac{1}{2}(t-\tau)\mathrm{d}\tau = -\frac{t^2}{4} + \frac{t}{2} + \frac{3}{4}$$

(5) 当 $t \geqslant 3$ 时，$h(t-\tau)$ 的波形与 $x(\tau)$ 的波形分离，没有重叠部分，如图 2 - 3(e) 所示，因此 $x(\tau)h(t-\tau) = 0$，故

$$y(t) = x(t) * h(t) = \int_{-\infty}^{\infty} x(\tau)h(t-\tau)\mathrm{d}\tau = 0$$

卷积结果如图 2 - 3(f) 所示。

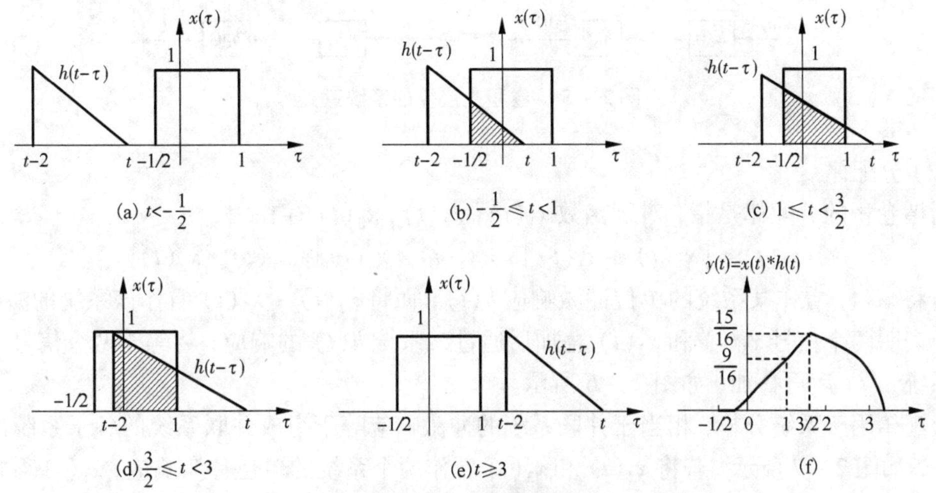

图 2 - 3　图形求卷积过程

从以上图形计算卷积的计算过程可以清楚地看到，卷积积分包括信号的翻转、平移、乘积、再积分 4 个过程，此过程的关键是确定积分区间与被积函数表达式。若卷积的两个信号不含冲激信号或其各阶导数，则卷积的结果必定为一个连续函数，不会出现间断点。此外，翻转信号时，应尽可能翻转较简单的信号，以简化运算过程。另外，对于两个存在区间分布为$[x_1, x_2]$、$[y_1, y_2]$的函数进行卷积运算，所得结果的存在区间为$[x_1+y_1, x_2+y_2]$。上述结论的证明请读者自行完成。

2.3.3　卷积的性质

卷积的性质是具有一般普遍意义的卷积计算的结果。卷积有很多重要的性质，灵活运用这些性质可以简化计算过程。本节主要讨论卷积的代数特性、奇异函数 $\delta(t)$ 或 $u(t)$ 的卷积特性、卷积的微分与积分特性以及卷积的时移特性。

1. 卷积的代数特性

(1) 交换律

所谓卷积的交换律是指两个函数的卷积积分与参加运算的两个函数的次序无关，即

$$x_1(t) * x_2(t) = x_2(t) * x_1(t) \tag{2-38}$$

若将 $x_1(t)$ 看成系统的激励，而将 $x_2(t)$ 看成是一个系统的单位冲激响应，则卷积的结果就是该系统对 $x_1(t)$ 的零状态响应。卷积的交换律说明，两信号的卷积积分与次序无关，系统输入信号 $x_1(t)$ 与系统的冲激响应 $x_2(t)$ 可以互相调换，其零状态响应不变，图2－4(a) 和图 (b) 两个系统的零状态响应是一样的。

图2－4　卷积交换律

交换律用于系统分析，反映了冲激响应分别为 $h_1(t)$ 和 $h_2(t)$ 的两个系统级联与其顺序无关，如图2－5所示。

图2－5　卷积交换律的系统意义

(2) 分配律

所谓卷积的分配律是指，对于函数 $x_1(t)$，$x_2(t)$，$x_3(t)$ 存在

$$x_1(t) * [x_2(t) + x_3(t)] = x_1(t) * x_2(t) + x_1(t) * x_3(t) \tag{2-39}$$

若将 $x_1(t)$ 看作某系统的单位冲激响应 $h(t)$，而将 $x_2(t) + x_3(t)$ 看作该系统的激励，则分配律表明两个信号 $x_2(t)$ 和 $x_3(t)$ 叠加后通过某系统 $h(t)$ 的响应，将等于两个信号分别通过此系统 $h(t)$ 后再叠加，如图2－6所示。

分配律用于系统分析，相当于并联系统的冲激响应等于组成并联系统的各子系统冲激响应之和，如图2－7所示。若将 $x_2(t)$ 和 $x_3(t)$ 看作两个系统的单位冲激响应，$x_1(t)$ 看作同时作用于它们的激励，则并联 LTI 系统对输入 $x_1(t)$ 的响应等于各子系统对 $x_1(t)$ 的响应之和。

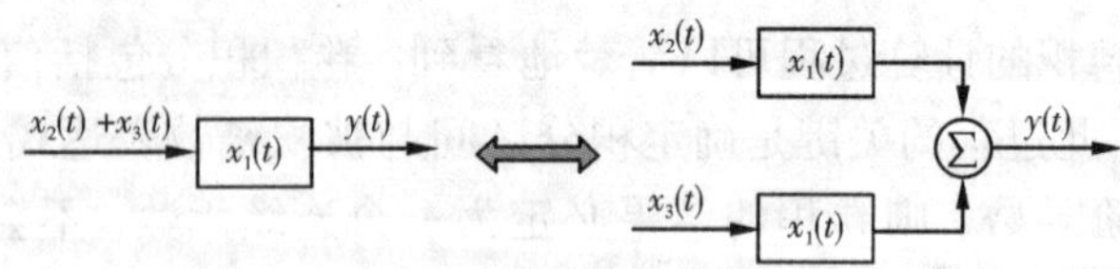

图2－6　卷积分配律的图示

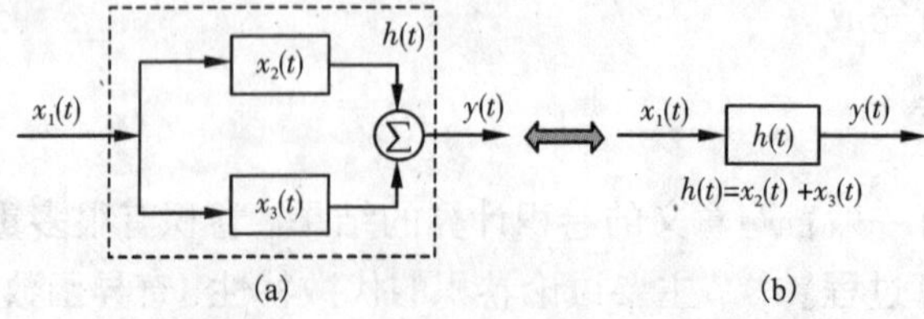

图2－7　卷积分配律的另一种图示

(3) 结合律

所谓卷积的结合律是指，若 $x_1(t)$、$x_2(t)$、$x_1(t)$ 和 $x_3(t)$ 的卷积都存在，且为

$x_1(t) * x_2(t)$ 和 $x_1(t) * x_3(t)$，则

$$[x_1(t) * x_2(t)] * x_3(t) = x_1(t) * [x_2(t) * x_3(t)] \tag{2-40}$$

卷积结合律的物理含义是：如果 $x_1(t)$ 为系统的激励，存在冲激响应为 $h_2(t) = x_2(t)$ 和 $h_3(t) = x_3(t)$ 两个子系统的级联，那么系统的零状态响应就等于一个冲激响应为 $h(t) = x_2(t) * x_3(t)$ 的系统的零状态响应，如图 2 - 8 所示。

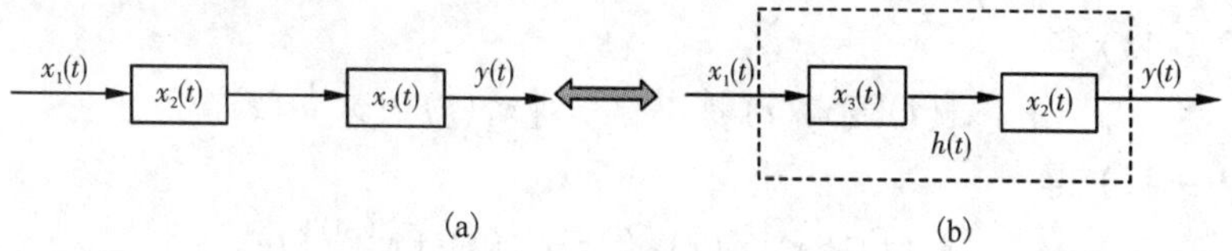

图 2 - 8　卷积结合律的图示

2. 卷积的微分与积分特性

(1) 卷积的微分特性

所谓卷积的微分特性是指，两个函数卷积的微分等于其中一个函数与另一个函数的微分的卷积。

假设 $y(t) = x_1(t) * x_2(t)$，则有

$$y'(t) = x_1(t) * x'_2(t) = x'_1(t) * x_2(t) \tag{2-41}$$

证明：由卷积的定义，有

$$[x_1(t) * x_2(t)]' = \left[\int_{-\infty}^{\infty} x_1(\tau)x_2(t-\tau)\mathrm{d}\tau\right]' = \int_{-\infty}^{\infty} x_1(\tau)x'_2(t-\tau)\mathrm{d}\tau = x_1(t) * x'_2(t)$$

同理，可以证明

$$x_1(t) * x'_2(t) = x'_1(t) * x_2(t) \tag{2-42}$$

(2) 卷积的积分特性

所谓卷积的积分特性是指两个函数卷积的积分等于其中一个函数与另一个函数的积分的卷积。

假设 $y(t) = x_1(t) * x_2(t)$，则有

$$y^{(-1)}(t) = x_1^{(-1)}(t) * x_2(t) = x_1(t) * x_2^{(-1)}(t) \tag{2-43}$$

其中，式(2 - 43) 中上标(-1) 表示一次积分，上标为(-n) 表示 n 次积分，上标(n) 表示 n 次微分。

证明：由卷积的定义，有

$$\begin{aligned} y^{(-1)}(t) &= \int_{-\infty}^{t}[x_1(\tau) * x_2(\tau)]\mathrm{d}\tau = \int_{-\infty}^{t}\left[\int_{-\infty}^{\infty} x_1(\lambda)x_2(\tau-\lambda)\mathrm{d}\lambda\right]\mathrm{d}\tau \\ &= \int_{-\infty}^{\infty} x_1(\lambda)\left[\int_{-\infty}^{t} x_2(\tau-\lambda)\mathrm{d}\tau\right]\mathrm{d}\lambda \end{aligned}$$

令 $\tau - \lambda = t_1$ 得

$$y^{(-1)}(t) = \int_{-\infty}^{\infty} x_1(\lambda)\left[\int_{-\infty}^{t-\lambda} x_2(t_1)\right]\mathrm{d}t_1\mathrm{d}\lambda = x_1(t) * \int_{-\infty}^{t} x_2(t_1)\mathrm{d}t_1 = x_1(t) * x_2^{(-1)}(t)$$

同理，可以证明

$$y^{(-1)}(t) = x_1^{(-1)}(t) * x_2(t)$$

(3) 卷积的微积分特性

所谓卷积的微积分特性是指两个函数卷积等于其中一个函数的微分与另一个函数的积分

的卷积。

假设 $y(t)=x_1(t)*x_2(t)$，则有

$$y(t)=x_1^{(-1)}(t)*x'_2(t)=x'_1(t)*x_2^{(-1)}(t) \qquad (2-44)$$

证明：由微积分定义可得

$$y(t)=x_1(t)*x_2(t)=\{[x_1(t)*x_2(t)]^{(-1)}\}'$$

根据式(2-43)得

$$\{[x_1(t)*x_2(t)]^{(-1)}\}'=[x_1(t)*x_2^{(-1)}(t)]'$$

根据式(2-41)得

$$[x_1(t)*x_2^{(-1)}(t)]'=x'_1(t)*x_2^{(-1)}(t) \qquad (2-45)$$

所以

$$y(t)=x'_1(t)*x_2^{(-1)}(t)$$

同理，可以证明

$$y(t)=x_1^{(-1)}(t)*x'_2(t)$$

卷积的微积分特性为求零状态响应提供了一条新途径，但是函数的积分和微分并不是一个严格的可逆关系，因为函数加上任意常数与原函数的微分是相同的。因此，要运用上述公式，$x_1(t)$ 必须满足以下条件

$$x_1(t)=\int_{-\infty}^{t}\frac{\mathrm{d}x_1(\tau)}{\mathrm{d}\tau}\mathrm{d}\tau$$

很容易证明，上式成立的充要条件是 $\lim\limits_{t\to-\infty}x_1(t)=0$。显然，时限信号都满足这一条件，因此当其中一个时间信号为时限信号时，用上述公式计算会很方便。

例 2-9 已知 $x_1(t)=1+u(t)$，$x_2(t)=2\mathrm{e}^{-2t}u(t)$，求 $x_1(t)*x_2(t)$。

解：由卷积的定义，有

$$\begin{aligned}x_1(t)*x_2(t)&=\int_{-\infty}^{+\infty}[1+u(t-\tau)]2\mathrm{e}^{-2\tau}u(\tau)\mathrm{d}\tau=\int_0^{+\infty}2\mathrm{e}^{-2\tau}\mathrm{d}\tau+\int_0^t 2\mathrm{e}^{-2\tau}\mathrm{d}\tau u(t)\\&=-\mathrm{e}^{-2\tau}\Big|_0^{+\infty}-\mathrm{e}^{-2\tau}\Big|_0^t u(t)=1+u(t)-\mathrm{e}^{-2t}u(t)\end{aligned}$$

注意：套用卷积分的微积分特性，可得

$$x_1(t)*x_2(t)=x_2^{(-1)}(t)*x'_1(t)=x_2^{(-1)}(t)*\delta(t)=u(t)-\mathrm{e}^{-2t}u(t)$$

这显然是错误的，原因在于 $x_1(t)=1+u(t)$ 不是时限信号。

将卷积的微积分特性推广到一般情况，有

$$y(t)=[x_1(t)*x_2(t)]^{(l)}=x_1^{(m)}(t)*x_2^{(n)}(t)=x_1^{(u)}(t)*x_2^{(v)}(t) \qquad (2-46)$$

其中，$l=m+n=u+v$，l，m，n，u，v 为整数，且 l，m，n，u，v 大于 0 时表示微分次数，小于 0 时它们的相反数表示积分次数。由微积分性质证明如下

$$\begin{aligned}y(t)&=[x_1(t)*x_2(t)]^{(l)}=[x_1^{(\pm1)}(t)*x_2(t)]^{(l\pm1)}=[x_1^{(\mp2)}(t)*x_2(t)]^{(l\pm2)}\\&=[x_1^{(m)}(t)*x_2(t)]^{(l-m)}=[x_1^{(m)}(t)*x_2^{(\mp1)}(t)]^{(l-m\pm1)}=[x_1^{(m)}(t)*x_2^{(\mp2)}(t)]^{(l-m\pm2)}\\&=[x_1^{(m)}(t)*x_2^{(n)}(t)]^{(l-m-n)}=x_1^{(m)}(t)*x_2^{(n)}(t)\end{aligned}$$

上式中的 +、- 号取决于 m，n 的正负性。

同理可证

$$y(t)=x_1^{(u)}(t)*x_2^{(v)}(t)$$

3. 奇异函数 $\delta(t)$ 或 $u(t)$ 的卷积特性

(1) $x(t)$ 与 $\delta(t)$ 的卷积

任意函数 $x(t)$ 与单位冲激函数 $\delta(t)$ 的卷积等于函数本身，即

$$x(t) * \delta(t) = \delta(t) * x(t) = x(t) \tag{2-47}$$

证明：根据卷积的定义和 $\delta(t)$ 的性质，有

$$x(t) * \delta(t) = \int_{-\infty}^{\infty} x(\tau)\delta(t-\tau)\mathrm{d}\tau = x(t)\int_{-\infty}^{\infty}\delta(t-\tau)\mathrm{d}\tau = x(t)$$

(2) $x(t)$ 与 $\delta(t-t_1)$ 的卷积

任意函数 $x(t)$ 与延迟冲激函数 $\delta(t-t_1)$ 的卷积等于将函数 $x(t)$ 延迟相同的时间，即

$$x(t) * \delta(t-t_1) = x(t-t_1) \tag{2-48}$$

证明：根据卷积的定义和 $\delta(t)$ 的性质，有

$$x(t) * \delta(t-t_1) = \int_{-\infty}^{\infty} x(\tau)\delta(t-t_1-\tau)\mathrm{d}\tau = x(t-t_1)\int_{-\infty}^{\infty}\delta(t-t_1-\tau)\mathrm{d}\tau = x(t-t_1)$$

(3) $x(t)$ 与 $\delta'(t)$ 的卷积

任意函数 $x(t)$ 与冲激偶函数 $\delta'(t)$ 的卷积等于函数 $x(t)$ 的导数，即

$$x(t) * \delta'(t) = x'(t) \tag{2-49}$$

证明：由卷积的微分特性和冲激函数的卷积性质，有

$$x(t) * \delta'(t) = x'(t) * \delta(t) = x'(t)$$

若系统的冲激响应为 $\delta'(t)$，如图 2-9 所示，则该系统是一个微分器。推广到 n 阶微分系统有

$$x(t) * \delta^{(n)}(t) = x^{(n)}(t) \tag{2-50}$$

(4) $x(t)$ 与 $u(t)$ 的卷积

任意函数 $x(t)$ 与单位阶跃函数 $u(t)$ 的卷积等于函数 $x(t)$ 的积分，即

$$x(t) * u(t) = x^{-1}(t) \tag{2-51}$$

证明：由卷积的积分特性，有

$$x(t) * u(t) = x(t) * \int_{-\infty}^{t}\delta(\tau)\mathrm{d}\tau = \int_{-\infty}^{t} x(\tau)\mathrm{d}\tau * \delta(t) = \int_{-\infty}^{t} x(\tau)\mathrm{d}\tau$$

同理，若系统的冲激响应为 $u(t)$，如图 2-10 所示，则该系统是一个积分器。

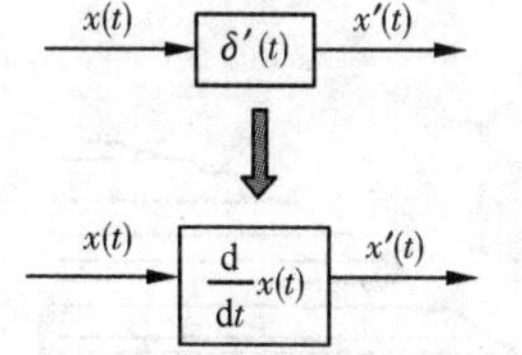

图 2-9　$\delta'(t)$ 所描述的系统

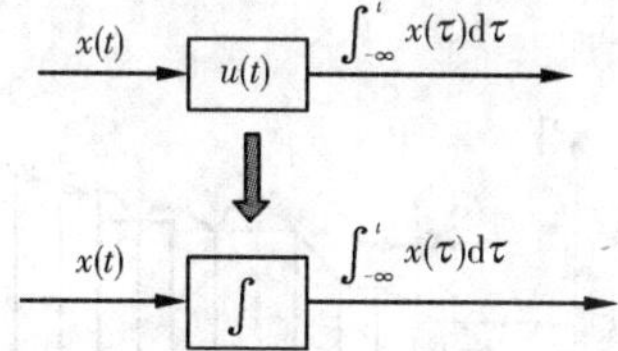

图 2-10　$u(t)$ 所描述的系统

4. 卷积的时移特性

设 $x(t) = x_1(t) * x_2(t)$，则有

$$x_1(t-t_1) * x_2(t-t_2) = x_1(t-t_3) * x_2(t-t_4) = x(t-\tau) \tag{2-52}$$

其中，$\tau = t_1 + t_2 = t_3 + t_4$。

证明：由 $\delta(t)$ 的卷积特性和卷积的结合律，有

$$x_1(t-t_1)*x_2(t-t_2)=[x_1(t)*\delta(t-t_1)]*x_2(t-t_{2'})=x_1(t)*[\delta(t-t_1)*x_2(t-t_{2'})]$$
$$=x_1(t)*x_2(t-t_{2'})*\delta(t-t_1)=x_1(t)*x_2(t)*\delta(t-t_1-t_2)$$
$$=x(t)*\delta(t-t_1-t_2)=x(t-t_1-t_2)=x(t-\tau)$$

同理

$$x_1(t-t_3)*x_2(t-t_{4'})=x(t-\tau)$$

卷积的时移特性的图解表示如图 2 - 11 所示。

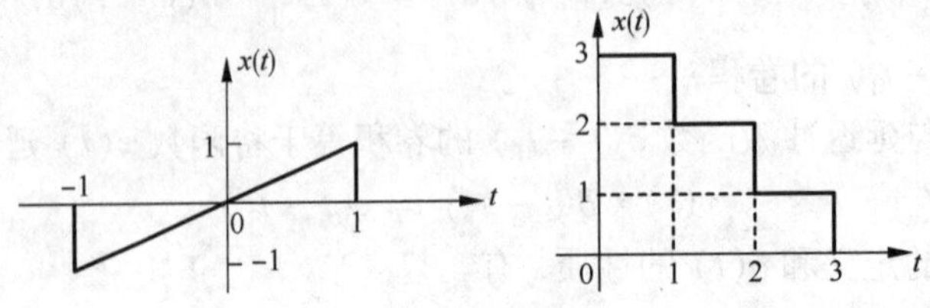

图 2 - 11 卷积的时移特性的图解

2.3.4 零状态响应的卷积求解法

用经典法求零状态响应比较复杂，特别是当激励函数较复杂和系统的阶次较高时，求解将十分困难。因此，在信号分析与系统分析时，常常需要将信号分解为基本信号的形式。这样，对信号与系统的分析就变为对基本信号的分析，从而将复杂问题简单化，且可以使信号与系统分析的物理过程更加清晰。因此，我们以冲激函数为基本信号，将激励信号分解为冲激信号的组合，然后将这些冲激信号分别通过线性系统，得到各个冲激信号所对应的冲激响应，再利用线性时不变系统的线性特性和时不变特性，将各冲激响应叠加，就可以得到一般信号激励下的零状态响应。

一个信号可近似分解为许多脉冲分量之和。按照脉冲分量的不同，可以分为两种情况。一是分解为矩形窄脉冲分量，如图2 - 12(a) 所示，窄脉冲组合的极限情况就是冲激信号的叠加。另一种情况是分解为阶跃信号分量的叠加，见图 2 - 12(b)。后一种分解方式目前已很少使用，这里就不做介绍。

按图 2 - 12(a) 的分解方式，将函数 $x(t)$ 近似分解为窄脉冲信号的叠加，设在 t_1 时刻被分解的矩形脉冲高度为 $x(n\tau)$，宽度为 $\Delta\tau$，于是此窄脉冲的表示式为

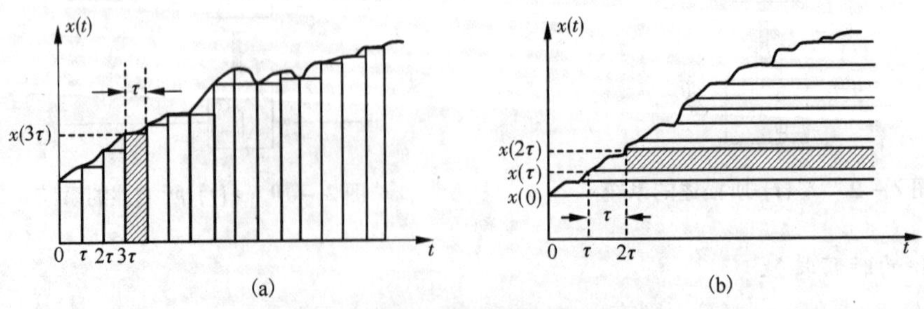

2 - 12 信号分解为脉冲分量之叠加

$$x(n\tau)\{u(t-n\tau)-u[t-(n+1)\tau]\} \qquad (2-53)$$

从 $n=-\infty\sim\infty$ 变化，即 $t=-\infty\sim\infty$，将许多这样的矩形脉冲单元叠加，即得 $x(t)$ 的近似表示式为

$$\begin{aligned}x(t) &\approx \sum_{n=-\infty}^{\infty} x(n\tau)\{u(t-n\tau)-u[t-(n+1)\tau]\} \\ &= \sum_{n=-\infty}^{\infty} \frac{x(n\tau)\{u(t-n\tau)-u[t-(n+1)\tau]\}}{\tau}\cdot\tau\end{aligned} \tag{2-54}$$

当 $\tau\to 0$，τ 可看作 $\mathrm{d}\tau$，$n\tau$ 可看着 τ，$n=-\infty\sim\infty$ 相当于 $\tau=-\infty\sim\infty$，求和符号可看成积分号，可以得到

$$\begin{aligned}x(t) &= \lim_{\tau\to 0}\sum_{n=-\infty}^{\infty} \frac{x(n\tau)\{u(t-n\tau)-u[t-(n+1)\tau]\}}{\tau}\cdot\tau = \lim_{\tau\to 0}\sum_{n=-\infty}^{\infty} x(n\tau)\delta(t-n\tau)\cdot\tau \\ &= \int_{-\infty}^{\infty} x(\tau)\delta(t-\tau)\mathrm{d}\tau\end{aligned} \tag{2-55}$$

式(2-55)表明，任意连续时间信号 $x(t)$ 都可以分解为冲激信号 $\delta(t)$ 的叠加。这是连续时间系统时域分析的基础。

若将式(2-55)中的变量 τ 改为 t 表示。而将所观察时刻 t 以 t_0 表示，则式(2-55)可改写为

$$x(t_0) = \int_{-\infty}^{\infty} x(t)\delta(t_0-t)\mathrm{d}t \tag{2-56}$$

注意，冲激函数是偶函数，$\delta(t)=\delta(-t)$，将 $\delta(t_0-t)$ 用 $\delta(t-t_0)$ 代换，于是有

$$x(t_0) = \int_{-\infty}^{\infty} x(t)\delta(t-t_0)\mathrm{d}t \tag{2-57}$$

此结果与冲激函数的抽样特性一致，即

$$x(t) = \int_{-\infty}^{+\infty} x(\tau)\delta(t-\tau)\mathrm{d}\tau$$

将这一系列冲激信号的和作用于这个线性时不变系统，根据线性时不变系统的特性，所得零状态响应如图 2-13(c) 所示，即有

$$y_{zs}(t) = \int_{-\infty}^{+\infty} x(\tau)h(t-\tau)\mathrm{d}\tau \tag{2-58}$$

简写为

$$y_{zs}(t) = x(t) * h(t) \tag{2-59}$$

因此，如图 2-13(d) 所示，任意信号 $x(t)$ 作用于 LTI 系统的零状态响应 $y_{zs}(t)$，可以由式(2-58)所定义的卷积运算求得。这种方法简化了系统零状态响应的求解，也称为卷积分析法。

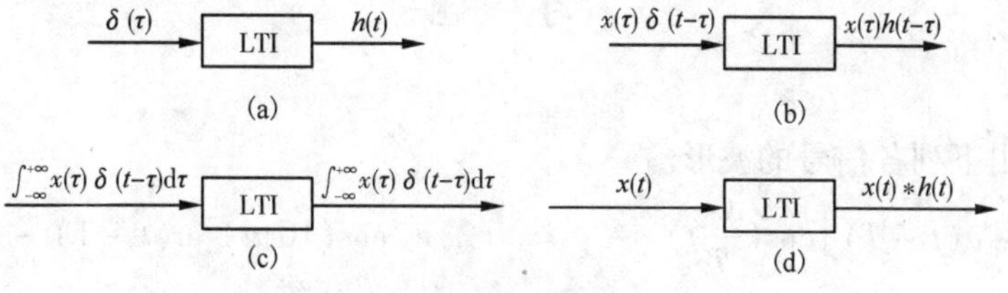

图 2-13　系统的零状态响应

例 2-10　电路如图 2-14 所示，求该电路的单位冲激响应。若激励为 $u_s(t)=\mathrm{e}^{-3t}u(t)$，

求响应 $u_o(t)$。

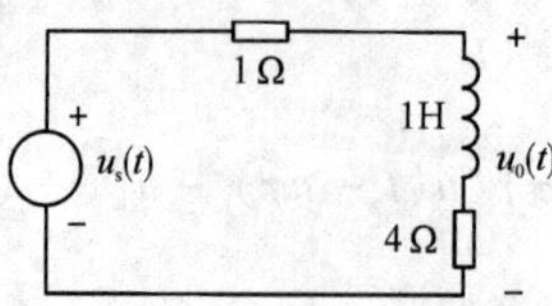

图 2 – 14　例 2 – 10 图

解: 设此电路的电流为 $i_s(t)$, 易知 $i_s(t) = u_s(t) - u_0(t)$, 根据 KVL 有 $u_R + u_L = u_s$, 即

$$1 \times \frac{d}{dt}[u_s(t) - u_0(t)] + 5[u_s(t) - u_0(t)] = u_s(t)$$

化简可得

$$\frac{du_0(t)}{dt} + 5u_0(t) = \frac{du_s(t)}{dt} + 4u_s(t)$$

当 $u_s(t) = \delta(t)$ 时

$$\frac{dh(t)}{dt} + 5h(t) = \delta'(t) + 4\delta(t) \tag{2-60}$$

由于微分方程右端的冲激函数项最高阶次是 $\delta'(t)$, 因而可设

$$\begin{cases} h'(t) = a\delta'(t) + b\delta(t) + cu(t) \\ h(t) = a\delta(t) + bu(t) \end{cases}$$

代入式(2 – 60), 得

$$[a\delta'(t) + b\delta(t) + cu(t)] + 5[a\delta(t) + bu(t)] = \delta'(t) + 4\delta(t)$$

根据方程两端对应项系数相等, 可以得到

$$\begin{cases} a = 1 \\ b + 5a = 4 \end{cases}$$

解得 $a = 1$, $b = -1$, 又因为零初始条件, 因而有

$$h(0^+) = -1$$

所以

$$h(t) = \delta(t) - e^{-5t}u(t)$$

根据连续时间系统零状态响应的卷积分析法, 当 $u_s(t) = e^{-3t}u(t)$ 时, 可得

$$u_0(t) = h(t) * u_s(t) = \left[\frac{1}{2}e^{-3t} + \frac{1}{2}e^{-5t}\right]u(t)$$

习　题

2 – 1　绘出下列各信号的波形。

(1) $[u(t) - u(t-T)]\cos(\frac{4\pi}{T}t)$　　(2) $e^{-t}\cos(10\pi t)[u(t-1) - u(t-2)]$

(3) $te^{-t}u(t)$　　(4) $e^{-(t-1)}[u(t-1) - u(t-2)]$

(5) $\frac{\sin[a(t-t_0)]}{a(t-t_0)}$　　(6) $tu(t-1)$

2 - 2　用阶跃函数写出如图 1 所示各波形的函数表达式。

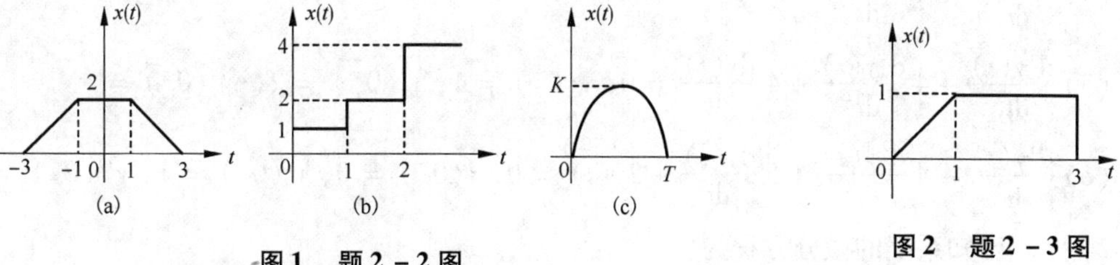

图 1　题 2 - 2 图　　图 2　题 2 - 3 图

2 - 3　已知 $x(t)$ 的波形如题 2 - 3 图所示，试画出下列函数的波形图。

(1) $x(3t)$　(2) $x(t/3)u(3-t)$　(3) $\dfrac{\mathrm{d}x(t)}{\mathrm{d}t}$　(4) $\int_{-\infty}^{t} x(\tau)\mathrm{d}\tau$

2 - 4　计算下列函数的值。

(1) $\mathrm{e}^{-2t}\cos(t-\dfrac{\pi}{3})\delta(t)$　　(2) $\mathrm{e}^{-2t}\delta(3+3t)$

(3) $\int_{-\infty}^{\infty} 3x(t-t_0)\delta(t)\mathrm{d}t$　　(4) $\int_{-\infty}^{\infty} \delta(t-t_0)u(t-\dfrac{t_0}{3})\mathrm{d}t$

(5) $\int_{-\infty}^{\infty} (3t+\sin 2t)\delta(t-\dfrac{\pi}{3})\mathrm{d}t$　　(6) $\int_{-\infty}^{\infty} \mathrm{e}^{-\mathrm{j}\omega t}[\delta(t+t_0)-\delta(t-t_0)]\mathrm{d}t$

(7) $\int_{-1}^{2} (2t^2+1)\delta(2t)\mathrm{d}t$　　(8) $\int_{0}^{\infty} \sum_{k=-\infty}^{\infty} \mathrm{e}^{-kt}\delta(t-k)\mathrm{d}t$

(9) $\int_{-2}^{2} \mathrm{e}^{-2t}\delta'(t-1)u(t)\mathrm{d}t$　　(10) $\int_{1}^{3} \cos(3t)\delta'(t-1)\mathrm{d}t$

2 - 5　求下列函数的积分。

(1) $x_1(t)=\delta(t)\cos(t-1)$　(2) $x_2(t)=u(t)\cos(3t)$　(3) $x_3(t)=\mathrm{e}^{-2(t-2)}\delta(t)$

2 - 6　信号 $x(t)$ 如图 3 所示，试求 $x'(t)$ 表达式，并画出 $x'(t)$ 的波形。

2 - 7　信号 $x(t)$ 波形如图 4 所示，试写出其表达式(要求用阶跃信号表示)。

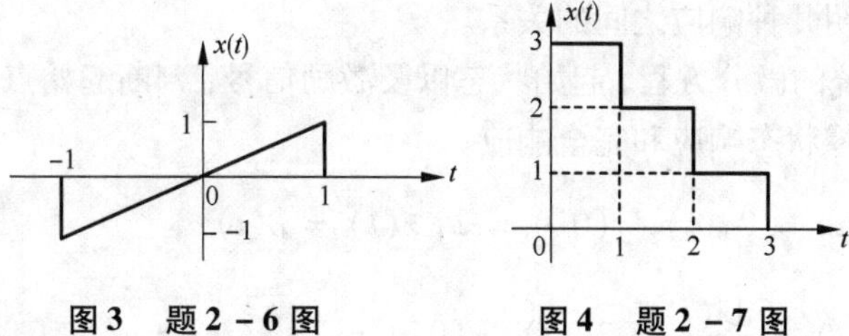

图 3　题 2 - 6 图　　图 4　题 2 - 7 图

2 - 8　已知系统的微分方程和起始状态如下，试求系统的零输入响应。

(1) $\dfrac{\mathrm{d}^2y(t)}{\mathrm{d}t^2}+5\dfrac{\mathrm{d}y(t)}{\mathrm{d}t}+4y(t)=0,\ y(0^-)=0,\ y'(0^-)=1$

(2) $\dfrac{\mathrm{d}^2y(t)}{\mathrm{d}t^2}+y(t)=0,\ y(0^-)=-1,\ y'(0^-)=1$

(3) $\dfrac{\mathrm{d}^2y(t)}{\mathrm{d}t^2}+2\dfrac{\mathrm{d}y(t)}{\mathrm{d}t}+5y(t)=0,\ y(0^-)=0,\ y'(0^-)=2$

(4) $\frac{d^2y(t)}{dt^2}+4\frac{dy(t)}{dt}+4y(t)=0,\ y(0^-)=2,\ y'(0^-)=3$

(5) $\frac{d^3y(t)}{dt^3}+4\frac{d^2y(t)}{dt^2}+4\frac{dy(t)}{dt}=0,\ y(0^-)=1,\ y'(0^-)=2,\ y''(0^-)=3$

(6) $\frac{d^3y(t)}{dt^3}+4\frac{d^2y(t)}{dt^2}+5\frac{dy(t)}{dt}+2y(t)=0,\ y(0^-)=0,\ y'(0^-)=1,\ y''(0^-)=2$

2 - 9　已知系统的微分方程为

$$\frac{d^2y(t)}{dt^2}+5\frac{dy(t)}{dt}+4y(t)=\frac{dx(t)}{dt}+2x(t)$$

若 $x(t)=e^{-2t}u(t)$, $y(0^-)=0$, $y'(0^-)=3$，试求系统的自由响应和零输入响应，并比较其待定系数的差别。

2 - 10　已知系统的微分方程和激励信号，求系统的零状态响应。

(1) $\frac{d^2y(t)}{dt^2}+3\frac{dy(t)}{dt}+2y(t)=x(t),\ x(t)=e^{-3t}u(t)$

(2) $\frac{d^2y(t)}{dt^2}+4\frac{dy(t)}{dt}+3y(t)=\frac{dx(t)}{dt}+2x(t),\ x(t)=e^{-3t}u(t)$

(3) $\frac{dy(t)}{dt}+2y(t)=\frac{dx(t)}{dt}+3x(t),\ x(t)=e^{-t}u(t)$

2 - 11　已知描述某线性时不变连续系统的微分方程及起始状态为

$\frac{d^2y(t)}{dt^2}+6\frac{dy(t)}{dt}+9y(t)=\frac{dx(t)}{dt}+3x(t),\ y(0^-)=2,\ y'(0^-)=3,\ x(t)=e^{-2t}u(t)$，

试求其零输入响应、零状态响应和完全响应。

2 - 12　已知系统的微分方程为

$$\frac{d^2y(t)}{dt^2}+5\frac{dy(t)}{dt}+6y(t)=2e^{-t}$$

且起始状态为 $y(0^-)=1$ 和 $y'(0^-)=2$。求系统的自由响应、强迫响应、零输入响应、零状态响应及全响应。并说明几种响应之间的关系。

2 - 13　已知系统的微分方程、起始状态以及激励信号，判断起始点是否发生跳变，并求系统的零输入响应、零状态响应和完全响应。

(1) $\frac{dy(t)}{dt}+2y(t)=2x(t),\ y(0^-)=2,\ x(t)=\delta(t)$

(2) $\frac{dy(t)}{dt}+4y(t)=\frac{dx(t)}{dt}+3x(t),\ y(0^-)=1,\ x(t)=u(t)$

(3) $\frac{d^2y(t)}{dt^2}+3\frac{dy(t)}{dt}+2y(t)=\frac{dx(t)}{dt}+2x(t),\ y(0^-)=1,\ y'(0^-)=1,\ x(t)=e^{-3t}u(t)$

2 - 14　已知描述某线性时不变连续系统的微分方程为

$\frac{d^2y(t)}{dt^2}+4\frac{dy(t)}{dt}+3y(t)=\frac{dx(t)}{dt}+4x(t)$，当激励为 $x(t)=e^{-3t}u(t)$ 时，系统的完全响应为 $y(t)=(3t+2)e^{-3t}-e^{-t},\ t>0$。试求其零输入响应、零状态响应。

2 - 15　求以下系统的冲激响应 $h(t)$。

(1) $\frac{\mathrm{d}y(t)}{\mathrm{d}t}+5y(t)=2\frac{\mathrm{d}x(t)}{\mathrm{d}t}$

(2) $\frac{\mathrm{d}^2y(t)}{\mathrm{d}t^2}+7\frac{\mathrm{d}y(t)}{\mathrm{d}t}+12y(t)=3\frac{\mathrm{d}x(t)}{\mathrm{d}t}+4x(t)$

(3) $\frac{\mathrm{d}y(t)}{\mathrm{d}t}+3y(t)=\frac{\mathrm{d}^2x(t)}{\mathrm{d}t^2}+2\frac{\mathrm{d}x(t)}{\mathrm{d}t}+3x(t)$

2－16　求以下系统的阶跃响应。

(1) $\frac{\mathrm{d}y(t)}{\mathrm{d}t}+3y(t)=\frac{\mathrm{d}x(t)}{\mathrm{d}t}+2x(t)$

(2) $\frac{\mathrm{d}^2y(t)}{\mathrm{d}t^2}+5\frac{\mathrm{d}y(t)}{\mathrm{d}t}+6y(t)=\frac{\mathrm{d}x(t)}{\mathrm{d}t}$

(3) $\frac{\mathrm{d}^2y(t)}{\mathrm{d}t^2}+2\frac{\mathrm{d}y(t)}{\mathrm{d}t}+5y(t)=\frac{\mathrm{d}x(t)}{\mathrm{d}t}+2x(t)$

2－17　若描述系统的微分方程为$\frac{\mathrm{d}^2y(t)}{\mathrm{d}t^2}+7\frac{\mathrm{d}y(t)}{\mathrm{d}t}+10y(t)=\frac{\mathrm{d}x(t)}{\mathrm{d}t}+2x(t)$，试求系统的阶跃响应。

2－18　已知某线性时不变(LTI)系统如图5所示。已知图中$h_1(t)=\delta(t-2)$，$h_2(t)=u(t)-u(t-2)$，试求该系统的冲激响应$h(t)$。

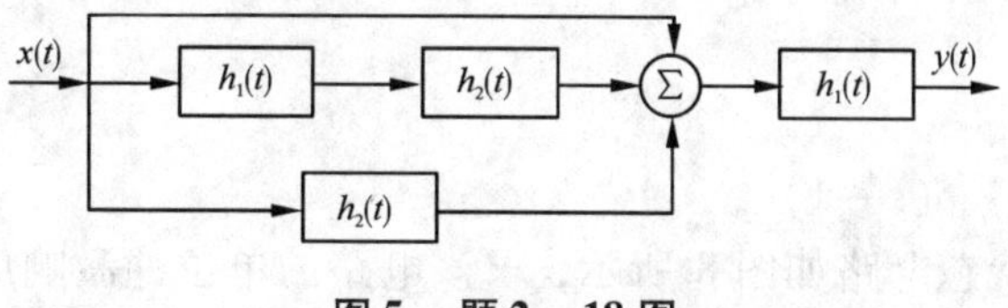

图5　题2－18图

2－19　画出图6中几个常用信号的卷积波形。

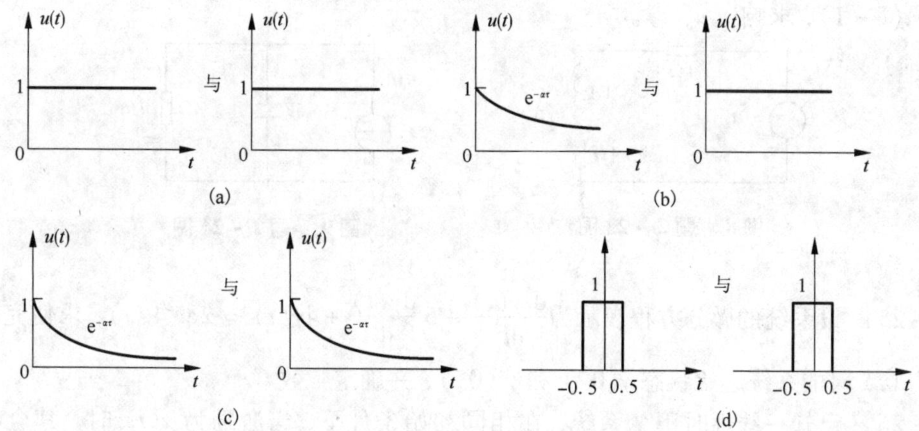

图6　题2－19图

2－20　求下列各函数$x_1(t)$与$x_2(t)$的卷积$x_1(t)*x_2(t)$。

(1) $x_1(t)=tu(t)$，$x_2(t)=2tu(t)$

(2) $x_1(t)=u(t)$，$x_2(t)=\mathrm{e}^{-2t}u(t)$

(3) $x_1(t) = tu(t)$, $x_2(t) = u(t-1) - u(t-2)$；(4) $x_1(t) = e^{-t}u(t)$, $x_2(t) = e^{-2t}u(t)$

(5) $x_1(t) = tu(t+1)$, $x_2(t) = u(t-3)$；

(6) $x_1(t) = \sum_{k=-\infty}^{\infty}\delta(t-k)$, $x_2(t) = G_{0.5}(t)$

(7) $x_1(t) = e^{-2t}u(t-1)$, $x_2(t) = u(t+2)$

(8) $x_1(t) = \sin(\omega t)$, $x_2(t) = \delta(t+1) - \delta(t-1)$

(9) $x_1(t) = e^{-t}u(t)$, $x_2(t) = \cos t u(t)$

2－21　画出图7中的信号的卷积波形。

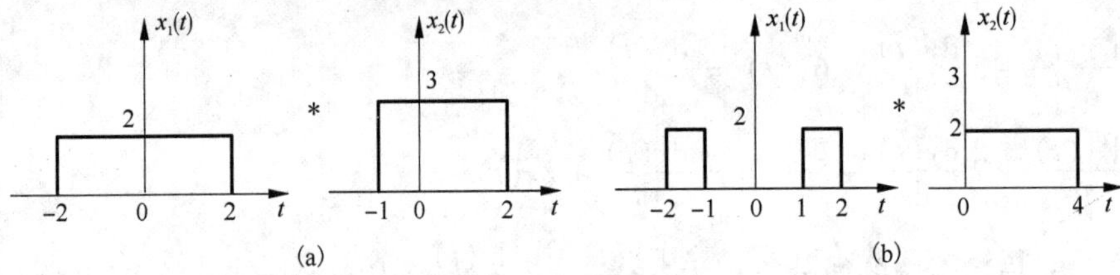

图7　题2－21图

2－22　一个LTI系统的阶跃响应是 $g(t) = e^{-3t}u(t)$，求该系统的冲激响应 $h(t)$。计算这个系统对于以下输入的零状态响应。

(1) $x(t) = tu(t-1)$

(2) $x(t) = G_4(t)$

(3) $x(t) = 2\delta(t) - \delta(t-1)$

2－23　零起始状态电路如图8所示，求该电路的单位冲激响应。若激励为 $u_S(t) = e^{-t}u(t)$，求响应 $u_o(t)$。

2－24　零起始状态电路如图9所示，求该电路的单位冲激响应。若激励为 $i_S(t) = tu(t) - (t-1)u(t-1)$，求响应 $u_o(t)$。

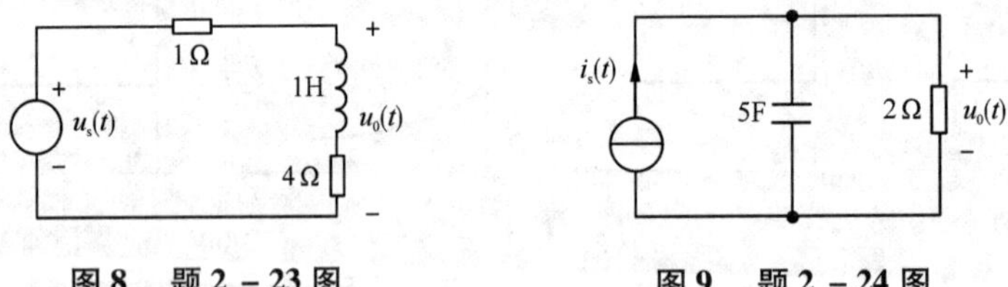

图8　题2－23图　　　**图9　题2－24图**

2－25　设系统的微分方程表示为 $\frac{d^2y(t)}{dt^2} + 5\frac{dy(t)}{dt} + 4y(t) = 2e^{-2t}u(t)$，求使完全响应为 $Ce^{-2t}u(t)$ 时的系统起始状态 $y(0^-)$ 和 $y'(0^-)$，并确定常数 C。

2－26　已知一线性时不变系统，在相同初始条件下，当激励为 $x(t)$ 时，其全响应为 $y_1(t) = [e^{-t} + \cos(t)]u(t)$；当激励为 $3x(t)$ 时，其全响应为 $y_2(t) = [2e^{-t} + 3\cos(t)]u(t)$。

(1) 初始条件不变，求当激励为 $x(t-t_0)$ 时的全响应 $y_3(t)$，t_0 为大于零的实常数；

(2) 初始条件增大2倍，求当激励为 $4x(t)$ 时的全响应 $y_4(t)$。

2－27　某线性时不变系统的单位阶跃响应为 $g(t) = (2e^{-3t} - 3)u(t)$，试完成以下要求。

(1) 系统的冲激响应 $h(t)$；

(2) 系统对激励 $x_1(t) = tu(t-1)$ 的零状态响应 $y_{zs1}(t)$；

(3) 系统对激励 $x_2(t) = t[u(t+1) - u(t-1)]$ 的零状态响应 $y_{zs2}(t)$。

2－28　已知某连续系统的微分方程为 $\frac{\mathrm{d}^2y(t)}{\mathrm{d}t^2} + 3\frac{\mathrm{d}y(t)}{\mathrm{d}t} + 2y(t) = \frac{\mathrm{d}x(t)}{\mathrm{d}t} + 2x(t)$，若系统的初始条件 $y(0^-) = 1$ 和 $y'(0^-) = 1$，输入信号 $x(t) = (1 + \mathrm{e}^{-3t})u(t)$，求系统的零输入响应 $y_{zi}(t)$、零状态响应 $y_{zs}(t)$ 和完全响应 $y(t)$。

2－29　已知某线性时不变系统的数学模型为 $\frac{\mathrm{d}^2y(t)}{\mathrm{d}t^2} + 5\frac{\mathrm{d}y(t)}{\mathrm{d}t} + 6y(t) = x(t)$，试用卷积积分法求当输入激励 $x(t) = \mathrm{e}^{-4t} \cdot u(t)$ 的零状态响应。

2－30　如图 10 所示系统由几个子系统组成，各子系统的冲激响应为 $h_1(t) = u(t)$，$h_2(t) = \delta(t-1)$，$h_3(t) = -\delta(t)$，试求此系统的冲激响应 $h(t)$。

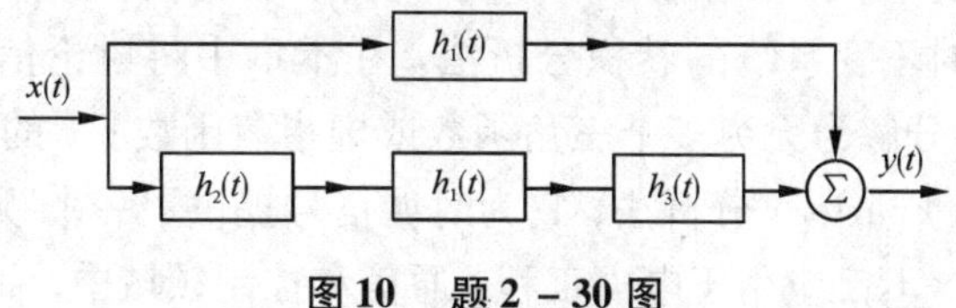

图 10　题 2－30 图

2－31　已知线性时不变系统的一对激励和响应波形如图 11 所示，求该系统对激励 $x(t) = \sin(\pi t)[u(t) - u(t-1)]$ 的零状态响应。

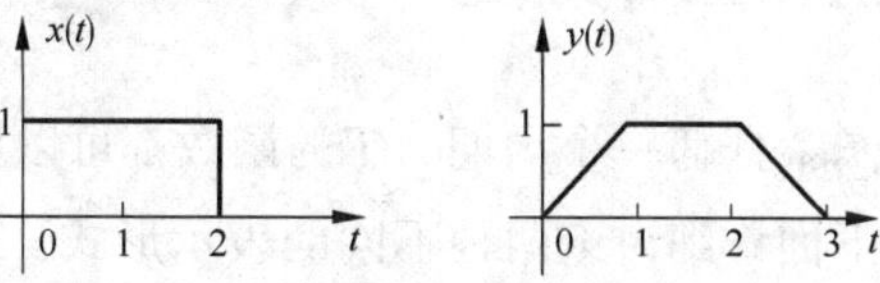

图 11　题 2－31 图

第3章　连续时间系统的频域分析

在第2章的时域分析中，把任意输入信号$f(t)$分解为无穷多个单位冲激信号$\delta(t)$的线性组合，从而导出了线性时不变系统的卷积分析法。在本章中将讨论信号的另一种分解方式，即将连续时间信号$f(t)$分解为无穷多个三角函数或虚指数函数$e^{j\omega t}$的线性组合，从而导出线性时不变系统的傅立叶(Fourier)分析法，它为时域信号提供了一个频域描述。信号的这种分解有着鲜明的物理意义，不仅应用于电力工程、通信和控制领域中，而且在力学、光学、量子物理和各种线性系统分析等许多有关数学、物理和工程技术领域中得到广泛应用。

3.1　周期连续信号的傅立叶级数

由高等数学课程的知识知，任何一个周期为T的函数都可以用(t_0, t_0+T)内完备的正交函数集的线性组合来表示。下面详细讨论两种不同的表示形式：三角函数形式的傅立叶级数和指数函数形式的傅立叶级数。

3.1.1　三角函数形式的傅立叶级数

对于三角函数集$\{\cos(n\omega_0 t), \sin(n\omega_0 t)\}(n=0, 1, 2, \cdots)$，在区间$(t_0, t_0+T)$内有

$$\int_{t_0}^{t_0+T}\cos(n\omega_0 t)\cdot\cos(m\omega_0 t)\mathrm{d}t=\begin{cases}0, & n\neq m\\ T/2, & n=m\end{cases} \tag{3-1}$$

$$\int_{t_0}^{t_0+T}\sin(n\omega_0 t)\cdot\sin(m\omega_0 t)\mathrm{d}t=\begin{cases}0, & n\neq m\\ T/2, & n=m\end{cases} \tag{3-2}$$

$$\int_{t_0}^{t_0+T}\cos(n\omega_0 t)\cdot\sin(m\omega_0 t)\mathrm{d}t=0 \tag{3-3}$$

其中，$T=\frac{2\pi}{\omega_0}$。以上表明$\{\cos(n\omega_0 t), \sin(n\omega_0 t)\}(n=0, 1, 2, \cdots)$为正交函数集，它包含无穷多项，进一步可证明它是完备的。当$n=0$时，$\sin(0)=0$，而0不应计在此正交函数集中，故此三角函数集可写为$\{1, \cos(n\omega_0 t), \sin(n\omega_0 t)\}(n=1, 2, \cdots)$。

任何一个周期为T的周期信号$f(t)$，在满足狄里赫利条件*时，都可以表示为上述三角函

*狄里赫利(Dirichlet)条件为在一个周期内：① 函数绝对可积；② 函数的极值数目有限；③ 函数连续或有有限个间断点。实际中遇到的周期信号大都能满足此条件。

数集中各函数的线性组合，即

$$f(t)=\frac{a_0}{2}+\sum_{n=1}^{\infty}\left[a_n\cos(n\omega_0 t)+b_n\sin(n\omega_0 t)\right] \tag{3-4}$$

式(3-4)称为周期信号$f(t)$的三角形式傅立叶级数展开式。其中

$$\begin{cases}a_0=\dfrac{2}{T}\displaystyle\int_{t_0}^{t_0+T}f(t)\,\mathrm{d}t\\ a_n=\dfrac{2}{T}\displaystyle\int_{t_0}^{t_0+T}f(t)\cos(n\omega_0 t)\,\mathrm{d}t\\ b_n=\dfrac{2}{T}\displaystyle\int_{t_0}^{t_0+T}f(t)\sin(n\omega_0 t)\,\mathrm{d}t\end{cases} \tag{3-5}$$

式(3-4)中，$\omega_0=\frac{2\pi}{T}$称为基波角频率，$n\omega_0$为n次谐波频率，a_n和b_n称为傅立叶级数系数，$\frac{a_0}{2}$为直流分量，$a_n\cos(n\omega_0 t)$和$b_n\sin(n\omega_0 t)$为n次谐波分量。式(3-5)中t_0可取任意值，为计算方便起见，通常取$t_0=0$或$t_0=-T/2$。

将式(3-4)中同频率项合并，可写成另一种形式

$$f(t)=\frac{A_0}{2}+\sum_{n=1}^{\infty}A_n\cos(n\omega_0 t+\varphi_n) \tag{3-6}$$

式中，$A_0=a_0$，A_n、φ_n分别为n次谐波分量的振幅和相位。式(3-6)表明，任一周期信号$f(t)$可以用一直流分量和一系列的谐波分量之和来表示。

比较式(3-4)和式(3-6)，可看出傅立叶级数中各量之间有如下关系：

$$\begin{cases}A_n=\sqrt{a_n^2+b_n^2}\\ \varphi_n=-\arctan\dfrac{b_n}{a_n}\end{cases} \tag{3-7}$$

$$\begin{cases}a_n=A_n\cos\varphi_n\\ b_n=-A_n\sin\varphi_n\end{cases} \tag{3-8}$$

例 3-1　图 3-1 所示的锯齿波$f(t)$的周期$T=2\pi$，求$f(t)$的三角形式傅立叶级数展开式。

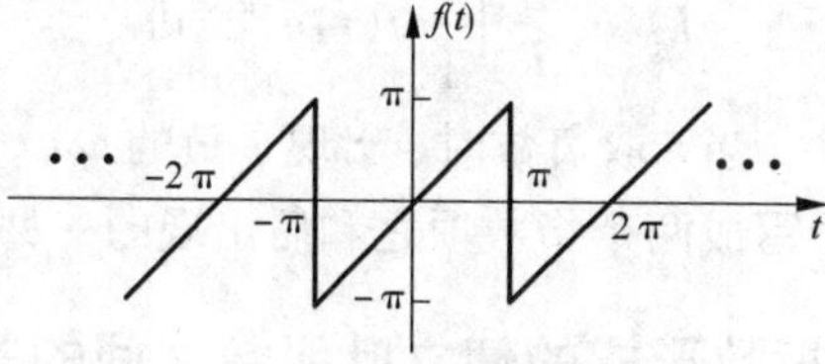

图 3-1　周期锯齿波

解：由图 3-1 可知，该信号$f(t)$在一个周期$[-\pi,\pi]$内，有

$$f(t)=\begin{cases}t, & -\pi<t<\pi\\ 0, & t=\pm\pi\end{cases}$$

且 $\omega_0 = 2\pi/T = 1$。取 $t_0 = -T/2$，由式(3－5)有

$$a_0 = \frac{2}{T}\int_{-T/2}^{T/2} f(t)\,\mathrm{d}t = \frac{2}{T}\int_{-\pi}^{\pi} t\mathrm{d}t = \frac{2}{T}\cdot\frac{t^2}{2}\bigg|_{-\pi}^{\pi} = 0$$

$$a_n = \frac{2}{T}\int_{-T/2}^{T/2} f(t)\cos(n\omega_0 t)\,\mathrm{d}t = \frac{2}{T}\int_{-\pi}^{\pi} t\cos(n\omega_0 t)\,\mathrm{d}t = 0 \quad (\text{因为 } t\cos(n\omega_0 t) \text{ 是奇函数})$$

$$b_n = \frac{2}{T}\int_{-T/2}^{T/2} f(t)\sin(n\omega_0 t)\,\mathrm{d}t = \frac{2}{T}\int_{-\pi}^{\pi} t\sin(n\omega_0 t)\,\mathrm{d}t = \frac{1}{\pi}\cdot\frac{-1}{n\omega_0}\int_{-\pi}^{\pi} t\mathrm{d}\cos(n\omega_0 t)$$

$$= \frac{-1}{n\pi}\left[t\cos(nt)\bigg|_{-\pi}^{\pi} - \int_{-\pi}^{\pi}\cos(nt)\,\mathrm{d}t\right] = -\frac{2}{n}\cos(n\pi) = (-1)^{n+1}\frac{2}{n}$$

故 $f(t)$ 的三角形式傅立叶级数展开式为：

$$f(t) = \sum_{n=1}^{\infty} b_n\sin(n\omega_0 t) = 2\left[\sin t - \frac{1}{2}\sin(2t) + \frac{1}{3}\sin(3t) - \cdots\right]$$

由上例可知，图 3－1 所示的锯齿波 $f(t)$ 是奇信号，其傅立叶级数展开式中只含 $\sin(n\omega_0 t)$ 分量，而没有直流分量和 $\cos(n\omega_0 t)$ 分量。

3.1.2 指数形式的傅立叶级数

考察纯虚指数函数集 $\{\mathrm{e}^{\mathrm{j}n\omega_0 t}\}$ $(n = 0, \pm 1, \pm 2, \cdots)$，容易证明

$$\begin{aligned}\int_{t_0}^{t_0+T} \mathrm{e}^{\mathrm{j}n\omega_0 t}\,(\mathrm{e}^{\mathrm{j}m\omega_0 t})^*\,\mathrm{d}t &= \int_{t_0}^{t_0+T} \mathrm{e}^{\mathrm{j}n\omega_0 t}\mathrm{e}^{-\mathrm{j}m\omega_0 t}\mathrm{d}t = \int_{t_0}^{t_0+T} \mathrm{e}^{\mathrm{j}(n-m)\omega_0 t}\mathrm{d}t \\ &= \frac{\mathrm{e}^{\mathrm{j}(n-m)\omega_0 t_0}}{\mathrm{j}(n-m)\omega_0}\left[\mathrm{e}^{\mathrm{j}(n-m)\omega_0 T} - 1\right] = \begin{cases}0, & m \neq n \\ T, & m = n\end{cases}\end{aligned} \tag{3－9}$$

式中，$T = \dfrac{2\pi}{\omega_0}$，$m$，$n$ 为整数。式(3－9) 表明指数函数集 $\{\mathrm{e}^{\mathrm{j}n\omega_0 t}\}$ $(n = 0, \pm 1, \pm 2, \cdots)$ 也是区间 $(t_0, t_0 + T)$ 内的完备正交函数集。因此，对于任意周期为 T 的信号 $f(t)$，在区间 $(t_0, t_0 + T)$ 内可表示为 $\{\mathrm{e}^{\mathrm{j}n\omega_0 t}\}$ 的线性组合，即

$$f(t) = \sum_{n=-\infty}^{\infty} F_n \mathrm{e}^{\mathrm{j}n\omega_0 t} \tag{3－10}$$

式(3－10) 称为 $f(t)$ 的指数形式傅立叶级数展开式。其中，加权系数 F_n 通常为复数，也称为复振幅，计算式如下

$$F_n = \frac{1}{T}\int_{t_0}^{t_0+T} f(t)\mathrm{e}^{-\mathrm{j}n\omega_0 t}\mathrm{d}t \tag{3－11}$$

在指数形式傅立叶级数中，当 n 取负数时，出现了负的 $n\omega_0$，但这并不意味实际上存在负频率，只是将第 n 次谐波分量写成两个指数项之和后出现的一种数学形式而已。

3.1.3 三角函数形式与指数形式的傅立叶级数之间的关系

同一个周期信号 $f(t)$，在区间 $(t_0, t_0 + T)$ 内，既可以展开成式(3－4) 或式(3－6) 所示的三角函数形式傅立叶级数，也可以展开成式(3－10) 所示的指数形式傅立叶级数，二者之间存在确定的关系。

将欧拉公式

$$\cos(n\omega_0 t) = \frac{1}{2}(e^{jn\omega_0 t} + e^{-jn\omega_0 t}), \quad \sin(n\omega_0 t) = \frac{1}{2j}(e^{jn\omega_0 t} - e^{-jn\omega_0 t})$$

代入式(3-4)，得

$$\begin{aligned} f(t) &= \frac{a_0}{2} + \sum_{n=1}^{\infty}\left[\frac{a_n}{2}(e^{jn\omega_0 t} + e^{-jn\omega_0 t}) + \frac{b_n}{2j}(e^{jn\omega_0 t} - e^{-jn\omega_0 t})\right] \\ &= \frac{a_0}{2} + \sum_{n=1}^{\infty}\left[\frac{1}{2}(a_n - jb_n)e^{jn\omega_0 t} + \frac{1}{2}(a_n + jb_n)e^{-jn\omega_0 t}\right] \end{aligned} \tag{3-12}$$

比较式(3-12)与式(3-10)，有

$$F_0 = \frac{a_0}{2}, \quad F_n = \begin{cases} \frac{1}{2}(a_n - jb_n) & (n = 1, 2, \cdots) \\ \frac{1}{2}(a_n + jb_n) & (n = -1, -2, \cdots) \end{cases} \tag{3-13}$$

由式(3-11)知，$F_{-n} = F_n^*$。设 $F_n = |F_n|e^{j\varphi_n}$，由式(3-10)有

$$\begin{aligned} f(t) &= F_0 + \sum_{n=-\infty}^{-1} F_n e^{jn\omega_0 t} + \sum_{n=1}^{\infty} F_n e^{jn\omega_0 t} = F_0 + \sum_{n=1}^{\infty}(F_{-n}e^{-jn\omega_0 t} + F_n e^{jn\omega_0 t}) \\ &= F_0 + \sum_{n=1}^{\infty}[(F_n e^{jn\omega_0 t})^* + F_n e^{jn\omega_0 t}] = F_0 + \sum_{n=1}^{\infty}\{[|F_n|e^{j(n\omega_0 t+\varphi_n)}]^* + |F_n|e^{j(n\omega_0 t+\varphi_n)}\} \\ &= F_0 + \sum_{n=1}^{\infty}[2|F_n|\cos(n\omega_0 t + \varphi_n)] \end{aligned} \tag{3-14}$$

比较式(3-14)与式(3-6)，得

$$F_0 = \frac{A_0}{2}, \quad |F_n| = \frac{1}{2}A_n, \quad F_n = \frac{A_n}{2}e^{j\varphi_n} \tag{3-15}$$

3.1.4　函数的对称性与傅立叶级数的关系

当 $f(t)$ 是关于 t 的偶函数时，由于 $f(t)\cos(n\omega_0 t)$ 为 t 的偶函数，$f(t)\sin(n\omega_0 t)$ 为 t 的奇函数，由式(3-5)知

$$a_0 = \frac{4}{T}\int_0^{\frac{T}{2}} f(t)\,dt, \quad a_n = \frac{4}{T}\int_0^{\frac{T}{2}} f(t)\cos(n\omega_0 t)\,dt, \quad b_n = 0$$

即当 $f(t)$ 为偶信号时，其傅立叶级数展开式中只有直流分量和 $\cos(n\omega_0 t)$ 分量，而没有 $\sin(n\omega_0 t)$ 分量。

当 $f(t)$ 是关于 t 的奇函数时，由于 $f(t)\cos(n\omega_0 t)$ 为 t 的奇函数，$f(t)\sin(n\omega_0 t)$ 为 t 的偶函数，由式(3-5)知

$$a_0 = 0, \quad a_n = 0, \quad b_n = \frac{4}{T}\int_0^{\frac{T}{2}} f(t)\sin(n\omega_0 t)\,dt$$

即当 $f(t)$ 为奇函数时，其傅立叶级数展开式中只有 $\sin(n\omega_0 t)$ 的分量，而没有直流分量和 $\cos(n\omega_0 t)$ 分量。

3.1.5 周期连续信号频谱的特点

不同的周期信号在时域表现为波形不同，将其展开成傅立叶级数的组成情况也不尽相同，即构成信号的各次谐波分量的幅度和相位不同。在实际工作中，为了既方便又直观地表示一个信号中包含有哪些频率分量以及各分量所占的比重如何，特画出振幅A_n或$|F_n|$以及相位φ_n随角频率$\omega = n\omega_0$变化的分布图形，这种图形称为信号的频谱，它是信号频域描述的一种方式。

描述各次谐波振幅A_n或$|F_n|$与频率$n\omega_0$关系的图形称为振幅频谱(幅度谱)，描述各次谐波相位φ_n与频率$n\omega_0$关系的图形称为相位频谱(相位谱)。根据周期信号表示成傅立叶级数的不同形式，又分为单边频谱和双边频谱。

例3－2 已知：

$f(t) = 1 + 3\cos(\pi t + 10°) + 2\cos(2\pi t + 20°) + 0.4\cos(3\pi t + 45°) + 0.8\cos(6\pi t + 30°)$，试画出$f(t)$的幅度谱和相位谱。

解：因为$f(t)$为周期信号，周期为$T = 2$，基波频率为$\omega_0 = 2\pi/T = \pi$。由三角函数形式傅立叶级数展开式(3－6)可知，$\omega = \pi, 2\pi, 3\pi, 6\pi$分别为一次、二次、三次和六次谐波频率，且有$\frac{A_0}{2} = 1$，$\varphi_0 = 0$；$A_1 = 3$，$\varphi_1 = 10°$；$A_2 = 2$，$\varphi_2 = 20°$；$A_3 = 0.4$，$\varphi_3 = 45°$；$A_6 = 0.8$，$\varphi_6 = 30°$。

根据以上数据即可画出单边幅度谱和相位谱，分别如图3－2(a)和(b)所示。若将周期信号$f(t)$展开成指数形式的傅立叶级数，也可得到双边幅度谱和相位谱，分别如图3－3(a)和(b)所示。从图中看出，$|F_n|$是频率为$n\omega_0$的偶函数，φ_n是频率为$n\omega_0$的奇函数，

单边频谱和双边频谱本质上是一样的，直观体现了三角函数形式与指数形式的傅立叶级数之间的关系。在双边频谱图上出现了负角频率，但并不表示实际存在一个有物理意义的概念与之对应，只是说明一个角频率为$n\omega_0$的正弦信号能够用指数信号分量$e^{jn\omega_0 t}$与$e^{-jn\omega_0 t}$的线性组合来表示。

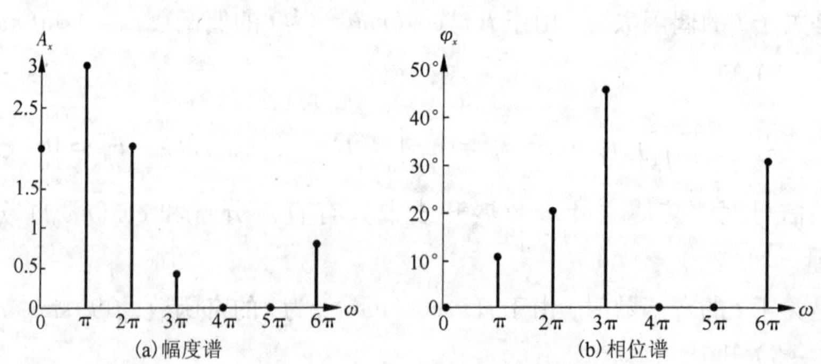

图3－2 例3－2信号的单边频谱

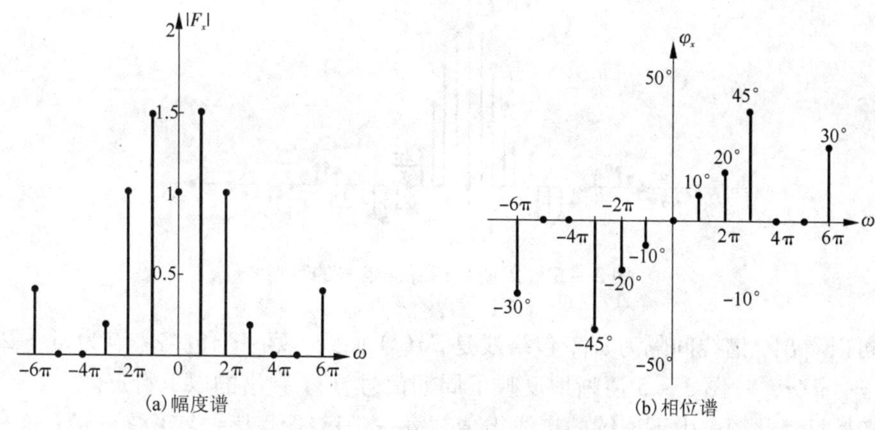

图 3 - 3　例 3 - 2 信号的双边频谱

周期矩形脉冲信号是一种典型的周期信号，下面以此为例来讨论周期信号频谱的特点。

例 3 - 3　设周期矩形脉冲信号 $f(t)$ 的脉宽为 τ，脉冲幅度为 E，周期为 T，如图 3 - 4 所示。试画出 $f(t)$ 的频谱图。

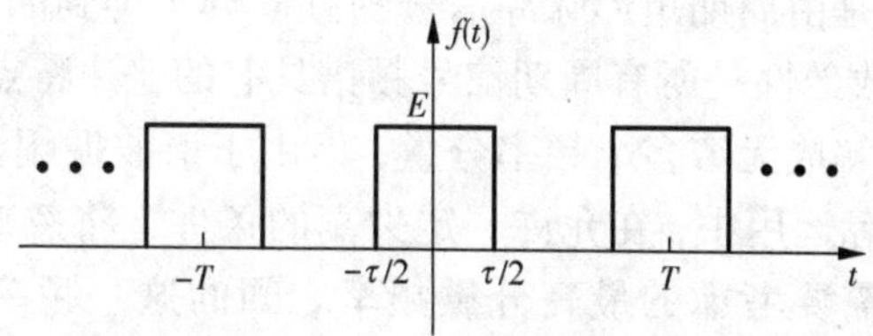

图 3 - 4　周期矩形脉冲信号

解: $f(t)$ 在第一周期内的时域表达式为

$$f(t) = \begin{cases} E, & |t| \leqslant \tau/2 \\ 0, & |t| > \tau/2 \end{cases}$$

根据式(3 - 11)，取 $t_0 = -T/2$，有

$$\begin{aligned} F_n &= \frac{1}{T}\int_{-\frac{T}{2}}^{\frac{T}{2}} f(t)\mathrm{e}^{-\mathrm{j}n\omega_0 t}\mathrm{d}t = \frac{1}{T}\int_{-\frac{\tau}{2}}^{\frac{\tau}{2}} E\mathrm{e}^{-\mathrm{j}n\omega_0 t}\mathrm{d}t = \frac{E}{T}\frac{\mathrm{e}^{-\mathrm{j}n\omega_0 t}}{-\mathrm{j}n\omega_0}\bigg|_{-\tau/2}^{\tau/2} \\ &= \frac{2E}{T}\frac{\sin(n\omega_0\tau/2)}{n\omega_0} = \frac{E\tau}{T}Sa\left(\frac{n\omega_0\tau}{2}\right) \quad (n = 0, \pm 1, \pm 2, \cdots) \end{aligned} \tag{3 - 16}$$

由于傅立叶级数系数 F_n 为实数，因而各谐波分量的相位 φ_n 要么为零(F_n 为正)，要么为 $\pm\pi$(F_n 为负)，因此不需要分别画出幅度频谱 $|F_n|$ 和相位频谱 φ_n，可以将它们放在同一幅图中表示，即直接画出 F_n 的分布图。根据抽样函数 $Sa(t)$ 的波形便可做出信号 $f(t)$ 的频谱图，如图 3 - 5 所示。

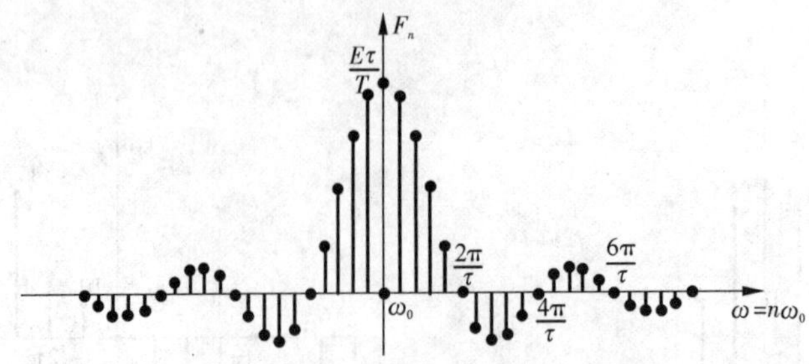

图 3-5 周期矩形脉冲信号的频谱

由图可以看出，谱线间隔为 ω_0，包络线是 $Sa(t)$ 曲线，第一个包络零点为 $\omega = 2\pi/\tau$，第二个为 $\omega = 4\pi/\tau$，… 图 3-5 清晰地反映了周期信号 $f(t)$ 频谱的以下特点。

(1) 离散性：此频谱由不连续的谱线组成，每一条谱线代表一个正弦分量，这种频谱称为离散频谱或线谱。

(2) 谐波性：此频谱的每一条谱线只出现在基波频率 $\omega_0 = 2\pi/T$ 的整数倍上，即只含有 ω_0 的整数倍谐波分量，不含非 ω_0 整数倍的谐波分量。相邻谐波的频率间隔是均匀的。

(3) 收敛性：此频谱的各次谐波分量的振幅虽然随 $\omega = n\omega_0$ 的变化有起伏变化，但总的趋势是随 $n\omega_0$ 的增大而逐渐减小。当 $n \to \infty$ 时，幅度 $|F_n| \to 0$。

以上的三大特性虽然是由周期矩形脉冲信号的频谱分析得到的，但它具有普遍意义。实际上，离散性、谐波性和收敛性是所有周期信号频谱具有的普遍特点。

周期信号频谱可以分解成无穷多个频率分量，但由于谐波振幅具有收敛性，其主要能量均集中在低频分量中，实际运用中，在允许一定失真的条件下将忽略谐波次数过高的高频分量。将从零频率开始到所需要考虑的最高分量频率之间的这一频率范围称为信号的频带宽度。对于周期矩形脉冲，常把 $\omega = 0 \sim 2\pi/\tau$ 这段频率范围作为信号的频带宽度，记作 B_ω 或 B_f，有

$$B_\omega = \frac{2\pi}{\tau} \quad 或 \quad B_f = \frac{1}{\tau} \tag{3-17}$$

可见，信号的频带宽度只与脉宽 τ 有关且成反比，也即时间函数中变化较快的信号必定具有较宽的频带，这是信号分析中最基本的特性。

3.1.6 一些典型周期连续信号的傅立叶级数

周期信号的频谱分析可利用傅立叶级数，也可利用傅立叶变换。本小节以傅立叶级数展开式研究典型周期信号频谱，第 3.4 节利用傅立叶变换研究周期信号频谱。

1. 周期矩形脉冲信号

周期矩形脉冲信号 $f(t)$ 如图 3-4 所示，基波角频率为 $\omega_0 = 2\pi/T$。若将 $f(t)$ 展开成指数形式的傅立叶级数，由式(3-16)得

$$f(t) = \sum_{n=-\infty}^{\infty} F_n e^{jn\omega_0 t} = \frac{E\tau}{T}\sum_{n=-\infty}^{\infty} Sa\left(\frac{n\omega_0\tau}{2}\right) e^{jn\omega_0 t} \tag{3-18}$$

也可把 $f(t)$ 展开成三角形式的傅立叶级数，其中直流分量

$$a_0 = \frac{2}{T}\int_{-\frac{T}{2}}^{\frac{T}{2}} f(t)\,dt = \frac{2}{T}\int_{-\frac{\tau}{2}}^{\frac{\tau}{2}} E\,dt = \frac{2E\tau}{T} \tag{3-19}$$

n 次谐波系数为

$$a_n = \frac{2}{T}\int_{-\frac{T}{2}}^{\frac{T}{2}} f(t)\cos(n\omega_0 t)\,\mathrm{d}t = \frac{2}{T}\int_{-\frac{\tau}{2}}^{\frac{\tau}{2}} E\cos(n\omega_0 t)\,\mathrm{d}t = \frac{2E\tau}{T}Sa(n\omega_0\tau/2) \tag{3-20}$$

$$b_n = 0$$

于是，周期矩形脉冲信号的三角形式傅立叶级数为

$$f(t) = \frac{E\tau}{T}\left[1 + 2\sum_{n=-\infty}^{\infty} Sa\left(\frac{n\omega_0\tau}{2}\right)\cos(n\omega_0 t)\right] \tag{3-21}$$

2. 周期锯齿脉冲信号

设周期为 T 的锯齿脉冲信号 $f(t)$ 如图 3－6 所示。仿照例 3－1 的步骤求得 $f(t)$ 的三角形式傅立叶级数为

$$f(t) = \frac{E}{\pi}\sum_{n=1}^{\infty}(-1)^{n+1}\frac{1}{n}\sin(n\omega_0 t) \tag{3-22}$$

周期锯齿脉冲信号的频谱只包含正弦分量，谐波的幅度以 $1/n$ 的规律收敛。

3. 周期三角脉冲信号

设周期为 T 的三角脉冲信号 $f(t)$ 如图 3－7 所示。显然它是偶函数，因而 $b_n = 0$，由式(3－5) 求得傅立叶级数系数 a_0，a_n，于是得到 $f(t)$ 的傅立叶级数为

$$f(t) = \frac{E}{2} + \frac{4E}{\pi^2}\sum_{n=1}^{\infty}\frac{1}{n^2}\sin^2\left(\frac{n\pi}{2}\right)\cos(n\omega_0 t) \tag{3-23}$$

周期三角脉冲信号的频谱只包含直流和奇次谐波分量，谐波的幅度以 $1/n^2$ 的规律收敛。

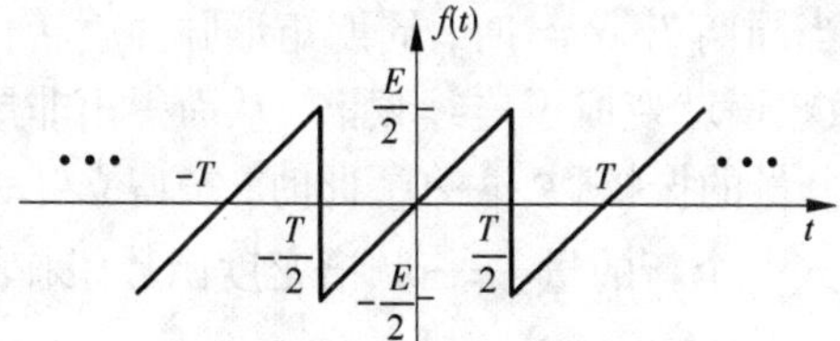

图 3－6　周期锯齿脉冲信号

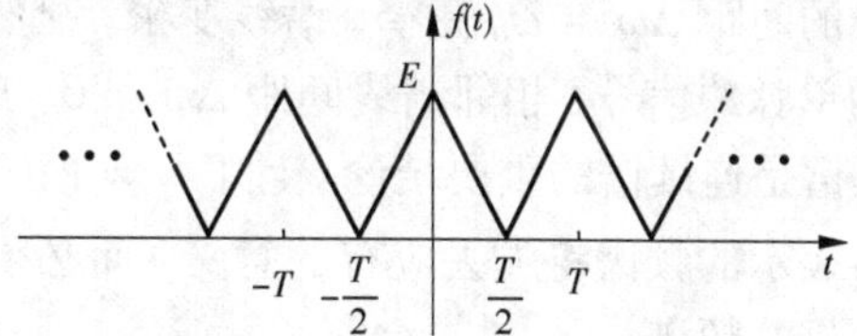

图 3－7　周期三角脉冲信号

4. 周期半波余弦信号

设周期为 T 的半波余弦信号 $f(t)$ 如图 3－8 所示。显然它是偶函数，因而 $b_n = 0$，由式(3－5) 求得傅立叶级数系数 a_0，a_n，便得到 $f(t)$ 的傅立叶级数为

$$f(t) = \frac{E}{\pi} - \frac{2E}{\pi}\sum_{n=1}^{\infty}\frac{1}{(n^2-1)}\cos\left(\frac{n\pi}{2}\right)\cos(n\omega_0 t) \tag{3-24}$$

周期半波余弦信号的频谱只包含直流和偶次谐波分量，谐波的幅度以 $1/n^2$ 的规律收敛。

5. 周期全波余弦信号

设周期为 T 的全波余弦信号 $f(t)$ 如图 3－9 所示，其表示式为

$$f(t) = E\,|\cos(\omega_0 t)|\text{，其中 } \omega_0 = 2\pi/T \tag{3-25}$$

因为 $f(t)$ 是偶函数，因而 $b_n = 0$，由式(3－5) 求得傅立叶级数系数 a_0，a_n，便得到 $f(t)$ 的傅立叶级数为

$$f(t) = \frac{2E}{\pi} + \frac{4E}{\pi}\sum_{n=1}^{\infty}(-1)^{n+1}\frac{1}{(4n^2-1)}\cos(2n\omega_0 t) \tag{3-26}$$

周期全波余弦信号的频谱包含直流和偶次谐波分量，谐波的幅度以$1/n^2$ 的规律收敛。

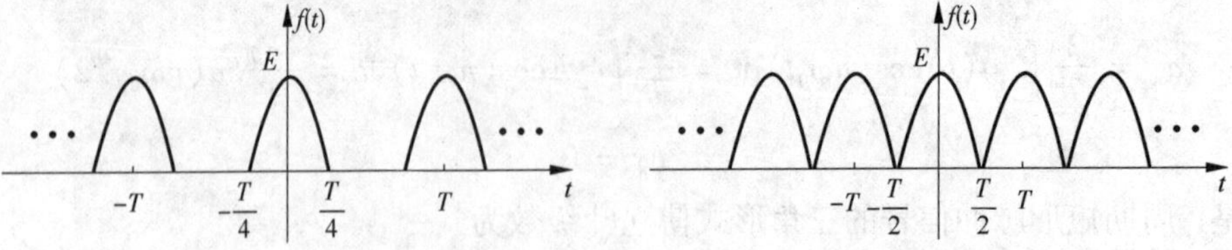

图3－8 周期半波余弦信号　　图3－9 周期全波余弦信号

3.2 非周期信号的频谱(傅立叶变换)

非周期信号不能直接用傅立叶级数表示，但可把上一节傅立叶分析方法推广到非周期信号中去，导出傅立叶变换。仍以例3－3的周期矩形脉冲信号为例进行讨论，其时域波形和频谱分别如图3－4和图3－5所示。由图看出，周期矩形脉冲信号的频谱结构与周期T、脉宽τ有着紧密关系。

(1) 当周期T为定值时，则基波角频率$\omega_0 = 2\pi/T$也为一定值，相邻谱线的间距$\Delta\omega = \omega_0 = 2\pi/T$为确定值。若脉宽$\tau$减小，各次谐波分量的振幅$|F_n| = \dfrac{E\tau}{T}|Sa(n\omega_0\tau/2)|$随之减小，而信号频带宽度$B_\omega = 2\pi/\tau$变宽。这表明持续时间短的信号具有较宽的频带。

(2) 当脉宽τ为定值，而矩形脉冲的周期T增大时，基波角频率$\omega_0 = 2\pi/T$变小，因而相邻谱线的间距$\Delta\omega = \omega_0$变窄，谱线变密。显然，当周期$T\to\infty$时，周期矩形脉冲就转化为非周期的单脉冲信号，相邻谱线间距$\Delta\omega\to 0$，离散频谱就变成了连续频谱，从而得出非周期信号的频谱是连续谱的重要结论。且$T\to\infty$时，各分量的振幅$|F_n|\to 0$，此时，按傅立叶级数展开式所表示的频谱将失去应有的意义，而必须引入一个新的量——频谱密度函数，来表示非周期信号的频谱。

3.2.1 频谱密度函数

设有周期信号$f(t)$，将其展开成指数形式的傅立叶级数，其系数(复振幅)为

$$F_n = \frac{1}{T}\int_{-\frac{T}{2}}^{\frac{T}{2}} f(t)\,\mathrm{e}^{-\mathrm{j}n\omega_0 t}\,\mathrm{d}t$$

将上式两边同乘以T，得到

$$F_n T = \frac{2\pi F_n}{\omega_0} = \int_{-\frac{T}{2}}^{\frac{T}{2}} f(t)\,\mathrm{e}^{-\mathrm{j}n\omega_0 t}\,\mathrm{d}t \tag{3-27}$$

当周期$T\to\infty$，则周期信号变成非周期信号，谱线间隔$\Delta\omega = \omega_0 = 2\pi/T\to 0$，离散频率$n\omega_0$成为连续频率$\omega$。在这种极限情况下，虽然$F_n$趋向无穷小量，但是$F_nT$可望趋向有限值，且为一个连续函数，通常记为$F(\mathrm{j}\omega)$，即

$$F(\mathrm{j}\omega) = \lim_{T\to\infty} F_n T = \lim_{\omega_0\to 0}\frac{2\pi F_n}{\omega_0} \tag{3-28}$$

式中，F_n/ω_0表示单位频带的频谱值，即频谱密度。因此$F(\mathrm{j}\omega)$称为原函数$f(t)$的频谱密度函数。

式(3－27)在非周期信号的情况下将变成

$$F(\mathrm{j}\omega)=\lim_{T\to\infty}\int_{-\frac{T}{2}}^{\frac{T}{2}}f(t)\mathrm{e}^{-\mathrm{j}n\omega_0 t}\mathrm{d}t=\int_{-\infty}^{\infty}f(t)\mathrm{e}^{-\mathrm{j}\omega t}\mathrm{d}t \tag{3-29}$$

同理，对于指数形式的傅立叶级数展开式，可改写为

$$f(t)=\sum_{n=-\infty}^{\infty}F_n\mathrm{e}^{\mathrm{j}n\omega_0 t}=\sum_{n=-\infty}^{\infty}\frac{F_n}{\omega_0}\mathrm{e}^{\mathrm{j}n\omega_0 t}\omega_0 \tag{3-30}$$

当周期 $T\to\infty$ 时，$n\omega_0\to\omega$，谱线间隔 $\Delta\omega=\omega_0$ 趋于无穷小量 $\mathrm{d}\omega$，$\sum_{n=-\infty}^{\infty}\to\int_{-\infty}^{\infty}$，由式(3－28)知 $\frac{F_n}{\omega_0}\to\frac{F(\mathrm{j}\omega)}{2\pi}$，从而有

$$f(t)=\lim_{T\to\infty}\sum_{n=-\infty}^{\infty}\frac{F_n}{\omega_0}\mathrm{e}^{\mathrm{j}n\omega_0 t}\omega_0=\frac{1}{2\pi}\int_{-\infty}^{\infty}F(\mathrm{j}\omega)\mathrm{e}^{\mathrm{j}\omega t}\mathrm{d}\omega \tag{3-31}$$

3.2.2　傅立叶变换公式

式(3－29)和式(3－31)是用周期信号的傅立叶级数通过极限的方法导出的非周期信号频谱的表示式，称为傅立叶变换，其中的 $F(\mathrm{j}\omega)$ 为 $f(t)$ 的频谱密度函数(简称为频谱函数)，$f(t)$ 为 $F(\mathrm{j}\omega)$ 的原函数。为了书写方便，习惯上采用如下符号表示傅立叶变换公式

$$F(\mathrm{j}\omega)=F[f(t)]=\int_{-\infty}^{\infty}f(t)\mathrm{e}^{-\mathrm{j}\omega t}\mathrm{d}t \tag{3-32}$$

$$f(t)=F^{-1}[F(\mathrm{j}\omega)]=\frac{1}{2\pi}\int_{-\infty}^{\infty}F(\mathrm{j}\omega)\mathrm{e}^{\mathrm{j}\omega t}\mathrm{d}\omega \tag{3-33}$$

式中，$F[f(t)]$ 表示 $f(t)$ 的傅立叶正变换，$F^{-1}[F(\mathrm{j}\omega)]$ 表示 $F(\mathrm{j}\omega)$ 的傅立叶反变换。$f(t)$ 与 $F(\mathrm{j}\omega)$ 的对应关系也可简记为

$$f(t)\leftrightarrow F(\mathrm{j}\omega) \tag{3-34}$$

通常 $F(\mathrm{j}\omega)$ 是 ω 的复函数，可以写作

$$F(\mathrm{j}\omega)=|F(\mathrm{j}\omega)|\mathrm{e}^{\mathrm{j}\varphi(\omega)} \tag{3-35}$$

式中，$|F(\mathrm{j}\omega)|$ 是频谱函数的模，它表示信号 $f(t)$ 中各频率分量幅值的相对大小；$\varphi(\omega)$ 是频谱函数的辐角，它表示信号 $f(t)$ 中各频率分量的相位关系。与周期信号类似，把 $|F(\mathrm{j}\omega)|-\omega$ 和 $\varphi(\omega)-\omega$ 的关系曲线分别称为非周期信号 $f(t)$ 的幅度频谱和相位频谱，它们都是 ω 的连续函数。

应当指出，前述导出傅立叶变换的过程着重于物理概念。严格的数学推导表明，傅立叶变换存在的充分条件是

$$\int_{-\infty}^{\infty}|f(t)|\mathrm{d}t<\infty \tag{3-36}$$

也就是说，$f(t)$ 只要满足绝对可积条件，就存在傅里叶变换 $F(\mathrm{j}\omega)$。但这并不是必要条件，许多并不满足绝对可积条件的信号也存在傅立叶变换，如单位阶跃信号 $u(t)$、符号信号 $\mathrm{sgn}(t)$ 等。

3.2.3 几种典型信号的傅立叶变换

1. 单边指数信号

单边指数信号的表示式为

$$f(t)=\mathrm{e}^{-\alpha t}u(t)=\begin{cases}\mathrm{e}^{-\alpha t}, & t\geqslant 0\\ 0, & t<0\end{cases}(\alpha>0) \tag{3-37}$$

代入式(3－32)，得单边指数信号的频谱函数为

$$F(\mathrm{j}\omega)=\int_{-\infty}^{\infty}f(t)\mathrm{e}^{-\mathrm{j}\omega t}\mathrm{d}t=\int_{0}^{\infty}\mathrm{e}^{-\alpha t}\mathrm{e}^{-\mathrm{j}\omega t}\mathrm{d}t=\left.\frac{\mathrm{e}^{-(\alpha+\mathrm{j}\omega)t}}{-(\alpha+\mathrm{j}\omega)}\right|_{0}^{\infty}=\frac{1}{\alpha+\mathrm{j}\omega} \tag{3-38}$$

其幅度频谱为 $|F(\mathrm{j}\omega)|=\dfrac{1}{\sqrt{\alpha^2+\omega^2}}$，相位频谱 $\varphi(\omega)=-\arctan\dfrac{\omega}{\alpha}$。可见幅度谱和相位谱分别是频率 ω 的偶函数和奇函数。单边指数信号 $f(t)$、幅度谱 $|F(\mathrm{j}\omega)|$ 及相位谱 $\varphi(\omega)$ 如图 3－10 所示。

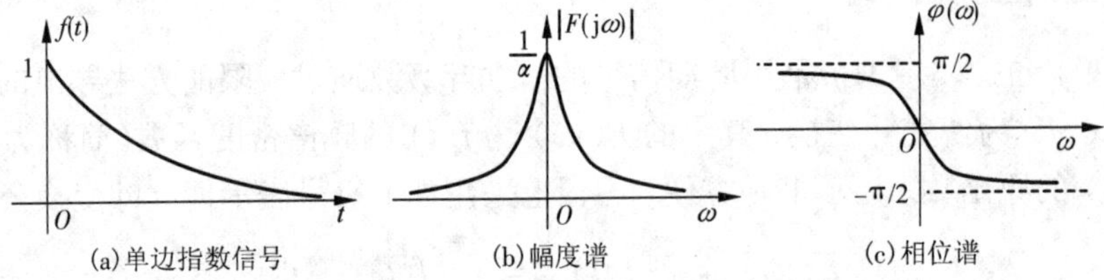

图 3－10 单边指数信号及其频谱

2. 双边指数信号

双边指数信号的表示式为

$$f(t)=\mathrm{e}^{-\alpha|t|}=\begin{cases}\mathrm{e}^{-\alpha t}, & t\geqslant 0\\ \mathrm{e}^{\alpha t}, & t<0\end{cases}\quad(\alpha>0) \tag{3-39}$$

其频谱函数为

$$\begin{aligned}F(\mathrm{j}\omega)&=\int_{-\infty}^{\infty}f(t)\mathrm{e}^{-\mathrm{j}\omega t}\mathrm{d}t=\int_{-\infty}^{0}\mathrm{e}^{\alpha t}\mathrm{e}^{-\mathrm{j}\omega t}\mathrm{d}t+\int_{0}^{\infty}\mathrm{e}^{-\alpha t}\mathrm{e}^{-\mathrm{j}\omega t}\mathrm{d}t\\&=\frac{1}{\alpha-\mathrm{j}\omega}+\frac{1}{\alpha+\mathrm{j}\omega}=\frac{2\alpha}{\alpha^2+\omega^2}\end{aligned} \tag{3-40}$$

显然，$F(\mathrm{j}\omega)$ 为实函数，故幅度频谱为 $|F(\mathrm{j}\omega)|=\dfrac{2\alpha}{\alpha^2+\omega^2}$，相位频谱 $\varphi(\omega)=0$。双边指数信号 $f(t)$ 及其幅度谱 $|F(\mathrm{j}\omega)|$ 如图 3－11 所示。

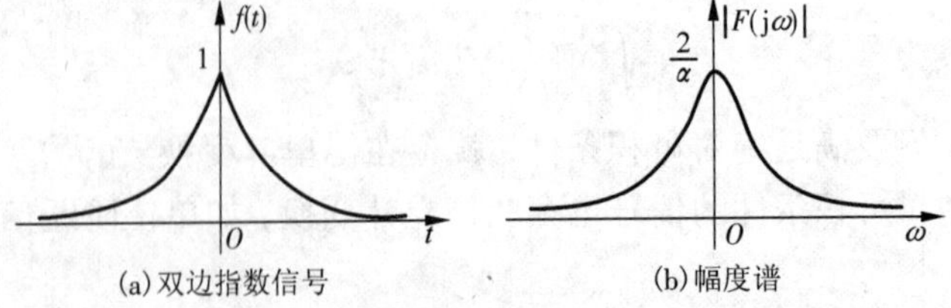

图 3－11 双边指数信号及其幅度谱

3. 单位矩形脉冲信号

脉宽为 τ 的单位矩形脉冲信号的表示式为

$$g_{\tau}(t) = u(t+\frac{\tau}{2}) - u(t-\frac{\tau}{2}) = \begin{cases} 1, & |t| \leqslant \tau/2 \\ 0, & |t| > \tau/2 \end{cases} \tag{3-41}$$

$g_{\tau}(t)$ 的波形如图 3 - 12(a) 所示。单位矩形脉冲信号也称单位门函数，其频谱函数为

$$F(\mathrm{j}\omega) = \int_{-\infty}^{\infty} g_{\tau}(t)\mathrm{e}^{-\mathrm{j}\omega t}\mathrm{d}t = \int_{-\frac{\tau}{2}}^{\frac{\tau}{2}} \mathrm{e}^{-\mathrm{j}\omega t}\mathrm{d}t = \frac{2\sin(\omega\tau/2)}{\omega} = \tau Sa\left(\frac{\omega\tau}{2}\right) \tag{3-42}$$

因为 $F(\mathrm{j}\omega)$ 为实函数，可用一条曲线表示单位矩形脉冲信号的频谱，如图 3 - 12(b) 所示。也可以分别画出幅度谱和相位谱。

幅度谱为 $|F(\mathrm{j}\omega)| = \tau\left|Sa\left(\frac{\omega\tau}{2}\right)\right|$，如图 3 - 12(c) 所示。

相位谱为 $\varphi(\omega) = \begin{cases} 0, & F(\mathrm{j}\omega) \geqslant 0 \\ \pi, & \omega > 0 \text{ 且 } F(\mathrm{j}\omega) < 0 \\ -\pi, & \omega < 0 \text{ 且 } F(\mathrm{j}\omega) < 0 \end{cases}$，如图 3 - 12(d) 所示。

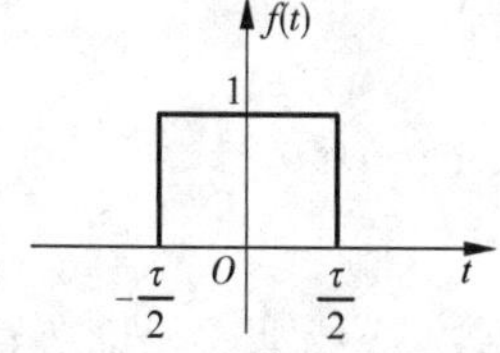

(a) 单位矩形脉冲信号

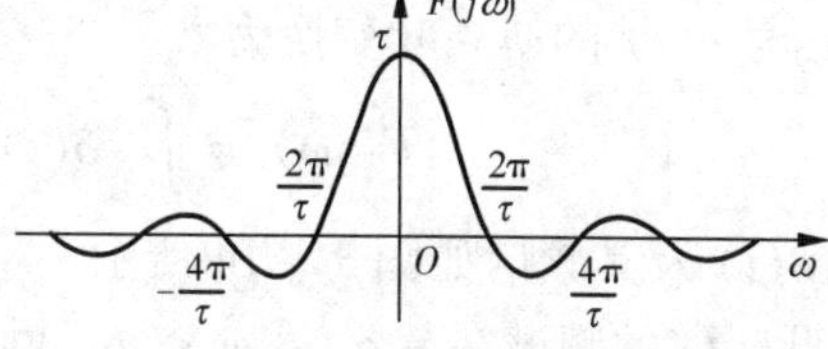

(b) 矩形脉冲信号的频谱

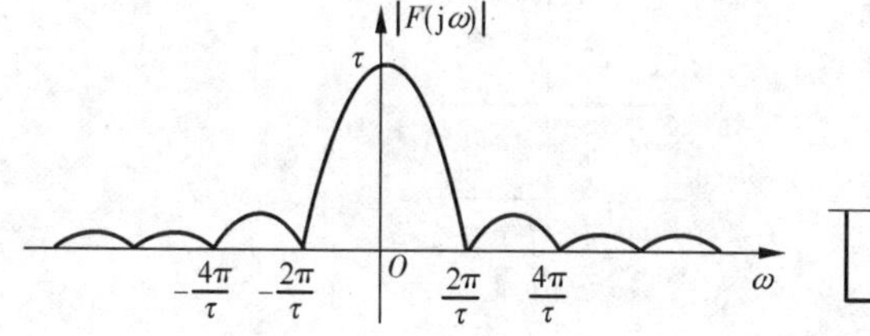

(c) 矩形脉冲信号的幅度谱

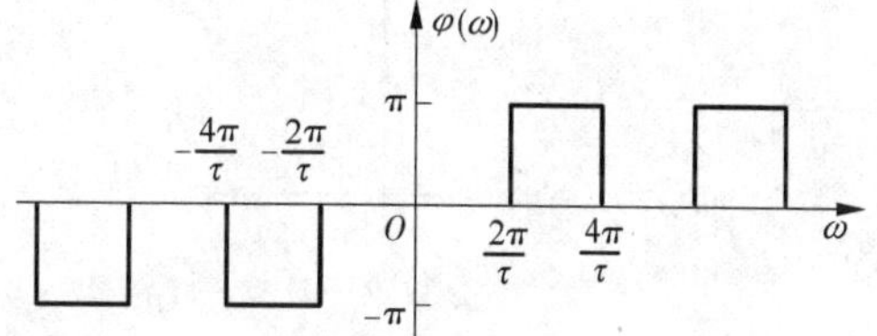

(d) 矩形脉冲信号的相位谱

图 3 - 12　单位矩形脉冲信号及其频谱

4. 符号信号

符号函数或正负号函数通常以 sgn(t) 记，其表达式为

$$\mathrm{sgn}(t) = \begin{cases} 1, & t > 0 \\ -1, & t < 0 \end{cases} \tag{3-43}$$

不难验证，sgn(t) 不满足绝对可积条件，但它却存在傅立叶变换。为计算其频谱，可借助如下的奇对称双边指数信号

$$f_1(t) = \begin{cases} \mathrm{e}^{-\alpha t}, & t > 0 \\ -\mathrm{e}^{\alpha t}, & t < 0 \end{cases} \quad (\alpha > 0) \tag{3-44}$$

$f_1(t)$ 的傅立叶变换为

$$F_1(\mathrm{j}\omega) = \int_{-\infty}^{\infty} f_1(t)\mathrm{e}^{-\mathrm{j}\omega t}\mathrm{d}t = -\int_{-\infty}^{0} \mathrm{e}^{\alpha t}\mathrm{e}^{-\mathrm{j}\omega t}\mathrm{d}t + \int_{0}^{\infty} \mathrm{e}^{-\alpha t}\mathrm{e}^{-\mathrm{j}\omega t}\mathrm{d}t = -\frac{2\mathrm{j}\omega}{\alpha^2+\omega^2} \tag{3-45}$$

因为当 $\alpha \to 0$ 时，有 $\lim\limits_{\alpha\to 0} f_1(t) = \mathrm{sgn}(t)$，故符号信号的频谱函数

$$F(\mathrm{j}\omega) = \lim_{\alpha\to 0} F_1(\mathrm{j}\omega) = \lim_{\alpha\to 0}\left(-\frac{2\mathrm{j}\omega}{\alpha^2+\omega^2}\right) = \frac{2}{\mathrm{j}\omega} \tag{3-46}$$

且幅度谱为$|F(j\omega)|=\dfrac{2}{|\omega|}$，相位谱为$\varphi(\omega)=\begin{cases}\pi/2, & \omega<0\\ -\pi/2, & \omega>0\end{cases}$。符号信号 sgn($t$) 的波形、幅度谱$|F(j\omega)|$及相位谱$\varphi(\omega)$ 如图 3－13 所示。

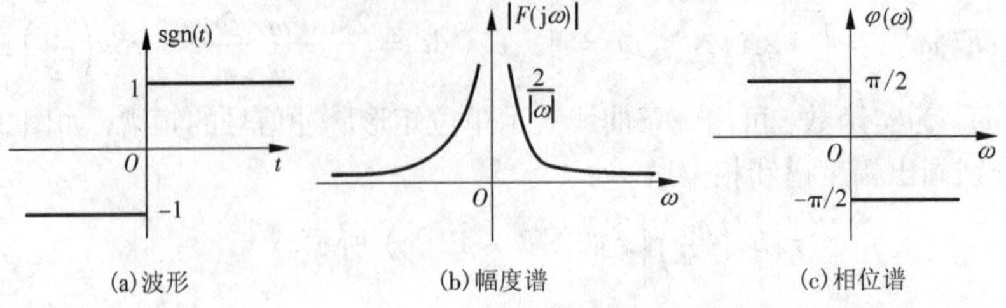

(a)波形 (b)幅度谱 (c)相位谱

图 3－13 符号信号及其频谱

5. 单位冲激信号

单位冲激信号 $\delta(t)$ 的傅立叶变换为

$$F(j\omega)=\int_{-\infty}^{\infty}\delta(t)e^{-j\omega t}dt=1 \tag{3-47}$$

即有 $\delta(t)\leftrightarrow 1$。$\delta(t)$ 及其频谱如图 3－14 所示。

此结果说明$\delta(t)$ 的频谱在 $-\infty<\omega<\infty$ 是均匀分布的。这样的频谱通常称为"均匀谱"或"白色谱"。

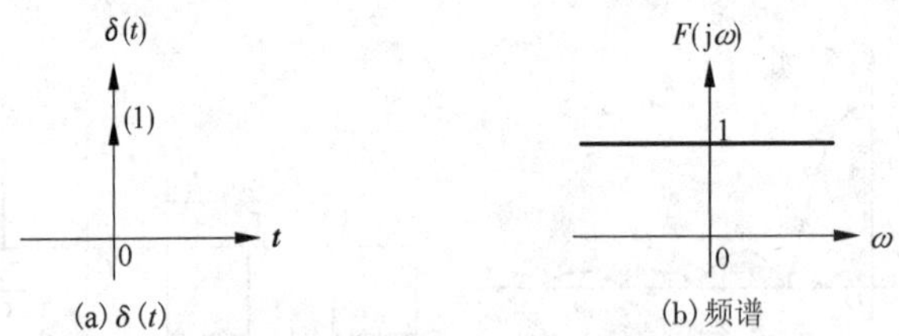

(a) δ (t) (b) 频谱

图 3－14 单位冲激信号及其频谱

6. 直流信号

幅度等于 1 的直流信号可以表示为

$$f(t)=1 \quad (-\infty<t<\infty) \tag{3-48}$$

显然，该信号也不满足绝对可积的条件，但可把直流信号看作双边指数信号的极限情况，就可求得其傅立叶变换。即对式(3－39) 取极限有

$$\lim_{\alpha\to 0}f(t)=\lim_{\alpha\to 0}e^{-\alpha|t|}=1 \tag{3-49}$$

所以

$$F(j\omega)=\lim_{\alpha\to 0}\frac{2\alpha}{\alpha^2+\omega^2}=\begin{cases}0, & \omega\neq 0\\ \infty, & \omega=0\end{cases} \tag{3-50}$$

式(3－50) 表明直流信号的频谱是冲激函数，且冲激强度为

$$\lim_{\alpha\to 0}\int_{-\infty}^{\infty}\frac{2\alpha}{\alpha^2+\omega^2}d\omega=\lim_{\alpha\to 0}\int_{0}^{\infty}\frac{4}{1+(\omega/\alpha)^2}d\left(\frac{\omega}{\alpha}\right)=\lim_{\alpha\to 0}4\arctan\left(\frac{\omega}{\alpha}\right)\Big|_0^{\infty}=2\pi \tag{3-51}$$

故有，$1\leftrightarrow 2\pi\delta(\omega)$。直流信号及其频谱如图 3－15 所示。

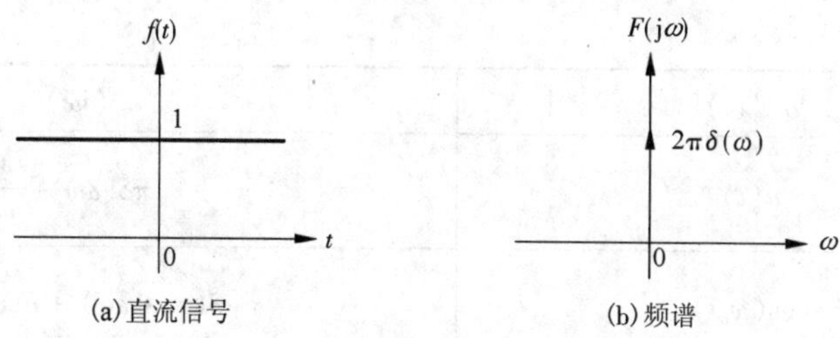

(a) 直流信号　(b) 频谱

图 3－15　直流信号及其频谱

7. 单位阶跃信号

对于单位阶跃信号 $u(t)$，同样不满足绝对可积条件，但是由于 $u(t)=\frac{1}{2}[1+\mathrm{sgn}(t)]$，其傅立叶变换为

$$F(\mathrm{j}\omega)=F[u(t)]=\frac{1}{2}\times\left[2\pi\delta(\omega)+\frac{2}{\mathrm{j}\omega}\right]=\pi\delta(\omega)+\frac{1}{\mathrm{j}\omega} \tag{3-52}$$

$u(t)$ 及其幅度谱如图 3－16 所示。

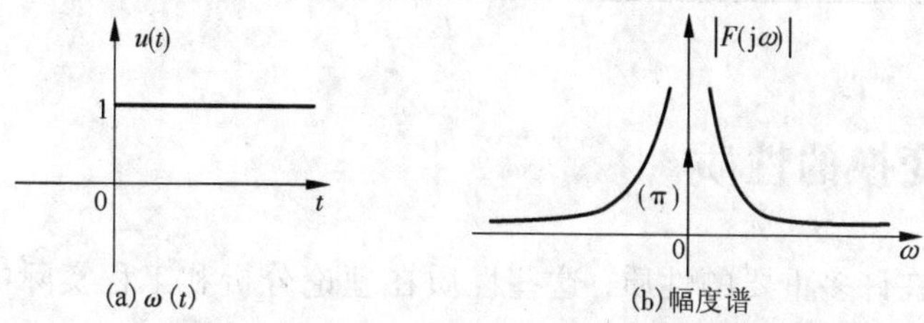

(a) ω (t)　(b) 幅度谱

图 3－16　单位阶跃信号及其幅度谱

为了便于查找，表 3－1 列出了常用信号的傅立叶变换，其中部分信号的傅立叶变换推导将在后续小节中给出。

表 3－1　常用信号的傅立叶变换

序号	信号 $f(t)$	频谱 $F(\mathrm{j}\omega)$
1	$e^{-\alpha t}u(t)\ (\alpha>0)$	$\frac{1}{\alpha+\mathrm{j}\omega}$
2	$t^n e^{-\alpha t}u(t)\ (\alpha>0)$	$\frac{n!}{(\alpha+\mathrm{j}\omega)^{n+1}}$
3	$e^{-\alpha\|t\|}\ (\alpha>0)$	$\frac{2\alpha}{\alpha^2+\omega^2}$
4	$g_\tau(t)=u\left(t+\frac{\tau}{2}\right)-u\left(t-\frac{\tau}{2}\right)$	$\tau Sa\left(\frac{\omega\tau}{2}\right)$
5	$\mathrm{sgn}(t)$	$\frac{2}{\mathrm{j}\omega}$
6	$\delta(t)$	1
7	1	$2\pi\delta(\omega)$

续表 3－1

8	$\delta^{(n)}(t)$	$(j\omega)^n$
9	$u(t)$	$\pi\delta(\omega)+\dfrac{1}{j\omega}$
10	$\cos(\omega_0 t)$	$\pi[\delta(\omega+\omega_0)+\delta(\omega-\omega_0)]$
11	$\sin(\omega_0 t)$	$j\pi[\delta(\omega+\omega_0)-\delta(\omega-\omega_0)]$
12	$\cos(\omega_0 t)u(t)$	$\dfrac{\pi}{2}[\delta(\omega+\omega_0)+\delta(\omega-\omega_0)]+\dfrac{j\omega}{\omega_0^2-\omega^2}$
13	$\sin(\omega_0 t)u(t)$	$-\dfrac{\pi}{2j}[\delta(\omega+\omega_0)-\delta(\omega-\omega_0)]+\dfrac{\omega_0}{\omega_0^2-\omega^2}$
14	$\delta_T(t)=\sum\limits_{n=-\infty}^{\infty}\delta(t-nT)$	$\omega_0\sum\limits_{n=-\infty}^{\infty}\delta(\omega-n\omega_0)\quad\left(\omega_0=\dfrac{2\pi}{T}\right)$

3.3 傅立叶变换的性质

傅立叶变换存在许多重要的性质，这些性质在理论分析和工程实际中都有着广泛的应用，本节将讨论傅立叶变换常用的基本性质。

3.3.1 线性特性

若$f_1(t)\leftrightarrow F_1(j\omega)$，$f_2(t)\leftrightarrow F_2(j\omega)$，则有

$$a_1f_1(t)+a_2f_2(t)\leftrightarrow a_1F_1(j\omega)+a_2F_2(j\omega) \tag{3-53}$$

式中，a_1 和 a_2 为任意常数。

由傅里叶变换的定义式很容易证明上述结论。显然，傅里叶变换是一种线性运算，它满足齐次性和叠加性。

3.3.2 对称特性

若$f(t)\leftrightarrow F(j\omega)$，则有

$$F(jt)\leftrightarrow 2\pi f(-\omega) \tag{3-54}$$

证明：因为$f(t)=\dfrac{1}{2\pi}\int_{-\infty}^{\infty}F(j\omega)e^{j\omega t}d\omega$，于是

$$f(-t)=\frac{1}{2\pi}\int_{-\infty}^{\infty}F(j\omega)e^{-j\omega t}d\omega$$

将上式中的变量 ω 与 t 互换，可得

$$2\pi f(-\omega)=\int_{-\infty}^{\infty}F(jt)e^{-j\omega t}dt$$

上式说明信号 $F(jt)$ 的傅立叶变换是 $2\pi f(-\omega)$，即 $F(jt)\leftrightarrow 2\pi f(-\omega)$。

若 $f(t)$ 是偶函数，式(3－54) 变成

$$F(\mathrm{j}t)\leftrightarrow 2\pi f(\omega) \tag{3-55}$$

利用对称性，可以很方便地求某些信号的频谱，特别是有些直接由定义无法求解的信号，往往利用对称性很容易求得。

例如，直流信号 $f(t)=1$ 不满足绝对可积的条件，除了可利用 3.2.3 节的极限方法求其傅里叶变换，也可利用对称性质求得，由 $\delta(t)\leftrightarrow 1$，根据对称性有

$$1\leftrightarrow 2\pi\delta(-\omega)=2\pi\delta(\omega)$$

又如，已知符号信号 $\mathrm{sgn}(t)\leftrightarrow 2/\mathrm{j}\omega$，由对称性可得

$$\frac{2}{\mathrm{j}t}\leftrightarrow 2\pi\mathrm{sgn}(-\omega)=-2\pi\mathrm{sgn}(\omega)$$

再由线性特性得

$$\frac{1}{\pi t}\leftrightarrow -\mathrm{j}\,\mathrm{sgn}(\omega) \tag{3-56}$$

例 3－4　求抽样信号 $Sa(t)=\dfrac{\sin t}{t}$ 的频谱。

解： $Sa(t)$ 的频谱无法直接用傅立叶变换定义求得，可利用对称性求其频谱。

已知

$$g_\tau(t)\leftrightarrow \tau Sa\left(\frac{\omega\tau}{2}\right),$$

由对称特性可得

$$\tau Sa\left(\frac{t\tau}{2}\right)\leftrightarrow 2\pi g_\tau(-\omega)=2\pi g_\tau(\omega)$$

令 $\tau=2$，则有

$$2Sa(t)\leftrightarrow 2\pi g_2(\omega)$$

所以

$$Sa(t)\leftrightarrow \pi g_2(\omega)=\begin{cases}\pi, & |\omega|<1\\ 0, & \text{其他}\end{cases}$$

由傅立叶变换的定义知

$$\int_{-\infty}^{\infty} Sa(t)\mathrm{e}^{-\mathrm{j}\omega t}\mathrm{d}t=\pi g_2(\omega)$$

令 $\omega=0$ 即得抽样信号 $Sa(t)$ 的性质

$$\int_{-\infty}^{\infty} Sa(t)\mathrm{d}t=\pi g_2(0)=\pi$$

3.3.3　奇偶虚实特性

若 $f(t)\leftrightarrow F(\mathrm{j}\omega)=R(\omega)+\mathrm{j}X(\omega)$，则

(1) 若 $f(t)$ 为 t 的实偶函数，即 $f(t)=f(-t)$ 时，则 $F(\mathrm{j}\omega)$ 为 ω 的实偶函数；

(2) 若 $f(t)$ 为 t 的实奇函数，即 $f(t)=-f(-t)$ 时，则 $F(\mathrm{j}\omega)$ 为 ω 的虚奇函数。

证明： $F(\mathrm{j}\omega)=\displaystyle\int_{-\infty}^{\infty} f(t)\mathrm{e}^{-\mathrm{j}\omega t}\mathrm{d}t$

$$= \int_{-\infty}^{\infty} f(t)\cos(\omega t)\mathrm{d}t - \mathrm{j}\int_{-\infty}^{\infty} f(t)\sin(\omega t)\mathrm{d}t = R(\omega) + \mathrm{j}X(\omega)$$

式中

$$\begin{cases} R(\omega) = \int_{-\infty}^{\infty} f(t)\cos(\omega t)\mathrm{d}t \\ X(\omega) = -\int_{-\infty}^{\infty} f(t)\sin(\omega t)\mathrm{d}t \end{cases} \tag{3-57}$$

因此，$R(\omega)$是ω的偶函数，即$R(-\omega) = R(\omega)$；$X(\omega)$是ω的奇函数，即$X(-\omega) = -X(\omega)$。

(1) 当$f(t)$为t的实偶函数，即$f(t) = f(-t)$时，由式(3-57)得$X(\omega) = 0$，则

$$F(\mathrm{j}\omega) = R(\omega) = \int_{-\infty}^{\infty} f(t)\cos(\omega t)\mathrm{d}t = 2\int_{0}^{\infty} f(t)\cos(\omega t)\mathrm{d}t$$

为ω的实偶函数。

(2) 当$f(t)$为t的实奇函数，即$f(t) = -f(-t)$时，由式(3-57)得$R(\omega) = 0$，则

$$F(\mathrm{j}\omega) = \mathrm{j}X(\omega) = -\mathrm{j}\int_{-\infty}^{\infty} f(t)\sin(\omega t)\mathrm{d}t = -2\mathrm{j}\int_{0}^{\infty} f(t)\sin(\omega t)\mathrm{d}t$$

为ω的虚奇函数。

例如

$$\mathrm{e}^{-\alpha|t|} \leftrightarrow \frac{2\alpha}{\alpha^2 + \omega^2} \quad \text{和} \quad g_\tau(t) \leftrightarrow \tau Sa\left(\frac{\omega\tau}{2}\right)$$

是实偶信号与实偶频谱相对应的两个例子。

$$f_1(t) = \begin{cases} \mathrm{e}^{-\alpha t}, & t > 0 \\ -\mathrm{e}^{\alpha t}, & t < 0 \end{cases} \quad (\alpha > 0) \leftrightarrow F_1(\mathrm{j}\omega) = \frac{-2\mathrm{j}\omega}{\alpha^2 + \omega^2} \quad \text{和} \quad \mathrm{sgn}(t) \leftrightarrow \frac{2}{\mathrm{j}\omega}$$

就是实奇信号与虚奇频谱相对应的两个例子。

3.3.4 时域尺度变换特性

若$f(t) \leftrightarrow F(\mathrm{j}\omega)$，$a$为不等于零的常数，则有

$$f(at) \leftrightarrow \frac{1}{|a|}F(\mathrm{j}\frac{\omega}{a}) \tag{3-58}$$

证明：因为$F[f(at)] = \int_{-\infty}^{\infty} f(at)\mathrm{e}^{-\mathrm{j}\omega t}\mathrm{d}t$

令$x = at$，则$t = \frac{x}{a}$，$\mathrm{d}t = \frac{1}{a}\mathrm{d}x$，代入上式

若$a > 0$，有

$$F[f(at)] = \int_{-\infty}^{\infty} f(x)\mathrm{e}^{-\mathrm{j}\frac{\omega}{a}x}\frac{1}{a}\mathrm{d}x = \frac{1}{a}F\left(\mathrm{j}\frac{\omega}{a}\right)$$

若$a < 0$，有

$$F[f(at)] = \int_{\infty}^{-\infty} f(x)\mathrm{e}^{-\mathrm{j}\frac{\omega}{a}x}\frac{1}{a}\mathrm{d}x = -\frac{1}{a}\int_{-\infty}^{\infty} f(x)\mathrm{e}^{-\mathrm{j}\frac{\omega}{a}x}\mathrm{d}x = \frac{1}{-a}F\left(\mathrm{j}\frac{\omega}{a}\right)$$

综合上述两种情况得

$$f(at) \leftrightarrow \frac{1}{|a|}F\left(\mathrm{j}\frac{\omega}{a}\right)$$

特别地，取 $a=-1$ 时，式(3－58)变成

$$f(-t)\leftrightarrow F(-\mathrm{j}\omega) \tag{3-59}$$

上式也称时域倒置定理。

此性质表明，时域波形压缩($|a|>1$)，则对应其频谱函数扩展，同时频谱幅度减小；反之，时域波形扩展($|a|<1$)，则对应其频谱函数压缩，且频谱幅度增大。由此可见，信号的持续时间与其有效带宽成反比。在通信技术中，常需要增加通信传输速率，这就要求相应地扩展通信设备的有效带宽。下面以矩形脉冲信号与其频谱之间的关系来说明尺度变换特性，图3－17分别表示宽度为1和2的矩形脉冲信号各自对应的频谱函数。

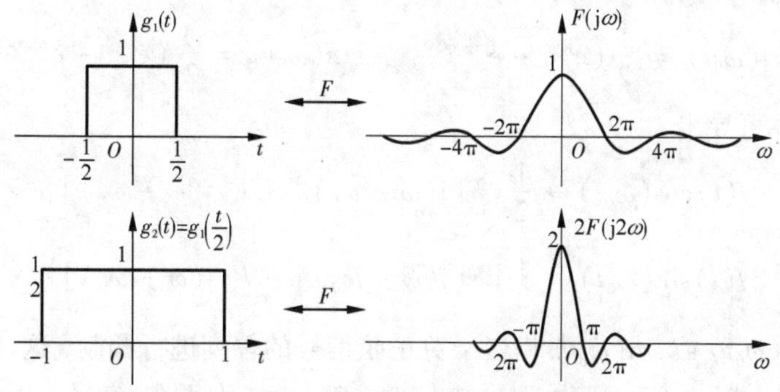

图3－17　傅立叶变换的尺度变换特性

3.3.5　时域移位特性

若 $f(t)\leftrightarrow F(\mathrm{j}\omega)$，且 t_0 为任意实常数(可正可负)，则

$$f(t-t_0)\leftrightarrow F(\mathrm{j}\omega)\mathrm{e}^{-\mathrm{j}\omega t_0} \tag{3-60}$$

证明： $F[f(t-t_0)]=\int_{-\infty}^{\infty}f(t-t_0)\mathrm{e}^{-\mathrm{j}\omega t}\mathrm{d}t$

令 $x=t-t_0$，则 $\mathrm{d}t=\mathrm{d}x$，代入上式得

$$F[f(t-t_0)]=\int_{-\infty}^{\infty}f(x)\mathrm{e}^{-\mathrm{j}\omega(t_0+x)}\mathrm{d}x=F(\mathrm{j}\omega)\mathrm{e}^{-\mathrm{j}\omega t_0}$$

此性质表明，在时域中信号右移 t_0，其频谱函数在频域中产生附加相移($-\omega t_0$)，而幅度频谱保持不变。

例3－5　已知 $f(t)\leftrightarrow F(\mathrm{j}\omega)$，试求 $f(at-b)$ 的频谱函数。

解： 先用时域尺度变换特性，得

$$f(at)\leftrightarrow\frac{1}{|a|}F\left(\mathrm{j}\frac{\omega}{a}\right)$$

再由时域移位特性，从而有

$$f(at-b)=f\left[a\left(t-\frac{b}{a}\right)\right]\leftrightarrow\frac{1}{|a|}F\left(\mathrm{j}\frac{\omega}{a}\right)\mathrm{e}^{-\mathrm{j}\frac{b}{a}\omega}$$

该例也可以先用时域移位性质，再用时域尺度变换性质得到同样的结果。

3.3.6　频域移位特性

若 $f(t)\leftrightarrow F(\mathrm{j}\omega)$，且 ω_0 为任意实常数(可正可负)，则

$$f(t)\mathrm{e}^{\mathrm{j}\omega_0 t}\leftrightarrow F[\mathrm{j}(\omega-\omega_0)] \tag{3-61}$$

此性质由傅立叶变换的定义很容易得到证明，此略。

式(3－61) 表明，信号在时域的相移，对应频谱函数在频域的频移。

3.3.7 调制与解调

运用频域移位特性实现的频谱搬移技术在通信技术中有着广泛应用，诸如调幅、同步解调、变频等过程都是在频谱搬移的基础上完成的。频谱搬移的实现原理是将信号$f(t)$ 乘以正弦信号 $\cos(\omega_0 t)$ 或 $\sin(\omega_0 t)$，因为

$$\cos(\omega_0 t)=\frac{1}{2}(\mathrm{e}^{\mathrm{j}\omega_0 t}+\mathrm{e}^{-\mathrm{j}\omega_0 t}),\quad \sin(\omega_0 t)=\frac{1}{2\mathrm{j}}(\mathrm{e}^{\mathrm{j}\omega_0 t}-\mathrm{e}^{-\mathrm{j}\omega_0 t})$$

根据频移特性可导出

$$\begin{aligned} f(t)\cos(\omega_0 t)&\leftrightarrow\frac{1}{2}\{F[\mathrm{j}(\omega+\omega_0)]+F[\mathrm{j}(\omega-\omega_0)]\}\\ f(t)\sin(\omega_0 t)&\leftrightarrow\frac{\mathrm{j}}{2}\{F[\mathrm{j}(\omega+\omega_0)]-F[\mathrm{j}(\omega-\omega_0)]\}\end{aligned} \tag{3-62}$$

$f(t)$ 乘以 $\cos(\omega_0 t)$ 或 $\sin(\omega_0 t)$ 相当于对正弦信号的幅度进行调制，这种调制形式称为幅度调制。$\cos(\omega_0 t)$ 或 $\sin(\omega_0 t)$ 称为载波信号，$f(t)$ 称为调制信号，而 $f(t)\cos(\omega_0 t)$ 或 $f(t)\sin(\omega_0 t)$ 是已调信号。

3.3.8 时域卷积特性

若$f_1(t)\leftrightarrow F_1(\mathrm{j}\omega)$，$f_2(t)\leftrightarrow F_2(\mathrm{j}\omega)$，则

$$f_1(t)*f_2(t)\leftrightarrow F_1(\mathrm{j}\omega)F_2(\mathrm{j}\omega) \tag{3-63}$$

证明：因为

$$f_1(t)*f_2(t)=\int_{-\infty}^{\infty}f_1(\tau)f_2(t-\tau)\mathrm{d}\tau$$

将上式代入傅立叶正变换的定义式(3－32)，有

$$F[f_1(t)*f_2(t)]=\int_{-\infty}^{\infty}[f_1(\tau)f_2(t-\tau)\mathrm{d}\tau]\mathrm{e}^{-\mathrm{j}\omega t}\mathrm{d}t=\int_{-\infty}^{\infty}f_1(\tau)[\int_{-\infty}^{\infty}f_2(t-\tau)\mathrm{e}^{-\mathrm{j}\omega t}\mathrm{d}t]\mathrm{d}\tau$$

再由时域移位特性，有

$$F[f_1(t)*f_2(t)]=\int_{-\infty}^{\infty}f_1(\tau)F_2(\mathrm{j}\omega)\mathrm{e}^{-\mathrm{j}\omega\tau}\mathrm{d}\tau=F_2(\mathrm{j}\omega)F_1(\mathrm{j}\omega)$$

时域卷积特性表明，傅立叶变换可以将时域的卷积运算转换成频域中的乘法运算，它将信号与系统分析中的时域方法与频域方法紧密联系在一起。

3.3.9 频域卷积特性

若$f_1(t)\leftrightarrow F_1(\mathrm{j}\omega)$，$f_2(t)\leftrightarrow F_2(\mathrm{j}\omega)$，则

$$f_1(t)f_2(t)\leftrightarrow\frac{1}{2\pi}F_1(\mathrm{j}\omega)*F_2(\mathrm{j}\omega) \tag{3-64}$$

其证明方法与时域卷积特性类似，读者可自行证明。频域卷积特性说明时域的乘法运算等效于频域的卷积运算。

3.3.10　时域微分特性

设$f(t)\leftrightarrow F(\mathrm{j}\omega)$，$f(\pm\infty)=0$，且$f(t)$在$(-\infty,\infty)$区间连续，则有

$$\frac{\mathrm{d}^n f(t)}{\mathrm{d}t^n}\leftrightarrow(\mathrm{j}\omega)^n F(\mathrm{j}\omega) \tag{3-65}$$

证明: 因为　$f(t)=\frac{1}{2\pi}\int_{-\infty}^{\infty}F(\mathrm{j}\omega)\mathrm{e}^{\mathrm{j}\omega t}\mathrm{d}\omega$

对上式两边t求导数，得

$$\frac{\mathrm{d}f(t)}{\mathrm{d}t}=\frac{1}{2\pi}\int_{-\infty}^{\infty}F(\mathrm{j}\omega)\frac{\mathrm{d}}{\mathrm{d}t}(\mathrm{e}^{\mathrm{j}\omega t})\mathrm{d}\omega=\frac{1}{2\pi}\int_{-\infty}^{\infty}[\mathrm{j}\omega F(\mathrm{j}\omega)]\mathrm{e}^{\mathrm{j}\omega t}\mathrm{d}\omega$$

即有

$$\frac{\mathrm{d}f(t)}{\mathrm{d}t}\leftrightarrow(\mathrm{j}\omega)F(\mathrm{j}\omega)$$

上述微分运算可以重复进行，于是可得$\frac{\mathrm{d}^n f(t)}{\mathrm{d}t^n}\leftrightarrow(\mathrm{j}\omega)^n F(\mathrm{j}\omega)$。

例如，已知单位冲激信号$\delta(t)\leftrightarrow 1$，根据时域微分特性，得表3－1中的常用傅立叶变换

$$\delta'(t)\leftrightarrow \mathrm{j}\omega,\quad \delta^{(n)}(t)\leftrightarrow(\mathrm{j}\omega)^n \tag{3-66}$$

例3－6　如图3－18(a)所示，信号$f(t)$为三角函数

$$f(t)=\begin{cases}\tau-|t|, & |t|<\tau\\ 0, & |t|>\tau\end{cases}$$

求其频谱函数$F(\mathrm{j}\omega)$。

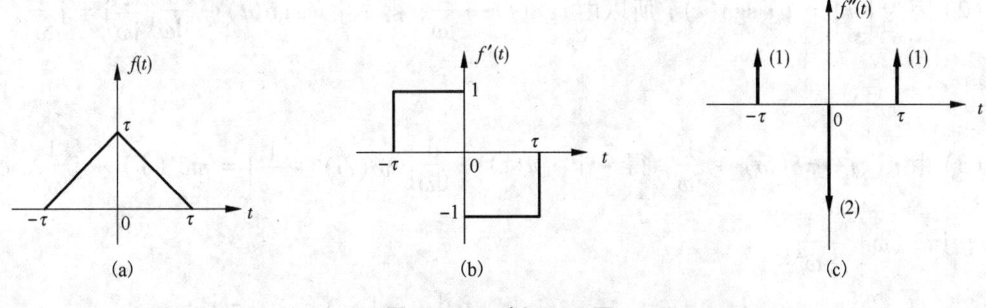

图3－18　例3－6图

解: 将$f(t)$求导两次，得到$f'(t)$和$f''(t)$的波形分别如图3－18(b)、(c)所示，由图(c)可知

$$f''(t)=\delta(t+\tau)-2\delta(t)+\delta(t-\tau)$$

由时域微分性质、时域移位性质有

$$f''(t)\leftrightarrow(\mathrm{j}\omega)^2F(\mathrm{j}\omega)=-\omega^2F(\mathrm{j}\omega)=\mathrm{e}^{\mathrm{j}\omega\tau}-2+\mathrm{e}^{-\mathrm{j}\omega\tau}=-2+2\cos(\omega\tau)$$

所以

$$f(t)\leftrightarrow F(\mathrm{j}\omega)=\frac{2[1-\cos(\omega\tau)]}{\omega^2}=\frac{4\sin^2(\omega\tau/2)}{\omega^2}=\tau^2Sa^2\left(\frac{\omega\tau}{2}\right)$$

3.3.11　频域微分特性

若$f(t)\leftrightarrow F(\mathrm{j}\omega)$，则有

$$(-\mathrm{j}t)^n f(t) \leftrightarrow \frac{\mathrm{d}^n F(\mathrm{j}\omega)}{\mathrm{d}\omega^n} \tag{3-67}$$

证明：记 $F^{(n)}(\mathrm{j}\omega) = \dfrac{\mathrm{d}^n F(\mathrm{j}\omega)}{\mathrm{d}\omega^n}$。已知 $F(\mathrm{j}\omega) = \int_{-\infty}^{\infty} f(t)\mathrm{e}^{-\mathrm{j}\omega t}\mathrm{d}t$，所以

$$F'(\mathrm{j}\omega) = \frac{\mathrm{d}}{\mathrm{d}\omega}\left[\int_{-\infty}^{\infty} f(t)\mathrm{e}^{-\mathrm{j}\omega t}\mathrm{d}t\right] = \int_{-\infty}^{\infty} f(t)\frac{\mathrm{d}}{\mathrm{d}\omega}[\mathrm{e}^{-\mathrm{j}\omega t}]\mathrm{d}t$$

$$= -\mathrm{j}t\int_{-\infty}^{\infty} f(t)\mathrm{e}^{-\mathrm{j}\omega t}\mathrm{d}t = (-\mathrm{j}t)F(\mathrm{j}\omega)$$

同理有

$$F^{(n)}(\mathrm{j}\omega) = (-\mathrm{j}t)^n F(\mathrm{j}\omega)$$

对上式取傅立叶反变换有

$$F^{-1}[F^{(n)}(\mathrm{j}\omega)] = F^{-1}[(-\mathrm{j}t)^n F(\mathrm{j}\omega)] = \frac{1}{2\pi}\int_{-\infty}^{\infty}(-\mathrm{j}t)^n F(\mathrm{j}\omega)\mathrm{e}^{\mathrm{j}\omega t}\mathrm{d}\omega$$

$$= (-\mathrm{j}t)^n \cdot \frac{1}{2\pi}\int_{-\infty}^{\infty} F(\mathrm{j}\omega)\mathrm{e}^{\mathrm{j}\omega t}\mathrm{d}\omega = (-\mathrm{j}t)^n f(t)$$

即

$$(-\mathrm{j}t)^n f(t) \leftrightarrow F^{(n)}(\mathrm{j}\omega)。$$

例 3－7 试分别求 t、$|t|$、$tu(t)$、$t\mathrm{e}^{-\alpha t}u(t)$ 的频谱函数。

解：利用频域微分特性，

(1) 由 $1 \leftrightarrow 2\pi\delta(\omega)$，得 $-\mathrm{j}t \leftrightarrow 2\pi\delta'(\omega)$，故 $t \leftrightarrow 2\pi\mathrm{j}\delta'(\omega)$；

(2) 因为 $|t| = t\cdot\mathrm{sgn}(t)$，所以由 $\mathrm{sgn}(t) \leftrightarrow \dfrac{2}{\mathrm{j}\omega}$，得 $-\mathrm{j}t\cdot\mathrm{sgn}(t) \leftrightarrow \dfrac{\mathrm{d}}{\mathrm{d}\omega}\left(\dfrac{2}{\mathrm{j}\omega}\right) = \mathrm{j}\dfrac{2}{\omega^2}$，故 $|t| \leftrightarrow -\dfrac{2}{\omega^2}$；

(3) 由 $u(t) \leftrightarrow \pi\delta(\omega) + \dfrac{1}{\mathrm{j}\omega}$，得 $-\mathrm{j}t\cdot u(t) \leftrightarrow \dfrac{\mathrm{d}}{\mathrm{d}\omega}\left[\pi\delta(\omega) + \dfrac{1}{\mathrm{j}\omega}\right] = \pi\delta'(\omega) + \mathrm{j}\dfrac{1}{\omega^2}$，所以 $tu(t) \leftrightarrow \mathrm{j}\pi\delta'(\omega) - \dfrac{1}{\omega^2}$；

(4) 由 $\mathrm{e}^{-\alpha t}u(t) \leftrightarrow \dfrac{1}{\alpha + \mathrm{j}\omega}$，得 $-\mathrm{j}t\cdot\mathrm{e}^{-\alpha t}u(t) \leftrightarrow \dfrac{\mathrm{d}}{\mathrm{d}\omega}\left(\dfrac{1}{\alpha + \mathrm{j}\omega}\right) = \dfrac{-\mathrm{j}}{(\alpha + \mathrm{j}\omega)^2}$，所以 $t\mathrm{e}^{-\alpha t}u(t) \leftrightarrow \dfrac{1}{(\alpha + \mathrm{j}\omega)^2}$。

3.3.12 时域积分特性

若 $f(t) \leftrightarrow F(\mathrm{j}\omega)$，则有

$$\int_{-\infty}^{t} f(\tau)\mathrm{d}\tau \leftrightarrow \frac{F(\mathrm{j}\omega)}{\mathrm{j}\omega} + \pi F(0)\delta(\omega)$$

证明：由于 $f(t)*u(t) = \int_{-\infty}^{\infty} f(\tau)u(t-\tau)\mathrm{d}\tau = \int_{-\infty}^{t} f(\tau)\mathrm{d}\tau$，即 $\int_{-\infty}^{t} f(\tau)\mathrm{d}\tau = f(t)*u(t)$

由于时域卷积特性，有

$$F\left[\int_{-\infty}^{t} f(\tau)\mathrm{d}\tau\right] = F[f(t)*u(t)] = F(\mathrm{j}\omega)\left[\pi\delta(\omega) + \frac{1}{\mathrm{j}\omega}\right] = \pi F(0)\delta(\omega) + \frac{F(\mathrm{j}\omega)}{\mathrm{j}\omega}$$

特别地，如果 $F(0)=0$，式(3－68)可简化为

$$\int_{-\infty}^{t} f(\tau)\mathrm{d}\tau \leftrightarrow \frac{F(\mathrm{j}\omega)}{\mathrm{j}\omega} \tag{3-68}$$

例3－8　用时域积分特性求例3－6中图3－18(a)所示信号 $f(t)$ 的频谱函数 $F(\mathrm{j}\omega)$。

解：将 $f(t)$ 求导两次，得到

$$f''(t)=\delta(t+\tau)-2\delta(t)+\delta(t-\tau)$$

且

$$f''(t)\leftrightarrow F_2(\mathrm{j}\omega)=\mathrm{e}^{\mathrm{j}\omega\tau}-2+\mathrm{e}^{-\mathrm{j}\omega\tau}=2\cos(\omega\tau)-2$$

运用两次时域积分特性，则有

$$f'(t)=\int_{-\infty}^{t} f''(x)\mathrm{d}x \leftrightarrow F_1(\mathrm{j}\omega)=\frac{F_2(\mathrm{j}\omega)}{\mathrm{j}\omega}+\pi F_2(0)\delta(\omega)=\frac{F_2(\mathrm{j}\omega)}{\mathrm{j}\omega}$$

即

$$F_1(\mathrm{j}\omega)=\frac{2\cos(\omega\tau)-2}{\mathrm{j}\omega}=-\frac{4\sin^2(\omega\tau/2)}{\mathrm{j}\omega}=\mathrm{j}2\tau Sa\left(\frac{\omega\tau}{2}\right)\sin\left(\frac{\omega\tau}{2}\right)$$

$$f(t)=\int_{-\infty}^{t} f'(x)\mathrm{d}x \leftrightarrow F(\mathrm{j}\omega)=\frac{F_1(\mathrm{j}\omega)}{\mathrm{j}\omega}+\pi F_1(0)\delta(\omega)=\frac{F_1(\mathrm{j}\omega)}{\mathrm{j}\omega}$$

所以

$$F(\mathrm{j}\omega)=\frac{\mathrm{j}2\tau Sa\left(\frac{\omega\tau}{2}\right)\sin\left(\frac{\omega\tau}{2}\right)}{\mathrm{j}\omega}=\tau^2 Sa^2\left(\frac{\omega\tau}{2}\right))$$

与例3－6的求解过程相比较，可以看出，时域积分性质不如时域微分性质运用方便。

3.3.13　频域积分特性

若 $f(t)\leftrightarrow F(\mathrm{j}\omega)$，则

$$\frac{f(t)}{-\mathrm{j}t}+\pi f(0)\delta(t)\leftrightarrow \int_{-\infty}^{\omega} F(\mathrm{j}x)\mathrm{d}x \tag{3-69}$$

如果 $f(0)=0$，式(3－69)可简化为

$$\frac{f(t)}{-\mathrm{j}t}\leftrightarrow \int_{-\infty}^{\omega} F(\mathrm{j}x)\mathrm{d}x \tag{3-70}$$

其证明方法与时域积分特性类似，读者可自行完成。

至此，已详细讨论了傅立叶变换的性质，为方便查阅，现将它们列于表3－2中，表中最后的两个性质将在后续小节中讨论。

表3－2　傅立叶变换的性质

性质	时域 $f(t)$	频域 $F(\mathrm{j}\omega)$
1. 线性	$a_1f_1(t)+a_2f_2(t)$	$a_1F_1(\mathrm{j}\omega)+a_2F_2(\mathrm{j}\omega)$
2. 对称性	$F(\mathrm{j}t)$	$2\pi f(-\omega)$
3. 奇偶虚实	实偶函数	实偶函数
	实奇函数	虚奇函数

续表 3 - 2

性质	时域$f(t)$	频域$F(\mathrm{j}\omega)$
4. 尺度变换	$f(at) \quad (a \neq 0)$	$\frac{1}{\|a\|}F\left(\mathrm{j}\frac{\omega}{a}\right)$
5. 时域移位	$f(t-t_0)$	$F(\mathrm{j}\omega)\mathrm{e}^{-\mathrm{j}\omega t_0}$
6. 频域移位	$f(t)\mathrm{e}^{\mathrm{j}\omega_0 t}$	$F[\mathrm{j}(\omega-\omega_0)]$
7. 调制与解调	$f(t)\cos(\omega_0 t)$	$\frac{1}{2}\{F[\mathrm{j}(\omega+\omega_0)]+F[\mathrm{j}(\omega-\omega_0)]\}$
	$f(t)\sin(\omega_0 t)$	$\frac{\mathrm{j}}{2}\{F[\mathrm{j}(\omega+\omega_0)]-F[\mathrm{j}(\omega-\omega_0)]\}$
8. 时域卷积	$f_1(t) * f_2(t)$	$F_1(\mathrm{j}\omega)F_2(\mathrm{j}\omega)$
9. 频域卷积	$f_1(t)f_2(t)$	$\frac{1}{2\pi}F_1(\mathrm{j}\omega) * F_2(\mathrm{j}\omega)$
10. 时域微分	$\frac{\mathrm{d}^n}{\mathrm{d}t^n}f(t)$	$(\mathrm{j}\omega)^n F(\mathrm{j}\omega)$
11. 频域微分	$(-\mathrm{j}t)^n f(t)$	$\frac{\mathrm{d}^n}{\mathrm{d}\omega^n}F(\mathrm{j}\omega)$
12. 时域积分	$\int_{-\infty}^{t} f(\tau)\mathrm{d}\tau$	$\frac{F(\mathrm{j}\omega)}{\mathrm{j}\omega}+\pi F(0)\delta(\omega)$
13. 频域积分	$\frac{f(t)}{-\mathrm{j}t}+\pi f(0)\delta(t)$	$\int_{-\infty}^{\omega} F(\mathrm{j}x)\mathrm{d}x$
14. 时域抽样	$\sum_{n=-\infty}^{\infty} f(t)\delta(t-nT_s)$	$\frac{1}{T_s}\sum_{n=-\infty}^{\infty} F[\mathrm{j}(\omega-n\omega_s)] \quad \left(\omega_s=\frac{2\pi}{T_s}\right)$
15. 频域抽样	$\frac{1}{\omega_s}\sum_{n=-\infty}^{\infty} f(t-nT_s) \quad \left(T_s=\frac{2\pi}{\omega_s}\right)$	$\sum_{n=-\infty}^{\infty} F(\mathrm{j}\omega)\delta(\omega-n\omega_s)$

3.4 周期信号的傅立叶变换

周期信号虽然不满足绝对可积的充分条件，但其傅立叶变换是存在的。由于周期信号频谱是离散的，所以它的傅立叶变换必然也是离散的，而且是由一系列冲激信号组成。下面先借助频移性质导出正弦、余弦信号的频谱，然后研究一般周期信号的傅立叶变换，并讨论周期信号的傅立叶系数与傅立叶变换的关系。

3.4.1 正弦、余弦信号的傅立叶变换

对于正弦信号

$$\sin(\omega_0 t)=\frac{1}{2\mathrm{j}}(\mathrm{e}^{\mathrm{j}\omega_0 t}-\mathrm{e}^{-\mathrm{j}\omega_0 t}) \quad (-\infty<t<\infty)$$

由 $1\leftrightarrow 2\pi\delta(\omega)$，根据频谱移位特性，得

$$F[\sin(\omega_0 t)]=\frac{1}{2\mathrm{j}}[2\pi\delta(\omega-\omega_0)-2\pi\delta(\omega+\omega_0)]=\mathrm{j}\pi[\delta(\omega+\omega_0)-\delta(\omega-\omega_0)] \tag{3-71}$$

对于余弦信号

$$\cos(\omega_0 t) = \frac{1}{2}(e^{j\omega_0 t} + e^{-j\omega_0 t}) \quad (-\infty < t < \infty)$$

同理，得其频谱函数

$$\begin{aligned} F[\cos(\omega_0 t)] &= \frac{1}{2}[2\pi\delta(\omega - \omega_0) + 2\pi\delta(\omega + \omega_0)] \\ &= \pi[\delta(\omega + \omega_0) + \delta(\omega - \omega_0)] \end{aligned} \tag{3-72}$$

也可以利用调制与解调特性，将 $f(t) = 1$ 和 $F(j\omega) = 2\pi\delta(\omega)$ 代入式(3－62)中，同样可得到上述结论。

正弦、余弦信号的波形及其频谱如图 3－19 所示。

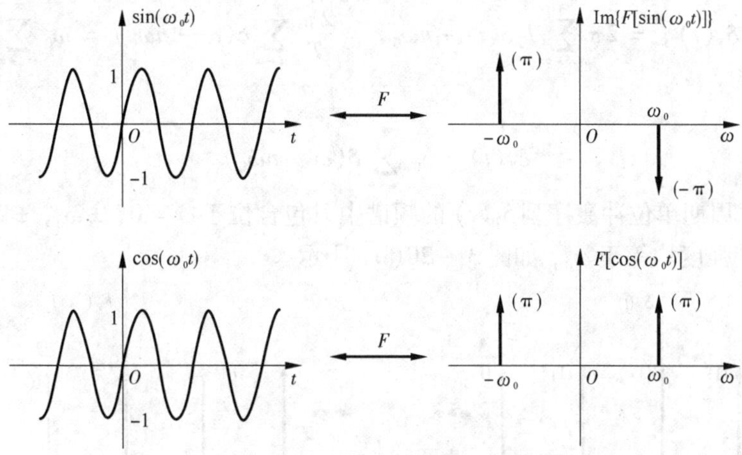

图 3－19　正弦和余弦信号的频谱

3.4.2　一般周期信号的傅立叶变换

对于周期为 T 的一般周期信号 $f_T(t)$，其指数形式的傅立叶级数展开式为

$$f_T(t) = \sum_{n=-\infty}^{\infty} F_n e^{jn\omega_0 t}$$

式中，基波角频率 $\omega_0 = \frac{2\pi}{T}$，傅立叶级数系数(复振幅) $F_n = \frac{1}{T}\int_{-T/2}^{T/2} f_T(t) e^{-jn\omega_0 t} dt$。对上式两边取傅立叶变换，并利用其线性和频移性质，且考虑到 F_n 与时间 t 无关，可得

$$F_T(j\omega) = F[\sum_{-\infty}^{\infty} F_n e^{jn\omega_0 t}] = \sum_{n=-\infty}^{\infty} F_n \cdot F[e^{jn\omega_0 t}] = 2\pi \sum_{n=-\infty}^{\infty} F_n \delta(\omega - n\omega_0)$$

即

$$f_T(t) \leftrightarrow 2\pi \sum_{n=-\infty}^{\infty} F_n \delta(\omega - n\omega_0) \tag{3-73}$$

式(3－73)表明，一般周期信号的频谱函数由无穷多个冲激函数组成，各冲激函数位于周期信号 $f(t)$ 的各次谐波频率 $n\omega_0$ 处，且冲激强度为 $2\pi|F_n|$。

可见，周期信号的频谱是离散的。但由于傅立叶变换是反映频谱密度的概念，因此周期

信号的傅立叶变换 $F_T(\mathrm{j}\omega)$ 不同于傅立叶系数 F_n，它不是有限值，而是冲激函数，这表明在无穷小的频带范围内（即谐频点）取得了无穷大的频谱密度。

例 3－9 周期单位冲激序列 $\delta_T(t)$ 如图 3－20(a) 所示，其周期为 T，表示式为

$$\delta_T(t) = \sum_{,Mn=-\infty}^{\infty} \delta(t - nT) \quad (n \text{ 为整数})$$

试求 $\delta_T(t)$ 的傅立叶变换。

解： 先求 $\delta_T(t)$ 的复振幅 F_n，

$$F_n = \frac{1}{T}\int_{-T/2}^{T/2} f(t)\mathrm{e}^{-\mathrm{j}n\omega_0 t}\mathrm{d}t = \frac{1}{T}\int_{-T/2}^{T/2}\delta(t)\mathrm{e}^{-\mathrm{j}n\omega_0 t}\mathrm{d}t = \frac{1}{T}$$

式中，$\omega_0 = 2\pi/T$。由式(3－73) 得频谱函数为

$$F_T(\mathrm{j}\omega) = F[\delta_T(t)] = 2\pi\sum_{n=-\infty}^{\infty} F_n\delta(\omega - n\omega_0) = \frac{2\pi}{T}\sum_{n=-\infty}^{\infty}\delta(\omega - n\omega_0) = \omega_0\sum_{n=-\infty}^{\infty}\delta(\omega - n\omega_0)$$

即有

$$\delta_T(t) \leftrightarrow \omega_0\sum_{n=-\infty}^{\infty}\delta(\omega - n\omega_0) \tag{3－74}$$

由上可知，周期单位冲激序列 $\delta_T(t)$ 的频谱中只包含位于 $\omega = 0$，$\pm\omega_0$，$\pm 2\omega_0$，$\cdots$ 频率处的冲激函数，其强度均等于 ω_0，如图 3－20(b) 所示。

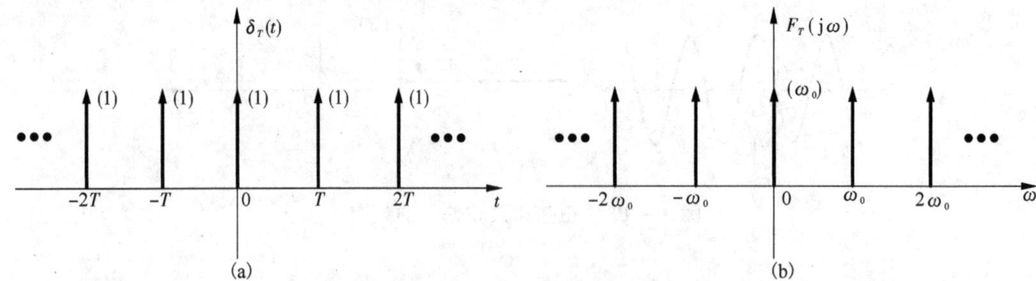

图 3－20 周期单位冲激序列及其频谱

3.4.3 周期信号的傅立叶系数与傅立叶变换的关系

设有周期为 T 的周期信号 $f_T(t)$，取其中一个周期得到单周期信号 $f(t)$，即

$$f(t) = \begin{cases} f_T(t), & -T/2 \leqslant t \leqslant T/2 \\ 0, & \text{其他} \end{cases}$$

若 $f(t) \leftrightarrow F(\mathrm{j}\omega)$，因为 $f_T(t)$ 的傅立叶系数

$$F_n = \frac{1}{T}\int_{-T/2}^{T/2} f_T(t)\mathrm{e}^{-\mathrm{j}n\omega_0 t}\mathrm{d}t = \frac{1}{T}\int_{-T/2}^{T/2} f(t)\mathrm{e}^{-\mathrm{j}n\omega_0 t}\mathrm{d}t = \frac{1}{T}\int_{-\infty}^{\infty} f(t)\mathrm{e}^{-\mathrm{j}n\omega_0 t}\mathrm{d}t = \left.\frac{F(\mathrm{j}\omega)}{T}\right|_{\omega = n\omega_0}$$

所以，周期信号的傅立叶系数与傅立叶变换的关系为

$$F_n = \left.\frac{F(\mathrm{j}\omega)}{T}\right|_{\omega = n\omega_0} = \frac{F(\mathrm{j}n\omega_0)}{T} \tag{3－75}$$

虽然对 $f_T(t)$ 取不同周期得到 $f(t)$ 的傅立叶变换 $F(\mathrm{j}\omega)$ 是不同的，但由式(3－75) 得到 $f_T(t)$ 的傅立叶系数是一样的。根据式(3－73) 与式(3－75)，单脉冲信号 $f(t)$ 与周期化后的周期信号 $f_T(t)$ 的傅立叶变换之间的关系为

$$F_T(\mathrm{j}\omega) = 2\pi\sum_{-\infty}^{\infty}F_n\delta(\omega - n\omega_0) = \frac{2\pi}{T}\sum_{-\infty}^{\infty}F(\mathrm{j}n\omega_0)\delta(\omega - n\omega_0) \tag{3-76}$$

例 3-10　已知周期矩形脉冲信号 $f_T(t)$ 的幅度为 1，脉宽为 τ，周期为 T，如图 3-21(a) 所示。试求 $f_T(t)$ 的傅立叶系数和傅立叶变换。

解： 取第 0 周期得到单脉冲信号 $f(t)$，且有

$$f(t)\leftrightarrow F(\mathrm{j}\omega) = \tau Sa\left(\frac{\omega\tau}{2}\right)$$

由傅立叶系数与傅立叶变换的关系，有

$$F_n = \frac{F(\mathrm{j}\omega)}{T}\bigg|_{\omega=n\omega_0} = \frac{1}{T}\tau Sa\left(\frac{\omega\tau}{2}\right)\bigg|_{\omega=n\omega_0} = \frac{\tau}{T}Sa\left(\frac{n\omega_0\tau}{2}\right) \tag{3-77}$$

式中，$\omega_0 = 2\pi/T$。由式(3-73) 得 $f_T(t)$ 的傅立叶变换为

$$F_T(\mathrm{j}\omega) = 2\pi\sum_{n=-\infty}^{\infty}F_n\delta(\omega - n\omega_0) = \frac{2\pi\tau}{T}\sum_{n=-\infty}^{\infty}Sa\left(\frac{n\omega_0\tau}{2}\right)\delta(\omega - n\omega_0) \tag{3-78}$$

周期矩形脉冲信号 $f_T(t)$ 的傅立叶级数系数与傅立叶变换频谱分别如图 3-21(b)、(c) 所示。

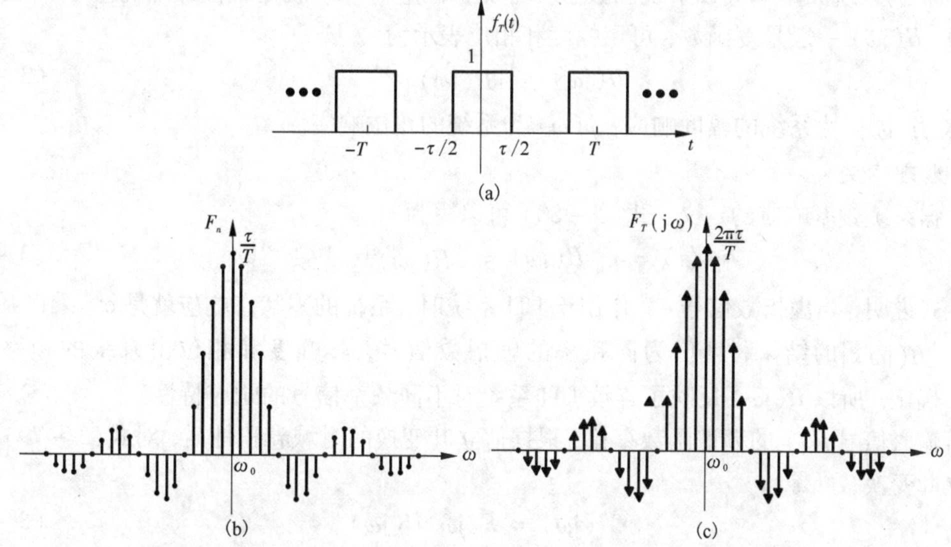

图 3-21　周期矩形脉冲信号及其傅立叶系数和傅立叶变换

3.5　连续时间系统的频域分析

在第 2 章介绍了系统的时域分析方法，是以单位冲激函数 $\delta(t)$ 和单位阶跃函数 $u(t)$ 作为基本信号，根据系统的线性特性和时不变特性导出的一种分析方法。本节将以虚指数信号 $e^{j\omega t}$ 作为基本信号，再根据系统的线性特性和时不变特性推导出另一种分析方法，即频域分析法。

线性时不变系统的频域分析法是一种变换域分析法，它把时域中求解响应的问题通过傅立叶变换转换成频域中的问题。整个分析过程在频域内进行，因此它主要研究信号频谱通过

系统后产生的变化，利用频域分析法可分析系统的频率响应、波形失真、物理可实现等实际问题。

3.5.1 频率响应

1. 定义

若连续线性时不变(LTI)系统的单位冲激响应为 $h(t)$，根据系统的时域分析知道，当输入激励信号为 $f(t)$ 时，系统的零状态响应为

$$y_f(t) = f(t) * h(t) = \int_{-\infty}^{\infty} f(\tau)h(t-\tau)\mathrm{d}\tau = \int_{-\infty}^{\infty} f(t-\tau)h(\tau)\mathrm{d}\tau \tag{3-79}$$

当系统输入是角频率为 ω 的虚指数信号 $e^{j\omega t}(-\infty < t < \infty)$ 时，系统的零状态响应为

$$y_f(t) = e^{j\omega t} * h(t) = \int_{-\infty}^{\infty} e^{j\omega(t-\tau)}h(\tau)\mathrm{d}\tau = e^{j\omega t}\int_{-\infty}^{\infty} e^{-j\omega\tau}h(\tau)\mathrm{d}\tau \tag{3-80}$$

定义

$$H(j\omega) = F[h(t)] = \int_{-\infty}^{\infty} e^{-j\omega t}h(t)\mathrm{d}t \tag{3-81}$$

称 $H(j\omega)$ 为系统频率响应或系统函数。系统频率响应 $H(j\omega)$ 就是单位冲激响应 $h(t)$ 的傅立叶变换。$H(j\omega)$ 一般是复函数，可用幅度和相位表示为

$$H(j\omega) = |H(j\omega)|e^{j\varphi(\omega)} \tag{3-82}$$

称 $|H(j\omega)|$ 为系统的幅度响应，$\varphi(\omega)$ 为系统的相位响应。

2. 物理意义

根据系统频率响应的定义，式(3－80)可以写为

$$y_f(t) = e^{j\omega t}H(j\omega) = |H(j\omega)|e^{j[\omega t+\varphi(\omega)]} \tag{3-83}$$

上式说明，当虚指数信号 $e^{j\omega t}$ 作用于LTI系统时，系统的零状态响应就是 $e^{j\omega t}$ 乘以系统频率响应 $|H(j\omega)|$ 的结果，且仍为同频率的虚指数信号，其幅度和相位由系统的频率响应 $H(j\omega)$ 确定。所以 $H(j\omega)$ 反映了连续LTI系统对不同频率信号的响应特性。

若输入信号 $f(t)$ 的频谱函数存在，根据傅立叶变换的时域卷积性质，对式(3－79)两边做傅立叶变换，可得

$$Y_f(j\omega) = F(j\omega)H(j\omega) \tag{3-84}$$

式中，$Y_f(j\omega) = F[y_f(t)]$，$F(j\omega) = F[f(t)]$，所以

$$H(j\omega) = \frac{Y_f(j\omega)}{F(j\omega)} \tag{3-85}$$

即系统频率响应 $H(j\omega)$ 等于零状态响应的频谱函数 $Y_f(j\omega)$ 与输入激励的频谱函数 $F(j\omega)$ 之比，也就是电路分析中的网络函数或传输函数。随着激励信号与待求响应的关系不同，在电路分析中 $H(j\omega)$ 将有不同的含义，它可以是阻抗函数、导纳函数、电压比或电流比。

3. 频率响应的求法

系统频率响应 $H(j\omega)$ 的求解方法主要有：

(1) 当系统单位冲激响应 $h(t)$ 已知时，由式(3－81)求解；

(2) 当输入激励 $f(t)$ 与零状态响应 $y_f(t)$ 给定时，由式(3－85)求解；

(3) 当系统的电路模型给定时，用相量法求解；

(4) 当系统的数学模型(微分方程)已知时，用傅立叶变换法求解。

例 3-11　试求图 3-22(a) 中以 $i_2(t)$ 为响应时的系统频率响应 $H(j\omega)$。

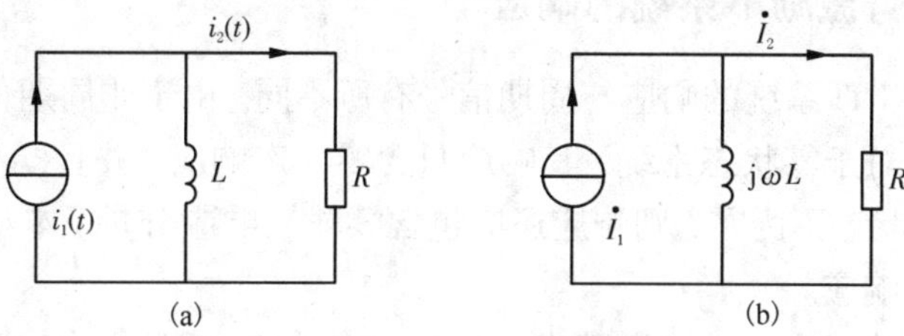

图 3-22　例 3-11 图

解： 图 3-22(a) 所示电路对应的频域电路模型如图 3-22(b) 所示。

根据相量分析法可得

$$H(j\omega)=\frac{\dot{I}_2}{\dot{I}_1}=\frac{j\omega L}{R+j\omega L}$$

例 3-12　已知描述系统的微分方程为

$$y''(t)+3y'(t)+2y(t)=f(t)$$

求系统频率响应 $H(j\omega)$。

解： 对微分方程两边取傅立叶变换，由时域微分性质得

$$[(j\omega)^2+3(j\omega)+2]Y_f(j\omega)=F(j\omega)$$

所以

$$H(j\omega)=\frac{Y_f(j\omega)}{F(j\omega)}=\frac{1}{(j\omega)^2+3(j\omega)+2}=\frac{1}{(2-\omega^2)+j3\omega}$$

3.5.2　非正弦周期信号激励下系统的稳态响应

对于周期为 T 的非正弦周期信号 $f(t)$，可展开为 $f(t)=\sum_{n=-\infty}^{\infty}F_n e^{jn\omega_0 t}$，其中 $\omega_0=\frac{2\pi}{T}$，$F_n=\frac{1}{T}\int_{-T/2}^{T/2}f(t)e^{-jn\omega_0 t}dt$。由 LTI 系统的线性特性和式(3-83)可知，此时 $f(t)$ 作用于系统的零状态响应为

$$\begin{aligned}y_f(t)&=\sum_{n=-\infty}^{\infty}F_n e^{jn\omega_0 t}H(jn\omega_0)=\sum_{n=-\infty}^{\infty}|F_n||H(jn\omega_0)|e^{j[n\omega_0 t+\varphi(n\omega_0)+\theta(n\omega_0)]}\\&=F_0+2\sum_{n=1}^{\infty}|F_n||H(jn\omega_0)|\cos[n\omega_0 t+\varphi(n\omega_0)+\theta(n\omega_0)]\end{aligned}\tag{3-86}$$

式中，$F_n=|F_n|e^{j\theta(n\omega_0)}$，$H(jn\omega_0)=|H(jn\omega_0)|e^{j\varphi(n\omega_0)}$。

因此，当周期信号 $f(t)$ 作用于 LTI 系统时，其零状态响应 $y_f(t)$ 仍为一周期信号，其周期和 $f(t)$ 的周期相同。因为周期信号都是周而复始、无始无终的信号，当其作用于线性系统时，其激励作用的起点在 $t\to-\infty$ 时，这意味着系统零输入响应为0。另一方面，系统响应中所有随时间而衰减的暂态分量也将由于时间的无穷延续而消失，只有稳态分量存在。所以，正如式(3-86)所表示的，周期信号作用于系统的零状态响应就是稳态响应。故对于一个线性电

路，可根据电路分析课程中的谐波分析方法求其稳态响应。

3.5.3 非周期信号激励下系统的响应

非周期信号通过 LTI 系统的响应与周期信号有所不同。由于非周期信号对系统的激励是有确定时间的，所以对于零状态系统，其响应只含零状态响应，并且既有稳态分量，又有暂态分量。若系统初始状态不为零，则响应还应包含零输入响应分量。本小节重点讨论零状态系统对非周期信号的响应。

当系统单位冲激响应为 $h(t)$，激励为 $f(t)$ 时，由式(3－84) 可知，系统的零状态响应为

$$y_f(t) = F^{-1}[Y_f(j\omega)] = F^{-1}[F(j\omega)H(j\omega)] \tag{3-87}$$

例 3－13 某线性时不变系统的单位冲激响应 $h(t) = (e^{-2t} - e^{-3t})u(t)$，求激励信号 $f(t) = e^{-t}u(t)$ 作用下系统的零状态响应。

解： 已知

$$F(j\omega) = F[f(t)] = \frac{1}{1 + j\omega}$$

$$H(j\omega) = F[h(t)] = \frac{1}{2 + j\omega} - \frac{1}{3 + j\omega} = \frac{1}{(2 + j\omega)(3 + j\omega)}$$

于是系统零状态响应 $y_f(t)$ 的频谱函数为

$$Y_f(j\omega) = F(j\omega)H(j\omega) = \frac{1}{(1 + j\omega)(2 + j\omega)(3 + j\omega)} = \frac{1/2}{1 + j\omega} + \frac{-1}{2 + j\omega} + \frac{1/2}{3 + j\omega}$$

所以，得到

$$y_f(t) = F^{-1}[Y_f(j\omega)] = \left(\frac{1}{2}e^{-t} - e^{-2t} + \frac{1}{2}e^{-3t}\right)u(t)$$

从上例可知，利用傅立叶变换求系统的零状态响应时，必须首先求得激励的频谱函数和系统频率响应，然后求出零状态响应的频谱函数。这样从频谱改变的观点来解释激励与响应波形的差异，物理概念比较清楚，反映了系统本身是一个信号处理器。但是傅立叶变换分析法求反变换一般较困难，且只能求系统的零状态响应，不能求零输入响应。因此，系统频域分析的目的通常不是由此求系统时域响应，而重点是在频域分析信号的频谱、系统的频率特性和频带宽度，以及研究信号通过系统传输时对信号频谱的影响等。

3.5.4 无失真传输

1. 无失真传输条件

对于一个线性系统，一般要求能够无失真地传输信号。信号的无失真传输，从时域来说，是指输出信号与输入信号相比，两者的波形上无任何变化，只是输出信号在幅度大小和出现时间上与输入信号可以不同。这就是说，若输入信号为 $f(t)$，则无失真传输系统的输出信号 $y(t)$ 应为

$$y(t) = kf(t - t_d) \tag{3-88}$$

式中，k 是一个与时间 t 无关的实常数，t_d 为延迟时间。

这样，虽然输出响应 $y(t)$ 的幅度有系数 k 倍的变化，而且有 t_d 时间的滞后，但整个波形的形状没有变化，举例示意见图 3－23。

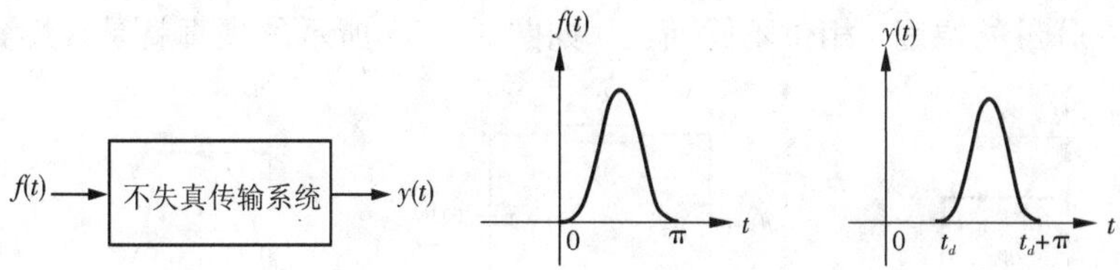

图 3 - 23　系统的无失真传输

若要保持系统无失真传输信号，从频域分析来看，对式(3 - 88)两边求傅立叶变换，有

$$Y(j\omega) = kF(j\omega)e^{-j\omega t_d} \tag{3-89}$$

由于 $Y(j\omega) = H(j\omega)F(j\omega)$，所以无失真传输系统的频率响应为

$$H(j\omega) = ke^{-j\omega t_d} \tag{3-90}$$

即其幅频特性和相频特性分别为

$$|H(j\omega)| = k, \ \varphi(\omega) = -\omega t_d \tag{3-91}$$

因此，无失真传输系统应满足两个条件：

(1) 系统的幅度响应在整个频率范围内应为常数 k，即系统的通频带为无穷大，也称系统为全通系统；

(2) 系统的相位响应在整个频率范围内与 ω 成正比，其相频特性是一条通过原点的直线。如图 3 - 24 所示。

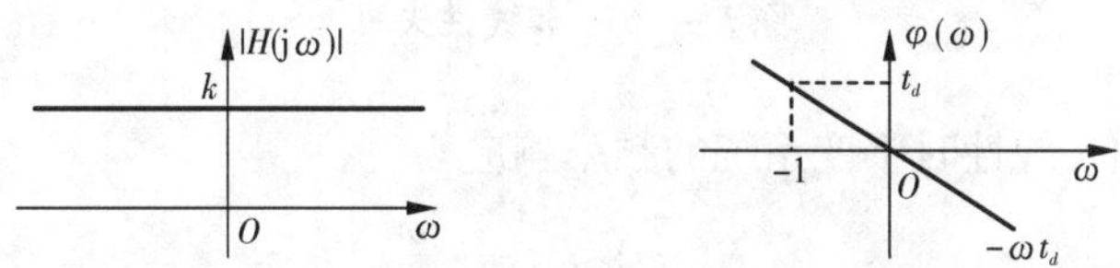

图 3 - 24　无失真传输系统的幅频和相频特性

若对式(3 - 90)取傅立叶反变换，则可得无失真传输系统的单位冲激响应

$$h(t) = k\delta(t - t_d) \tag{3-92}$$

上式表明，无失真传输系统的单位冲激响应仍为冲激函数，不过在强度上不一定为单位 1，位置上也不一定位于 $t = 0$ 处。

2. 信号失真的类型

如果信号通过系统传输时，其输出波形发生畸变，失去了原信号波形的形状，则称之为失真。实际上，无失真传输系统只是理论上的定义，物理系统的幅度响应 $|H(j\omega)|$ 不可能在整个频率范围内为常数，系统的相位响应 $\varphi(\omega)$ 也不是 ω 的线性函数。如果系统的幅度响应 $|H(j\omega)|$ 不为常数，信号通过时就会产生失真，称为幅度失真；如果系统的相位响应 $\varphi(\omega)$ 不是 ω 的线性函数，信号通过时也会产生失真，称为相位失真。实际应用中，只要系统在信号带宽范围内具有较平坦的幅度响应和正比于 ω 的相位响应，就可以将其近似地看作是无失真传输系统。

通常把失真分为两大类：一类是线性失真，另一类是非线性失真。

(1) 线性失真

信号通过线性系统所产生的失真称为线性失真。其特点是在响应 $y(t)$ 中不会出现激励信号中所没有的新的频率成分，或者说，组成响应 $y(t)$ 的各个频率分量在激励信号 $f(t)$ 中都含有，只是各频率分量的幅度、相位不同而已。如图 3 - 25 所示的失真就是线性失真。

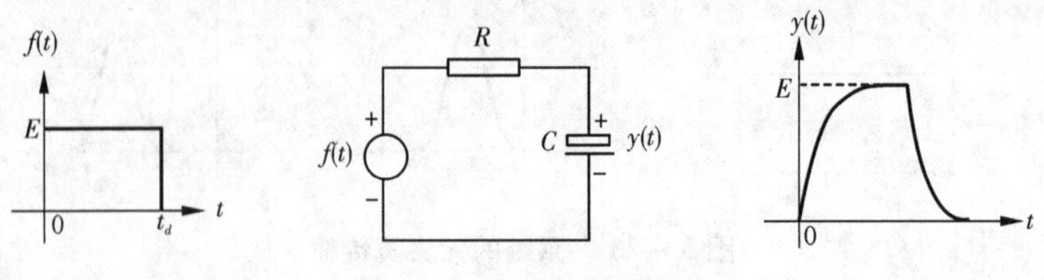

图 3 - 25 线性失真

(2) 非线性失真

信号通过非线性系统所产生的失真称为非线性失真。其特点是在响应 $y(t)$ 中出现了信号 $f(t)$ 中所没有的新的频率成分。如图 3 - 26 所示，其输入信号 $f(t)$ 为单一正弦波，$f(t)$ 中只含有 f_0 的频率成分，而经过非线性元件二极管后得到的半波整流信号，不仅在波形上产生了失真，而且在频谱上产生了由无穷多个 f_0 的谐波分量构成的新频率成分，这就是非线性失真。

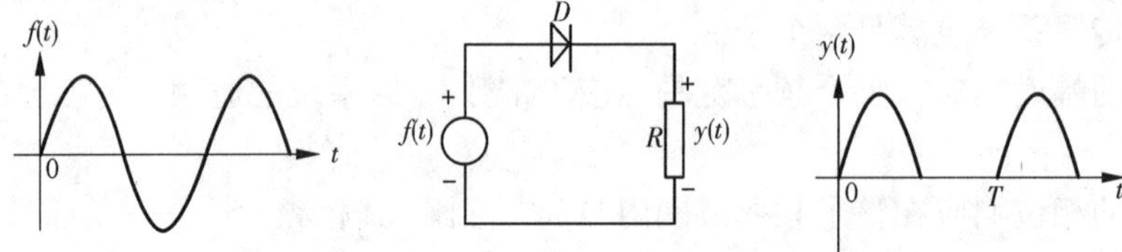

图 3 - 26 非线性失真

例 3 - 14 已知一线性时不变系统的频率响应为

$$H(j\omega) = \frac{1 - j\omega}{1 + j\omega}$$

(1) 求系统的幅度响应 $|H(j\omega)|$ 和相位响应 $\varphi(\omega)$，并判断系统是否为无失真传输系统。

(2) 当输入为 $f(t) = \sin t + \sin 3t,\ -\infty < t < \infty$ 时，求系统的稳态响应。

解： (1) 易知 $H(j\omega)$ 的分子和分母互为共轭，故系统的幅度响应和相位响应分别为

$$|H(j\omega)| = \frac{|1 - j\omega|}{|1 + j\omega|} = 1$$

$$\varphi(\omega) = -\arctan(\omega) - \arctan(\omega) = -2\arctan(\omega)$$

由于系统的相位响应 $\varphi(\omega)$ 不是 ω 的线性函数，所以该系统不是无失真传输系统。

(2) 因为 $f(t)$ 是周期信号，故 $f(t)$ 作用于系统的零状态响应是稳态响应。

首先考虑正弦信号 $\sin(\omega_0 t)$，由欧拉公式可得

$$\sin(\omega_0 t) = \frac{1}{2j}(e^{j\omega_0 t} - e^{-j\omega_0 t})$$

由式(3 - 83) 及系统的线性特性，$\sin(\omega_0 t)$ 作用于系统的零状态响应为

$$y(t) = \frac{1}{2j}[H(j\omega_0)e^{j\omega_0 t} - H(-j\omega_0)e^{-j\omega_0 t}]$$

当 $h(t)$ 是实函数时，$H(j\omega) = H^*(-j\omega)$，于是上式可写为

$$y(t) = \mathrm{Im}[H(j\omega_0)e^{j\omega_0 t}] = |H(j\omega_0)|\sin[\omega_0 t + \varphi(\omega_0)] \tag{3 - 93}$$

其中，$|H(j\omega_0)|$ 和 $\varphi(\omega_0)$ 分别是 $H(j\omega_0)$ 的幅度和相位。

因此，对于输入 $f(t)$，系统的稳态响应为

$$\begin{aligned} y_f(t) &= |H(j1)|\sin[t+\varphi(1)] + |H(j3)|\sin[t+\varphi(3)] \\ &= \sin(t-\pi/2) + \sin[3t - 2\arctan(3)] \end{aligned}$$

3.5.5　理想低通滤波器

通常，将允许所需要的频率分量通过而抑制或极大衰减其他频率分量的系统称为滤波器。所谓理想滤波器，是指不允许通过的频率成分一点也不让其通过，100% 的被抑制掉；而允许通过的频率成分，让其 100% 的通过。理想滤波器的幅频特性和相频特性如图 3 - 27 所示。可见，其幅度响应 $|H(j\omega)|$ 在通带 0 ~ ω_c 恒为 1，在阻带（通带之外）为 0；相位响应 $\varphi(\omega)$ 在通带内与 ω 呈线性关系。理想低通滤波器的频率响应表示为

$$H(j\omega) = \begin{cases} e^{-j\omega t_d}, & |\omega| \leq \omega_c \\ 0, & |\omega| > \omega_c \end{cases} \tag{3-94}$$

其中，ω_c 为截止角频率，t_d 为延迟时间。

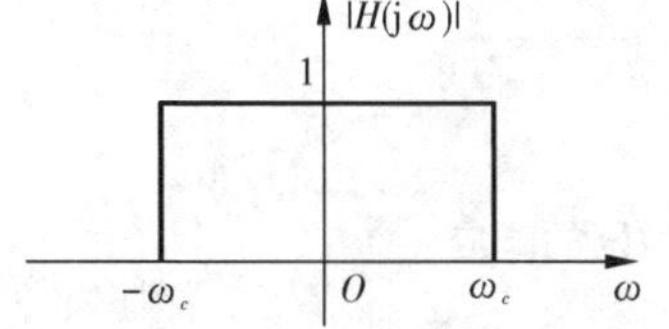

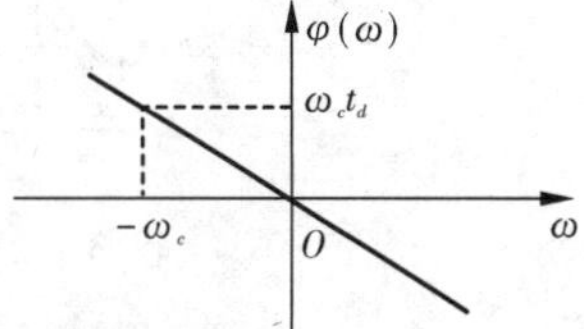

图 3 - 27　线性相位理想低通滤波器的频率响应

下面分析冲激信号和阶跃信号通过理想低通滤波器时的响应，这些响应的特点具有普遍意义，因而可以更清楚地理解一些有用的概念。

1. 理想低通滤波器的冲激响应

对式(3 - 94) 进行傅立叶反变换，则得理想低通滤波器的单位冲激响应

$$\begin{aligned} h(t) &= F^{-1}[H(j\omega)] = \frac{1}{2\pi}\int_{-\infty}^{\infty} H(j\omega)e^{j\omega t}d\omega = \frac{1}{2\pi}\int_{-\omega_c}^{\omega_c} e^{-j\omega t_d}e^{j\omega t}d\omega \\ &= \frac{1}{2\pi}\left.\frac{e^{-j\omega(t-t_d)}}{j(t-t_d)}\right|_{-\omega_c}^{\omega_c} = \frac{\omega_c}{\pi}Sa[\omega_c(t-t_d)] \end{aligned} \tag{3-95}$$

理想低通滤波器的冲激响应 $h(t)$ 是一个延时的抽样响应，峰值位于 t_d 时刻，其波形如图 3 - 28(a) 所示。

可以看出，理想低通滤波器的冲激响应 $h(t)$ 与激励信号 $\delta(t)$ 对照，波形产生了严重失真，这正是将 $\delta(t)$ 中 $|\omega| > \omega_c$ 的频率成分全部抑制后导致的结果，这种失真称为线性失真。同时还看到，冲激响应 $h(t)$ 在 $t<0$ 时已存在，即系统响应超前于激励，这在物理上是不符合因果关系的，因为 $\delta(t)$ 是在 $t=0$ 才加入，而由 $\delta(t)$ 所产生的响应 $h(t)$ 不应出现在加入 $\delta(t)$ 之前。因而，理想低通滤波器在物理上是不可实现的。但是，有关理想低通滤波器的研究并不因其无法实现而失去价值，实际滤波器的分析与设计往往需要理想低通滤波器的理论做指导。

2. 理想低通滤波器的阶跃响应

设理想低通滤波器的阶跃响应为 $g(t)$，有

$$g(t) = h(t) * u(t) = \int_{-\infty}^{t} h(\tau)d\tau = \int_{-\infty}^{t} \frac{\omega_c}{\pi}Sa[\omega_c(\tau - t_d)]d\tau$$

令 $x = \omega_c(\tau - t_d)$，则 $dx = \omega_c d\tau$，积分上限为 $\omega_c(t - t_d)$，于是有

$$g(t) = \frac{1}{\pi}\int_{-\infty}^{\omega_c(t-t_d)} Sa(x)\,dx = \frac{1}{\pi}\int_{-\infty}^{0} Sa(x)\,dx + \frac{1}{\pi}\int_{0}^{\omega_c(t-t_d)} Sa(x)\,dx$$

$$= \frac{1}{2} + \frac{1}{\pi}\int_{0}^{\omega_c(t-t_d)} Sa(x)\,dx \tag{3-96}$$

其波形如图 3 - 28(b) 所示。

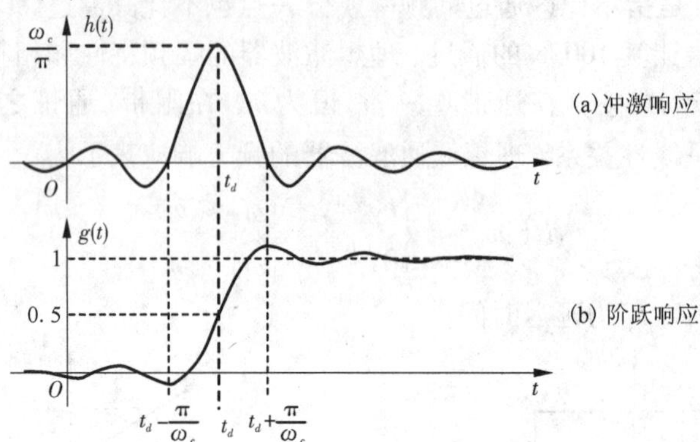

图 3 - 28 理想低通滤波器的响应

由图可见，阶跃响应 $g(t)$ 比输入 $u(t)$ 延迟一段时间。当 $t = t_d$ 时，$g(t) = 0.5$，最大峰值时刻为 $t_d + \pi/\omega_c$。$g(t)$ 的波形并不像阶跃信号 $u(t)$ 的波形那样垂直上升，这表明阶跃响应的建立需要一段时间。通常将阶跃响应从最小值上升到最大值所需的时间称为阶跃响应的上升时间 t_r。从图中看出，t_r 与冲激响应的主瓣宽度一样，都是 $2\pi/\omega_c$。这表明阶跃响应的上升时间 t_r 与理想低通滤波器的截止频率 ω_c 成反比，即 ω_c 越大，$g(t)$ 上升时间越短、上升越快。同时，$g(t)$ 的波形出现过冲与振荡，其振荡的最大峰值约为阶跃突变的 9% 左右。而且如果增加滤波器的带宽，峰值的位置将趋于间断点，振荡起伏增多，但峰值却并不减小，这种想象称为吉布斯(Gibbs) 现象。这是由于理想低通滤波器是一个带限系统所引起的。

3.5.6 系统的因果性与系统的可实现性

虽然理想低通滤波器在物理上是不可实现的，但是，传输特性接近于理想低通滤波器的滤波系统却不难构成。那么在物理上实现这种系统，其数学模型又具有何种特征呢?

我们可以直观地看到，一个物理可实现的系统在激励加入之前是不可能有响应输出的，这一要求称为"因果条件"。在时域中该条件表述为：物理可实现系统的单位冲激响应在 $t < 0$ 时必须为零，即 $h(t) = 0(t < 0)$。

从频域来看，如果系统的幅度响应满足平方可积条件，即

$$\int_{-\infty}^{\infty} |H(j\omega)|^2 d\omega < \infty \tag{3-97}$$

则系统物理可实现的必要条件是

$$\int_{-\infty}^{\infty} \frac{|\ln|H(j\omega)||}{1+\omega^2} d\omega < \infty \tag{3-98}$$

式(3 - 98) 称为佩利 - 维纳(Paley - Wiener) 准则。违反佩利 - 维纳准则的系统是非因果不可实现的系统。下面讨论由这个准则得到的一些推论。

（1）$|H(\mathrm{j}\omega)|$在某些离散频率处可以是零，但不能在一个有限频带内为零。这是因为在$|H(\mathrm{j}\omega)|=0$的频带内，$\ln|H(\mathrm{j}\omega)|=\infty$，从而不满足为佩利－维纳准则，系统是非因果的。

（2）$|H(\mathrm{j}\omega)|$不能有过大的总衰减。由佩利－维纳准则可以看出，$|H(\mathrm{j}\omega)|$不能比指数函数衰减得还要快，即$|H(\mathrm{j}\omega)|=k\mathrm{e}^{-\alpha|\omega|}$是允许的，而$|H(\mathrm{j}\omega)|=k\mathrm{e}^{-\alpha\omega^2}$是不可实现的。

佩利－维纳准则只是就幅频特性提出了系统可实现性的必要条件，而没有给出相频特性的要求。如果一个系统满足这个准则，对应于一个因果系统，此时只要把系统的冲激响应沿着时间轴向左平移到$t<0$以前，那么，即使系统的$|H(\mathrm{j}\omega)|$满足了佩利－维纳准则，但它显然是一个非因果系统。所以，佩利－维纳准则只是系统物理可实现性的必要条件。当$|H(\mathrm{j}\omega)|$已被验证满足此准则，可以利用希尔伯特变换找到合适的相位函数$\varphi(\omega)$，从而构成一个物理可实现的系统函数。

3.6　抽样定理

随着微电子技术和数字电路工艺，尤其是大规模集成工艺的快速发展，数字系统的应用越来越广泛。数字系统传输和处理的数字信号相比于模拟（连续）信号，具有易于存储、抗干扰力强和便于集成等优点。要得到数字信号首先需要对连续时间信号进行抽样。在一定条件下，连续时间信号完全可以用在等时间间隔点上的瞬时值或样本值来表示，并且可以用这些样本值无失真地恢复出原连续信号。这一特性来自抽样定理，该定理在通信理论中占有相当重要的地位，它在连续时间信号和离散时间序列之间起到了桥梁作用。下面将在分析抽样信号频谱的基础上引出抽样定理。

3.6.1　抽样信号的傅立叶变换

所谓“抽样”也称为“采样”或“取样”，就是利用抽样脉冲序列$p(t)$从连续信号$f(t)$中“抽取”一系列的离散样值，这种离散信号称为“抽样信号”，以$f_s(t)$表示，如图 3－29 所示。必须指出，在信号分析与处理研究领域中，习惯上把$Sa(t)=\dfrac{\sin t}{t}$称为“抽样函数”，与这里所指的“抽样”或“抽样信号”具有完全不同的含义。

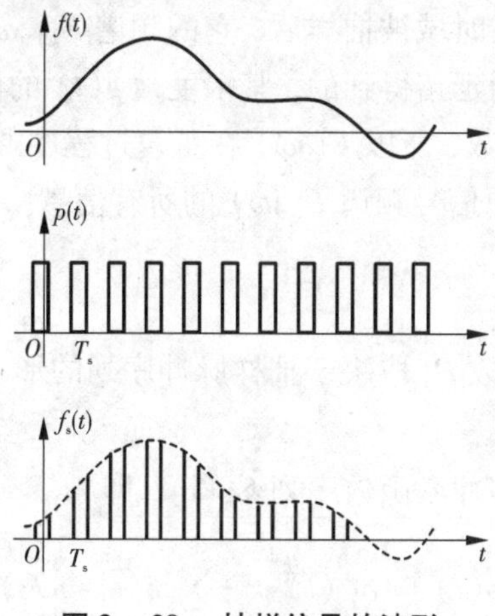

图 3－29　抽样信号的波形

信号的抽样过程由抽样器来实现，抽样器即一电子开关，如图3－30(a)所示。开关每隔时间 T_s 接通输入信号 $f(t)$ 和接地各一次，接通时间是 $\tau(\tau \ll T_s)$，抽样器的输出为抽样信号 $f_s(t)$。显然，$f_s(t)$ 只包含 $f(t)$ 在开关接通时间内的一些小段。可以将 $f_s(t)$ 看成是原信号 $f(t)$ 和开关函数 $p(t)$ 的乘积，即

$$f_s(t) = f(t)p(t) \tag{3-99}$$

其数学模型如图3－30(b)所示。

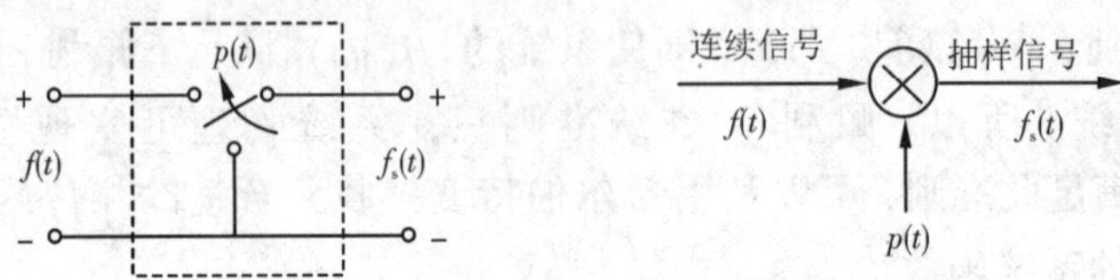

图3－30　抽样器示意图及其数学模型

摆在我们面前的问题是：连续信号 $f(t)$ 被抽样后得到的抽样信号 $f_s(t)$ 是否保留了 $f(t)$ 的全部信息？如果保留了，在什么条件下能从抽样信号 $f_s(t)$ 中无失真地恢复出原信号 $f(t)$？要回答这些问题，必须首先考察抽样信号与原信号的傅立叶变换之间的关系。

设 $f_s(t)$、$f(t)$ 和 $p(t)$ 的傅立叶变换分别为 $F_s(j\omega)$、$F(j\omega)$ 和 $P(j\omega)$，若采用均匀抽样，抽样周期为 T_s，则抽样频率为 $f_s = \dfrac{1}{T_s}$，抽样角频率为 $\omega_s = 2\pi f_s = \dfrac{2\pi}{T_s}$。

因为 $p(t)$ 是周期信号，那么由式(3－73)可知 $p(t)$ 的频谱为

$$P(j\omega) = 2\pi \sum_{n=-\infty}^{\infty} P_n \delta(\omega - n\omega_s) \tag{3-100}$$

其中，P_n 是 $p(t)$ 的傅立叶级数的系数，计算如下

$$P_n = \frac{1}{T_s}\int_{-T_s/2}^{T_s/2} p(t)\,e^{-jn\omega_0 t}\,dt \tag{3-101}$$

对式(3－99)应用频域卷积性质，得到抽样信号 $f_s(t)$ 的频谱为

$$F_s(j\omega) = \frac{1}{2\pi}F(j\omega) * P(j\omega) = \sum_{n=-\infty}^{\infty} P_n F[j(\omega - n\omega_s)] \tag{3-102}$$

式(3－102)表明，信号在时域被抽样后，它的频谱 $F_s(j\omega)$ 是原连续信号的频谱 $F(j\omega)$ 以抽样频率 ω_s 为周期进行周期延拓得到的，其幅度被 $p(t)$ 的傅立叶级数系数 P_n 所加权。因为 P_n 只是 n 的(不是 ω 的)函数，所以 $F(j\omega)$ 在重复过程中形状不会发生变化。从而可知抽样信号的频谱 $F_s(j\omega)$ 包含了原信号频谱 $F(j\omega)$ 的所有信息。

3.6.2　时域抽样

抽样信号频谱中的加权系数 P_n 取决于抽样脉冲序列的形状，下面讨论两种典型的情况。

1. 冲激抽样

如果抽样脉冲 $p(t)$ 是周期冲激函数序列 $\delta_{T_s}(t)$，即

$$p(t) = \delta_{T_s}(t) = \sum_{n=-\infty}^{\infty} \delta(t - nT_s) \tag{3-103}$$

这种抽样称为冲激抽样或理想抽样。于是有

$$f_s(t) = f(t)\delta_{T_s}(t) = f(t)\sum_{n=-\infty}^{\infty}\delta(t-nT_s) = \sum_{n=-\infty}^{\infty}f(nT_s)\delta(t-nT_s) \qquad (3-104)$$

显然，抽样得到的$f_s(t)$仍是一个冲激函数序列，每个冲激的间隔为T_s且冲激强度为该时刻$f(t)$的瞬时值。冲激抽样的相关信号波形如图 3-31 所示。

由式(3-74)知，$p(t) = \delta_{T_s}(t)$的傅立叶系数为$P_n = 1/T_s$，频谱为

$$P(j\omega) = F[\delta_{T_s}(t)] = \omega_s\sum_{n=-\infty}^{\infty}\delta(\omega - n\omega_s) \qquad (3-105)$$

将傅立叶系数或式(3-105)代入式(3-102)，得到冲激抽样信号$f_s(t)$的频谱为

$$F_s(j\omega) = \frac{1}{T_s}\sum_{n=-\infty}^{\infty}F[j(\omega - n\omega_s)] \qquad (3-106)$$

式(3-106)表明，由于冲激函数序列的傅立叶系数P_n是常数，所以$F_s(j\omega)$是$F(j\omega)$以ω_s为周期进行等幅周期延拓得到的，幅值相差$1/T_s$。冲激抽样的相关信号频谱如图 3-31 所示。

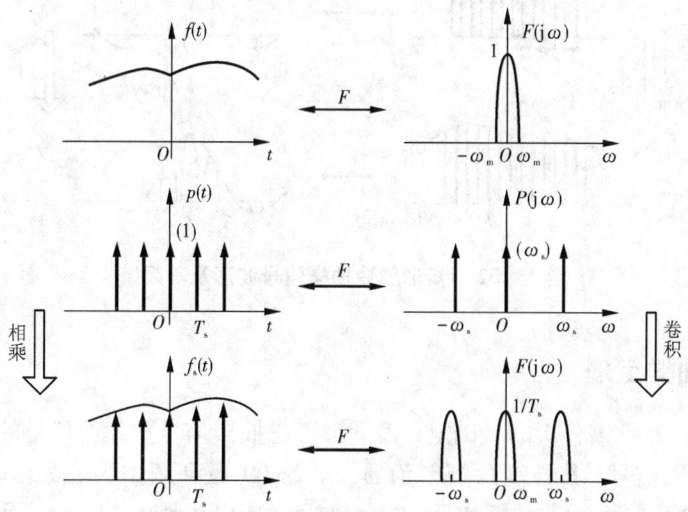

图 3-31　冲激抽样信号波形及其频谱

2. 矩形脉冲抽样

在实际中，抽样脉冲$p(t)$通常是周期矩形脉冲信号，令它的幅度为E，脉宽为τ，抽样间隔为T_s，如图 3-32 所示，即

$$p(t) = E\sum_{n=-\infty}^{\infty}g_\tau(t - nT_s) \qquad (3-107)$$

这种抽样称为矩形脉冲抽样或自然抽样。

由$f_s(t) = f(t)p(t)$知，抽样信号$f_s(t)$在抽样期间的脉冲顶部不是平的，而是随$f(t)$而变化，如图 3-32 所示。由式(3-77)可知，抽样脉冲$p(t)$的傅立叶系数为$P_n = \frac{E\tau}{T_s}Sa(\frac{n\omega_s\tau}{2})$，根据式(3-78)得到$p(t)$的频谱为

$$P(j\omega) = F[p(t)] = \frac{2\pi E\tau}{T_s}\sum_{n=-\infty}^{\infty}Sa(\frac{n\omega_s\tau}{2})\delta(\omega - n\omega_s) \qquad (3-108)$$

将傅立叶系数或式(3 - 108)代入式(3 - 102)，得到矩形脉冲抽样信号$f_s(t)$的频谱为

$$F_s(j\omega) = \frac{E\tau}{T_s}\sum_{n=-\infty}^{\infty} Sa\left(\frac{n\omega_s\tau}{2}\right)F[j(\omega - n\omega_s)] \tag{3 - 109}$$

式(3 - 109)表明，$f_s(t)$的频谱函数$F_s(j\omega)$是$F(j\omega)$以ω_s为周期进行周期重复得到的，幅度以$\frac{E\tau}{T_s}Sa\left(\frac{n\omega_s\tau}{2}\right)$的规律变化。矩形脉冲抽样的相关信号频谱如图 3 - 32 所示。

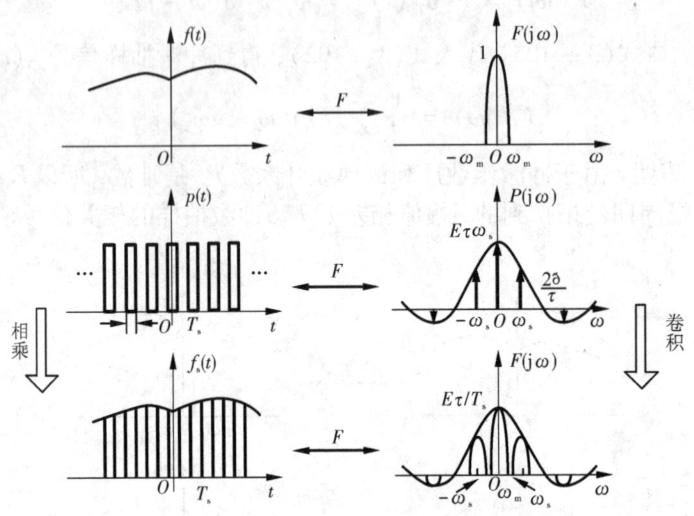

图 3 - 32 矩形脉冲抽样信号波形及其频谱

3.6.3 时域抽样定理

在进行抽样信号频谱分析的基础上，接下来考虑抽样信号重建原信号的问题。

设$f(t)$为带限信号，其最高角频率为$\omega_m = 2\pi f_m$(最高频率为f_m)，即当$|\omega| > \omega_m$时，$F(j\omega) = 0$，如图3 - 33(a)所示。若以抽样间隔T_s(抽样角频率$\omega_s = 2\pi/T_s$)对$f(t)$进行抽样，得到的抽样信号频谱$F_s(j\omega)$分下列三种情况。

(1)$\omega_s > 2\omega_m$，如图 3 - 33(b)所示，频谱$F_s(j\omega)$不混叠；

(2)$\omega_s = 2\omega_m$，如图 3 - 33(c)所示，频谱$F_s(j\omega)$刚好也不混叠；

(3)$\omega_s < 2\omega_m$，如图 3 - 33(d)所示，频谱$F_s(j\omega)$出现混叠；

只有在频谱$F_s(j\omega)$不混叠的情况下，即$\omega_s \geqslant 2\omega_m$时，抽样信号$f_s(t)$才能保留$f(t)$的全部信息，此时完全可以用$f_s(t)$唯一地表示$f(t)$，或者说，可以由$f_s(t)$无失真地恢复出原信号$f(t)$。由此引出时域抽样定理：一个在频域区间$(-\omega_m, \omega_m)$以外频谱为零的频带有限信号$f(t)$，可以用它在均匀时间间隔$T_s$上的抽样值唯一确定，只要抽样间隔$T_s \leqslant \frac{1}{2f_m}\left(其中f_m = \frac{\omega_m}{2\pi}\right)$。

通常把最低允许的抽样频率$f_N = 2f_m$称为奈奎斯特(Nyquist)频率，把最大允许的抽样间隔$T_N = \frac{\pi}{\omega_m} = \frac{1}{2f_m}$称为奈奎斯特间隔。

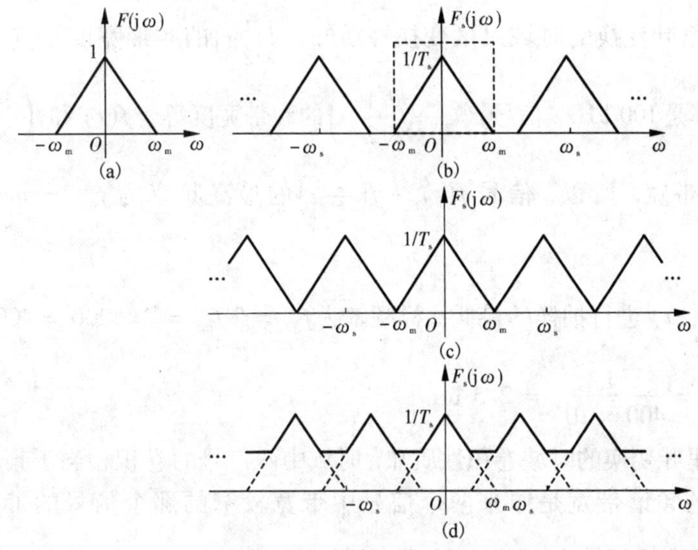

图 3－33　抽样信号的频谱

由图 3－33(b) 可以看出，若要从频谱 $F_s(j\omega)$ 中无失真地滤出 $F(j\omega)$，可将抽样信号 $f_s(t)$ 施加于系统函数为 $H(j\omega)$ 的理想低通滤波器，即

$$F(j\omega) = F_s(j\omega)H(j\omega) \tag{3-110}$$

其中

$$H(j\omega) = \begin{cases} T_s & |\omega| \leqslant \omega_m \\ 0, & |\omega| > \omega_m \end{cases} \tag{3-111}$$

这样，在滤波器输出端可以得到 $F(j\omega)$，即能恢复重建原信号 $f(t)$。

例 3－15　已知信号 $f(t)$ 的最高频率 $f_m = 200$ kHz，若对下列信号进行时域抽样，为保证能不失真地恢复原信号，试求奈奎斯特频率和奈奎斯特间隔。

(1) $f^2(t)$　　(2) $f(t)\cdot f(2t)$　　(3) $f(t)+f\left(\frac{1}{2}t\right)$　　(4) $f(t) * f\left(\frac{1}{2}t\right)$

解：奈奎斯特频率即最低抽样频率，奈奎斯特间隔即最大抽样间隔。

(1) 因为 $f^2(t) = f(t)\cdot f(t)$，根据傅里叶变换的时域乘积性质知，时域中两信号相乘相当于频域中两信号频谱的卷积，卷积结果的频谱带宽是原来两个信号带宽之和。所以，$f^2(t)$ 的最高频率是 $f_{m1} = f_m + f_m = 400$ kHz。

对 $f^2(t)$ 进行抽样的奈奎斯特频率(最低抽样频率) 为 $f_{N1} = 2f_{m1} = 2\times 400 = 800$ kHz；奈奎斯特间隔(最大抽样间隔) 为 $T_{N1} = \frac{1}{f_{N1}} = \frac{1}{800\times 10^3} = 1.25\ \mu s$。

(2) 根据傅里叶变换的时域尺度变换性质知，$f(2t)$ 的频带宽度是 $f(t)$ 带宽的 2 倍，即 $f(2t)$ 的最高频率是 400 kHz。所以，信号 $f(t)\cdot f(2t)$ 的最高频率是 $f_{m2} = 200 + 400 = 600$ kHz。

对 $f(t)\cdot f(2t)$ 进行抽样的最低抽样频率为 $f_{N2} = 2f_{m2} = 2\times 600 = 1\,200$ kHz；最大抽样间隔为 $T_{N2} = \frac{1}{f_{N2}} = \frac{1}{1\,200\times 10^3} = \frac{10}{12}\ \mu s$

(3) 根据傅里叶变换的时域尺度变换性质知，$f\left(\frac{1}{2}t\right)$的频带宽度是$f(t)$带宽的$\frac{1}{2}$，即$f\left(\frac{1}{2}t\right)$的最高频率是100 kHz。信号$f(t)+f\left(\frac{1}{2}t\right)$的频带宽度等于$f(t)$和$f\left(\frac{1}{2}t\right)$二者中带宽较大的那个信号的带宽，所以，信号$f(t)+f\left(\frac{1}{2}t\right)$的最高频率为$f_{m3}=\max(200, 100)=200$ kHz。

对$f(t)+f(\frac{1}{2}t)$进行抽样的最低抽样频率为$f_{N3}=2f_{m3}=2\times200=400$ kHz；最大抽样间隔为$T_{N3}=\frac{1}{f_{N3}}=\frac{1}{400\times10^3}=2.5\ \mu s$。

(4) 根据傅里叶变换的时域卷积性质知，时域中两信号的卷积相当于频域中两信号频谱的乘积，乘积后的频谱带宽是原来两个信号中带宽较窄的那个信号的带宽。所以，信号$f(t)*f\left(\frac{1}{2}t\right)$的最高频率是$f_{m4}=\min(200, 100)=100$ kHz。

因此，$f(t)*f\left(\frac{1}{2}t\right)$的奈奎斯特频率为$f_{N4}=2f_{m4}=2\times100=200$ kHz；奈奎斯特间隔为$T_{N4}=\frac{1}{f_{N4}}=\frac{1}{200\times10^3}=5\ \mu s$。

3.6.4 频域抽样

已知连续频谱函数$F(j\omega)$，对应的时间函数为$f(t)$。若$F(j\omega)$在频域中被间隔为ω_s的周期冲激序列$\delta_{\omega_s}(\omega)$抽样，则抽样后的频谱函数$F_s(j\omega)$所对应的时间函数$f_s(t)$与$f(t)$有什么关系？

频域抽样原理如图3－34所示。若频域抽样过程满足

$$F_s(j\omega)=F(j\omega)\delta_{\omega_s}(\omega) \tag{3-112}$$

其中$\delta_{\omega_s}(\omega)=\sum_{n=-\infty}^{\infty}\delta(\omega-n\omega_s)$。由式(3－74)知

$$F^{-1}[\delta_{\omega_s}(\omega)]=\frac{1}{\omega_s}\delta_{T_s}(t)=\frac{1}{\omega_s}\sum_{n=-\infty}^{\infty}\delta(t-nT_s)\quad\left(T_s=\frac{2\pi}{\omega_s}\right) \tag{3-113}$$

根据时域卷积性质，得

$$\begin{aligned}f_s(t)&=F^{-1}[F_s(j\omega)]=F^{-1}[F(j\omega)\delta_{\omega_s}(\omega)]\\&=F^{-1}[F(j\omega)]*F^{-1}[\delta_{\omega_s}(\omega)]=f(t)*\frac{1}{\omega_s}\sum_{n=-\infty}^{\infty}\delta(t-nT_s)\\&=\frac{1}{\omega_s}\sum_{n=-\infty}^{\infty}f(t)*\delta(t-nT_s)=\frac{1}{\omega_s}\sum_{n=-\infty}^{\infty}f(t-nT_s)\end{aligned} \tag{3-114}$$

由式(3－114)可知，在时域中$f_s(t)$是$f(t)$以T_s为周期的周期性重复，幅度为$f(t)$的$1/\omega_s$倍，如图3－34所示。显然，只要用一个宽度为$2t_m$的矩形脉冲做选通信号，就可以从$f_s(t)$中恢复出$f(t)$。

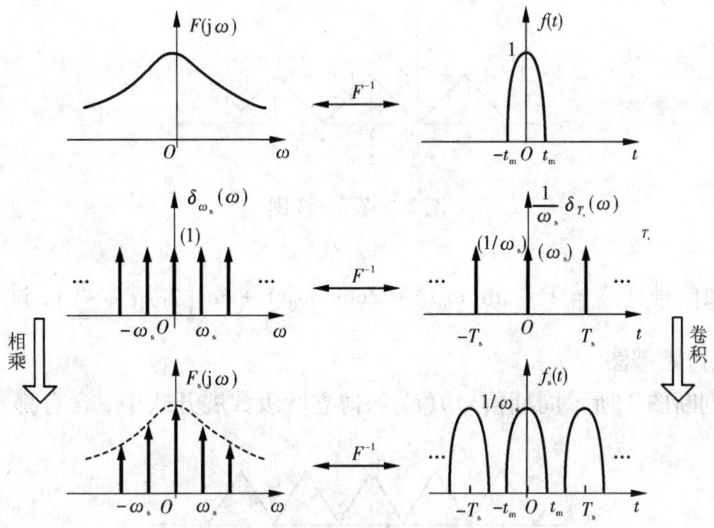

图 3 - 34　频域抽样所对应的信号波形

3.6.5　频域抽样定理

根据时域与频域的对称性，可以得到频域抽样定理：一个在时域区间$(-t_m, t_m)$以外为零的时间有限信号$f(t)$，其频谱函数$F(j\omega)$可以由它在均匀频率间隔ω_s上的抽样值唯一确定，只要抽样频率间隔$f_s \leqslant \frac{1}{2t_m}\left(其中 f_s = \frac{\omega_s}{2\pi}\right)$。

从物理概念上不难理解，因为在频域中对$F(j\omega)$进行抽样，等效于$f(t)$在时域中周期延拓。当抽样频率间隔$f_s \leqslant \frac{1}{2t_m}$，即$T_s \geqslant 2t_m$时，在时域中$f_s(t)$的波形不会发生混叠，用矩形脉冲作为选通信号，就能从$f_s(t)$中选出单个周期从而无失真地恢复出原信号$f(t)$。

习　题

3 - 1　求图 1 所示周期信号$f(t)$的三角形式傅里叶级数展开式。

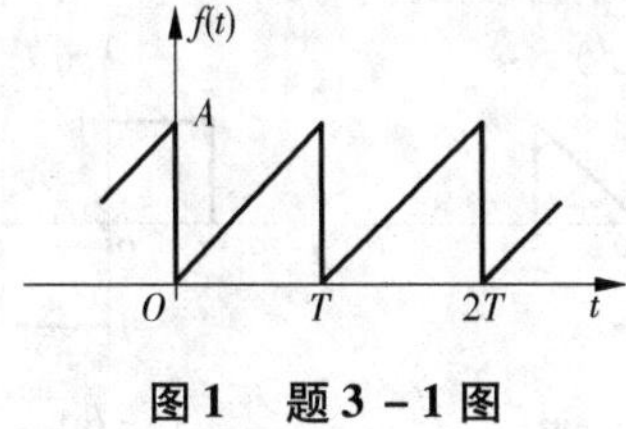

图 1　题 3 - 1 图

3 - 2　已知周期信号$f(t)$如图 2 所示，求$f(t)$的三角形式傅里叶级数，并画出其频谱图。

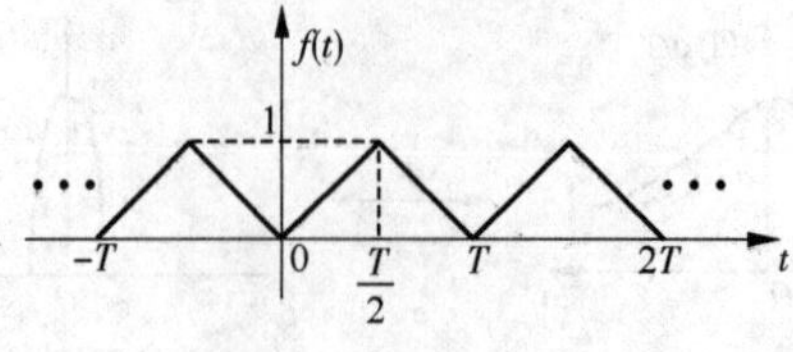

图2　题3－2图

3－3　已知信号$f(t) = 1 + \sin(\omega_0 t) + 2\cos(\omega_0 t) + \cos\left(2\omega_0 t + \frac{\pi}{4}\right)$，试分别画出$f(t)$的单边频谱图和双边频谱图。

3－4　试判断图3所示周期信号$f(t)$的傅立叶级数展开式中，含有哪些分量？

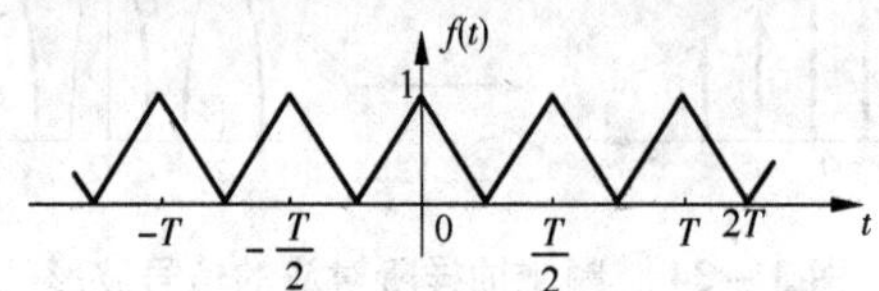

图3　题3－4图

3－5　试判断图4所示周期信号$f(t)$的傅立叶级数展开式中，含有哪些分量？

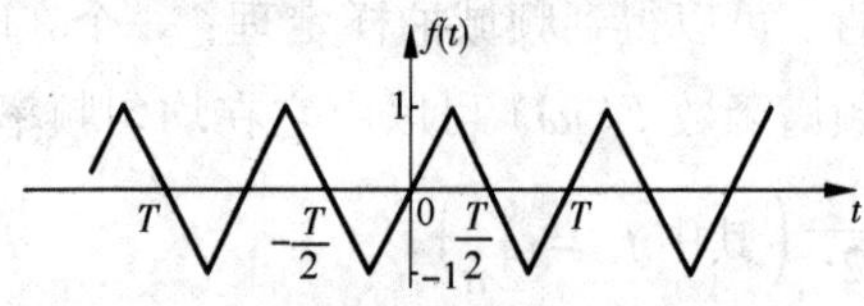

图4　题3－5图

3－6　试求门函数$g_4(t)$的频谱密度函数，并指出$g_4(t)$的等效频带宽度（带宽）是多少。

3－7　设有周期方波信号$f(t)$，其脉冲宽度$\tau = 1$ ms，问该信号的频带宽度（带宽）为多少?若τ压缩为0.2 ms，其带宽又为多少?

3－8　试求下列信号$f(t)$的傅立叶变换$F(j\omega)$。

(1)$f(t) = e^{-3t}u(t)$；　(2)$f(t) = e^{-3t}u(t-1)$；　(3)$f(t) = e^{-3(t-1)}u(t)$；

(4)$f(t) = \cos(4t)$；　(5)$f(t) = Sa(4t)$；　(6)$f(t) = g_\tau(t)\cos(\omega_0 t)$。

3－9　求图5所示信号的傅里叶变换。

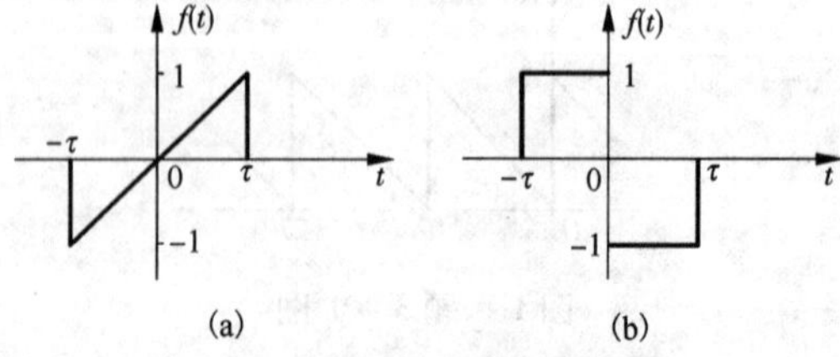

图5　题3－9图

3－10　已知某频谱密度函数$F(j\omega) = 4\,Sa(6\omega)$，试求其原函数$f(t)$。

3－11　已知余弦脉冲信号$f(t)$如图6所示。试用卷积定理求其频谱密度$F(j\omega)$。

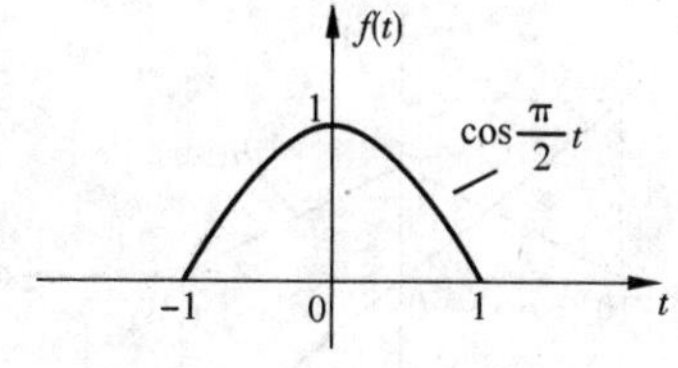

图6　题3-11图

3-12　求斜变函数 $r(t)=tu(t)$ 的频谱函数。

3-13　试求下列信号的频谱函数。

(1) $f(t)=e^{-2|t|}$；　(2) $f(t)=u(t)-u(t-2)$；

(3) $f(t)=e^{-(3+j4)t}u(t)$；　(4) $f(t)=A\cos(\omega_0 t)*u(t)$；

(5) $f(t)=e^{-at}\sin(\omega_0 t)u(t)$。

3-14　对于如图7所示的三角波信号，试证明其频谱函数为 $F(j\omega)=A\tau Sa^2\left(\frac{\omega\tau}{2}\right)$。

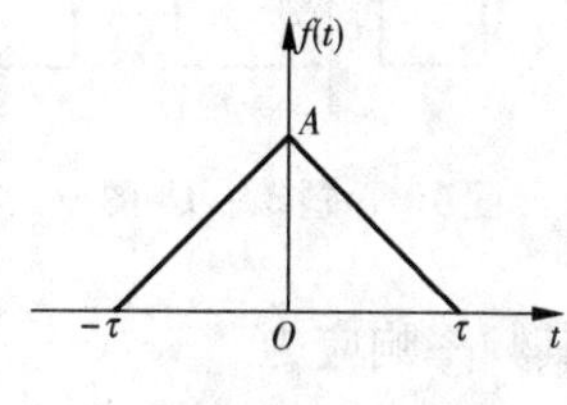

图7　题3-14图

3-15　试利用傅里叶变换的性质，求图8所示信号 $f_2(t)$ 的频谱函数。

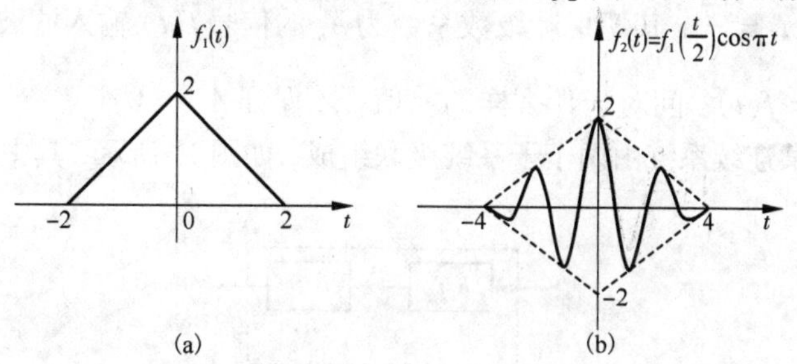

图8　题3-15图

3-16　设信号 $f_1(t)=2g_4(t-2)=\begin{cases}2, & 0\leqslant t\leqslant 4\\0, & 其他\end{cases}$，求 $f_2(t)=f_1(t)\cos(50t)$ 的频谱函数 $F_2(j\omega)$，并画出其幅度频谱 $|F_2(j\omega)|$ 的大致图形。

3-17　某线性时不变系统的幅频特性 $|H(j\omega)|$ 和相频特性 $\varphi(\omega)$ 如图9所示。若激励信号 $f(t)=2+4\cos(5t)+4\cos(10t)$，试求该系统的零状态响应 $y_f(t)$。

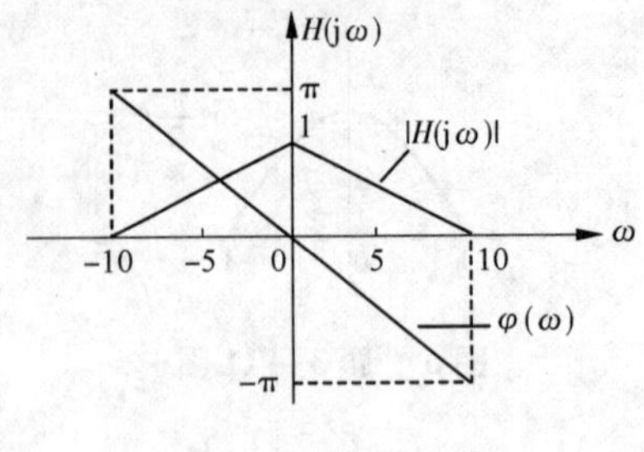

图 9　题 3 - 17 图

3 - 18　已知周期信号 $f(t)$ 的波形如图 10 所示。判断：将 $f(t)$ 通过截止频率为 $\omega_c = 2\pi$ rad/s 的理想低通滤波器后，输出中含有哪些频率成分？

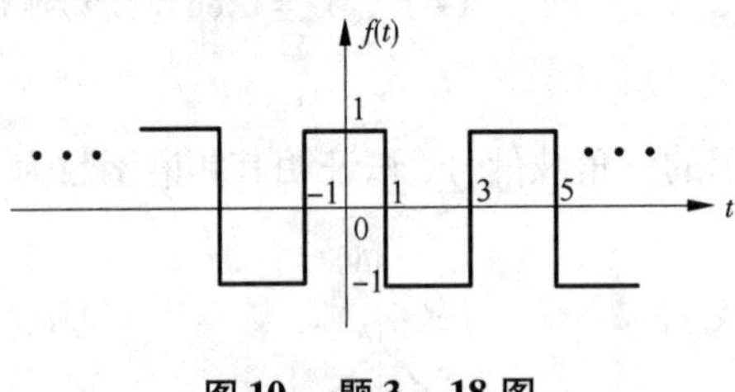

图 10　题 3 - 18 图

3 - 19　某理想低通滤波器，其频率响应为

$$H(\mathrm{j}\omega) = \begin{cases} 1, & |\omega| \leq 100 \\ 0, & |\omega| > 100 \end{cases}$$

当基波周期为 $T = \dfrac{\pi}{6}$，其傅里叶级数系数为 A_n 的信号 $f(t)$ 输入滤波器时，滤波器的输出为 $y(t)$，且 $y(t) = f(t)$。问对于什么样的 n 值，才保证 $A_n = 0$？

3 - 20　已知某连续系统由两个子系统级联组成，如图 11 所示，其中 $h_1(t) = u(t)$，$h_2(t) = \mathrm{e}^{-2t}u(t)$。

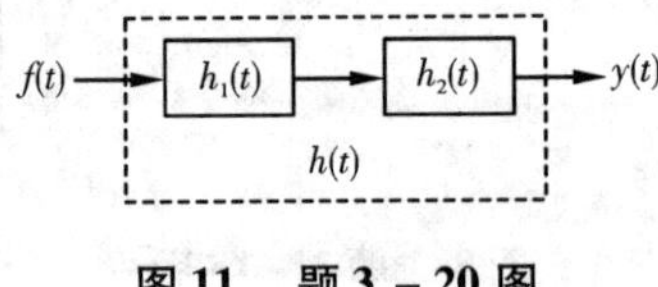

图 11　题 3 - 20 图

试求该系统的频率响应函数 $H(\mathrm{j}\omega)$。

3 - 21　一个系统如图 12(a) 所示，已知乘法器的输入信号为 $f(t) = Sa(t)$，抽样信号为 $s(t) = \cos(2t)$，系统函数 $H(\mathrm{j}\omega) = g_{2\omega_c}(\omega)$，即其幅频特性如图 12(b) 所示，其相频特性为零。试求在下面三种情况下的输出信号 $y(t)$。

(1)　$\omega_c = 4$；　(2)　$\omega_c = 2$；　(3)　$\omega_c = 1$。

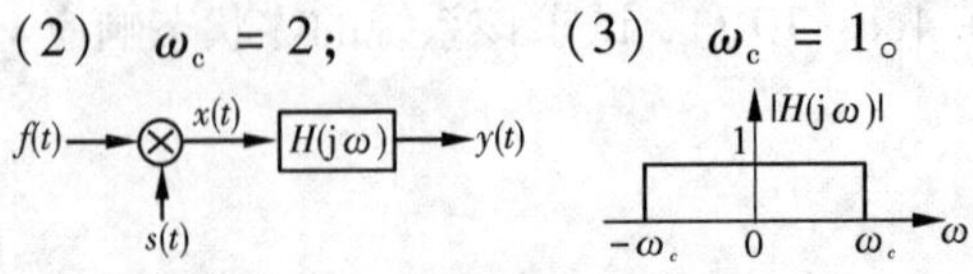

图 12　题 3 - 21 图

3 - 22　若对下列各信号进行时域抽样，求奈奎斯特频率和奈奎斯特间隔。

(1) $f(t) = Sa(100t)$　　(2) $f(t) = Sa^2(100t)$

(3) $f(t) = Sa(50t) + Sa(100t)$　　(4) $f(t) = Sa(50t) * Sa(100t)$

3 - 23　如图13所示 RC 系统，输入为方波 $u_1(t)$，试用卷积定理求响应 $u_2(t)$。

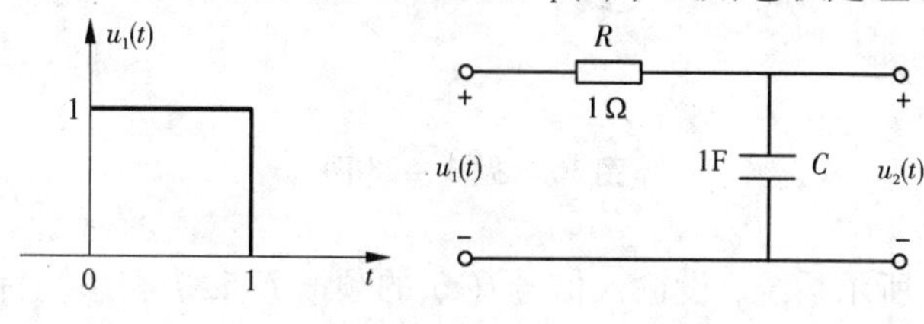

图13　题3 - 23图

3 - 24　一滤波器的频率特性如图14所示，当输入为如图所示的 $f(t)$ 信号时，求相应的输出 $y(t)$。

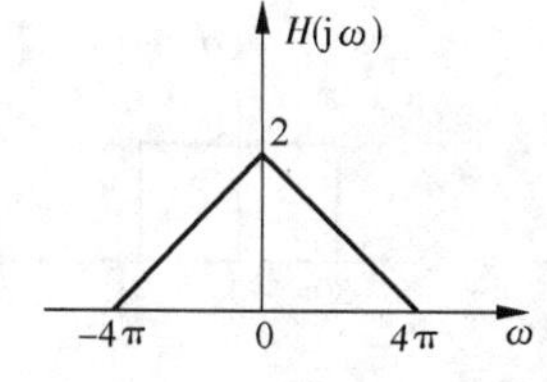

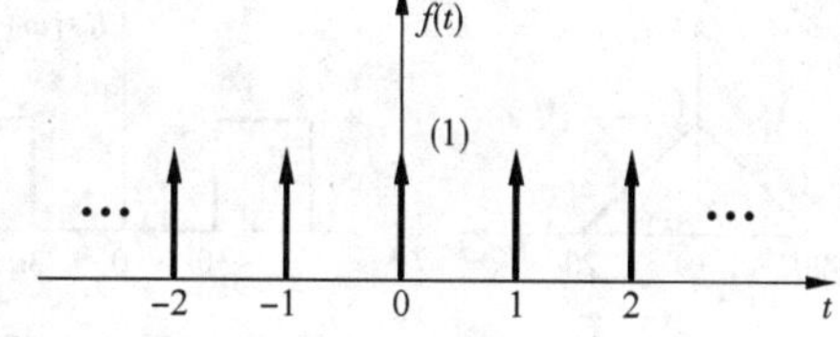

图14　题3 - 24图

3 - 25　设系统的频率特性为

$$H(j\omega) = \frac{2}{j\omega + 2}$$

试用频域法求系统的冲激响应和阶跃响应。

3 - 26　如图15所示是一个实际的信号加工系统，试写出系统的频率特性 $H(j\omega)$。

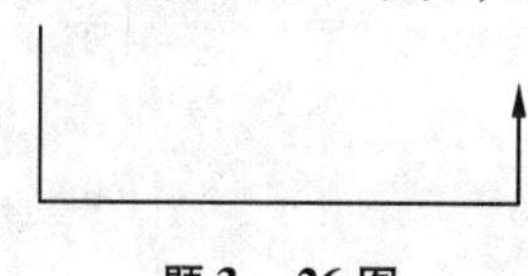

题3 - 26图

3 - 27　若电视信号占有的频带为0 ~ 6 MHz，电视台每秒发送25幅图像，每幅图像又分为625条水平扫描线，问每条水平线至少要有多少个采样点？

3 - 28　设 $f(t)$ 为调制信号，其频谱 $F(j\omega)$ 如图16(b)所示，$\cos(\omega_0 t)$ 为高频载波，则广播发射的调幅信号 $x(t)$ 可表示为

$$x(t) = A[1 + m \times f(t)]\cos(\omega_0 t)$$

式中，m 为调制系数。试求 $x(t)$ 的频谱，并画出其大致图形。

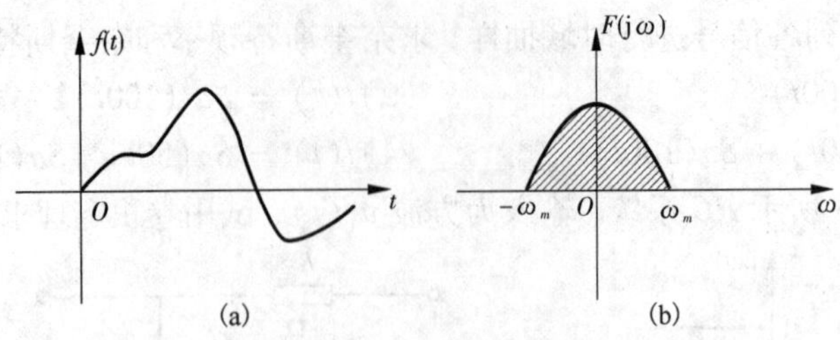

图 16　题 3－28 图

3－29　如图 17 所示系统，设输入信号 $f(t)$ 的频谱 $F(j\omega)$ 和系统特性 $H_1(j\omega)$、$H_2(j\omega)$ 均给定，试画出 $y(t)$ 的频谱。

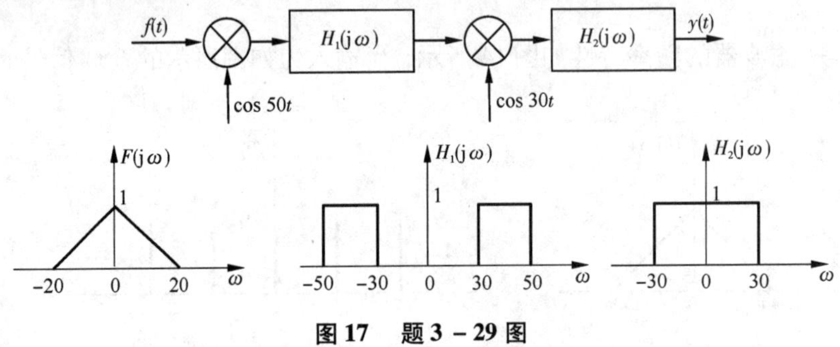

图 17　题 3－29 图

3－30　图 18(a) 和(b) 分别为单边带通信中幅度调制与解调系统。已知输入 $f(t)$ 的频谱和频率特性 $H_1(j\omega)$、$H_2(j\omega)$ 如图(c)、(d) 和(e) 所示。若 $\omega_c > \omega_2$，试画出 $x(t)$ 和 $y(t)$ 的频谱图。

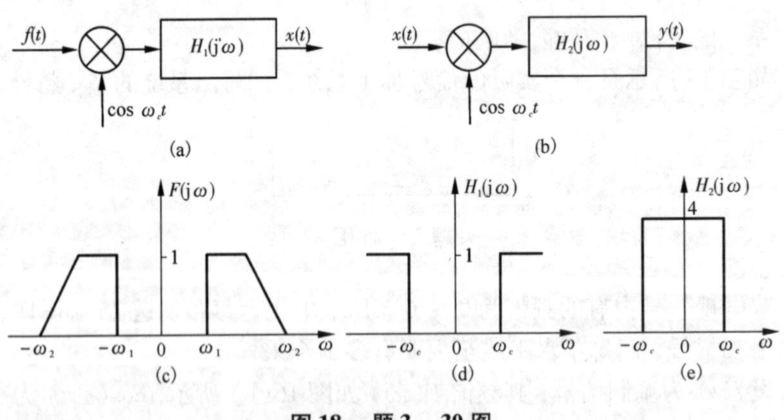

图 18　题 3－30 图

3－31　若有实信号 $f(t)$ 可表示为

$$f(t) = \sum_{n=0}^{2}\left(\frac{1}{2}\right)^{n}\sin(n\pi t)$$

现用一个周期冲激串 $\delta_T(t)$ 对 $f(t)$ 进行采样，采样周期 $T = 0.5$ s，试问：

(1) 采样结果会发生混叠吗?说明理由。

(2) 若将采样信号通过一个截止频率为 π/T，通带增益为 T 的理想低通滤波器，求输出

信号 $y(t)$ 的表达式。

3－32　设信号 $f(t)$ 的频谱 $F(\mathrm{j}\omega)$ 如图 19(a) 所示，当该信号通过图(b) 系统后，证明 $y(t)$ 可完全恢复为 $f(t)$。

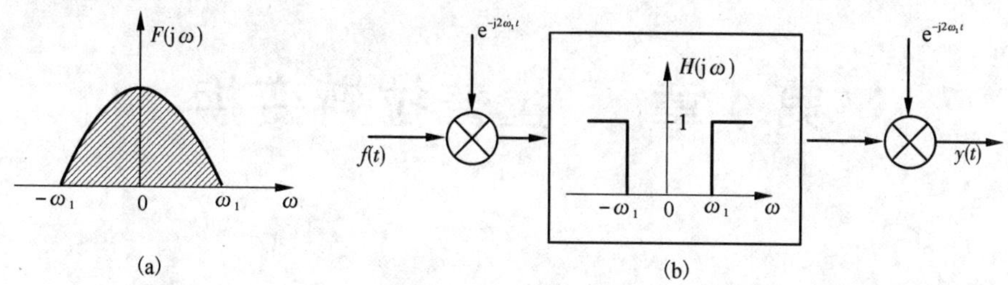

图 19　题 3－32 图

第 4 章　拉普拉斯变换

线性连续系统的频域分析以虚指数信号 $e^{-j\omega t}$ 作为基本信号，把系统的激励信号分解为众多不同频率的虚指数分量之和，则系统响应也为基本信号的求和，使系统响应的求解得到简化。频域分析方法有着清楚的物理意义，它揭示了连续时间信号的频谱特性及其系统的频率特性。但频域分析方法也有一定的局限性：有些重要信号不存在傅里叶变换，如 $e^{2t}u(t)$，因而其信号的分析受到限制，这样就不能用频域法来求解系统的响应了。

本章将通过把频域中的傅里叶变换推广到复频域来解决这些问题。引入复指数函数 e^{st} 为基本信号，其中，复频率 $s=\sigma+j\omega$（为实数）。这样，任意信号可分解为不同复频率的复指数分量之和，系统的响应就是基本信号的响应之和。这里用于系统分析的变量是复频率 s，故称为 s 域分析，也称为拉普拉斯变换。

4.1　拉普拉斯变换

4.1.1　拉氏变换的定义 —— 从傅氏变换到拉氏变换

傅里叶变换只能处理符合狄里赫利条件的信号，即信号 $f(t)$ 满足 $\int_{-\infty}^{+\infty}|f(t)|\mathrm{d}t<\infty$ 的条件，而有些信号是不满足绝对可积条件的，因而信号的分析受到限制；

例如 $e^{at}(a>0)$ 信号不满足狄里赫利条件，求解傅里叶变换困难。

因此，可用衰减因子 $e^{-\sigma t}$（σ为实常数）乘信号 $f(t)$，适当选取σ的值，使乘积信号 $f(t)e^{-\sigma t}$ 当 $t\to\infty$ 时信号幅度趋近于 0，从而使 $f(t)e^{-\sigma t}$ 满足狄里赫利条件，它的傅里叶变换存在。

$$F[f(t)\cdot e^{-\sigma t}]=\int_{-\infty}^{+\infty}[f(t)e^{-\sigma t}]\cdot e^{-j\omega t}\mathrm{d}t=\int_{-\infty}^{+\infty}f(t)\cdot e^{-(\sigma+j\omega)t}\mathrm{d}t=F(\sigma+j\omega) \tag{4-1}$$

令 $s=\sigma+j\omega$，则式(4－1)可以写成

$$F(s)=\int_{-\infty}^{+\infty}f(t)e^{-st}\mathrm{d}t \tag{4-2}$$

由信号的傅里叶逆变换公式得

$$f(t)e^{-\sigma t}=\frac{1}{2\pi}\int_{-\infty}^{+\infty}F(\sigma+j\omega)e^{j\omega t}\mathrm{d}t \tag{4-3}$$

式(4－3)左右两边同时乘以 $e^{\sigma t}$，得

$$f(t)=\frac{1}{2\pi}\int_{-\infty}^{+\infty}F(\sigma+j\omega)e^{j\omega t}dt \tag{4-4}$$

令 $s=\sigma+j\omega$，$ds=jd\omega$，则有

$$f(t)=\frac{1}{2\pi j}\int_{\sigma-j\infty}^{\sigma+j\infty}F(s)e^{st}ds \tag{4-5}$$

式(4－2)和式(4－5)就是一对拉普拉斯变换式。$F(s)$ 称为信号 $f(t)$ 的双边拉普拉斯变换，记为 $F(s)=L[f(t)]$，$f(t)$ 称为 $F(s)$ 的拉普拉斯逆变换，记为 $f(t)=L^{-1}[F(s)]$。有时候，$f(t)$ 称为 $F(s)$ 的原函数，$F(s)$ 称为 $f(t)$ 的象函数。

在工程上，常见的是因果信号，即信号 $f(t)$ 的时间取值范围是 $0\sim\infty$，若信号 $f(t)$ 在 0 时刻有跳变，$f(t)$ 的时间取值范围应该是 $0_-\sim\infty$。所以引出单边拉普拉斯变换对：

$$F(s)=\int_{0_-}^{\infty}f(t)e^{-st}dt \tag{4-6}$$

$$f(t)=\frac{1}{2\pi j}\int_{\sigma-j\infty}^{\sigma+j\infty}F(s)e^{st}ds \tag{4-7}$$

在本章 4.6 节之前仅讨论单边拉普拉斯变换，在 4.7 节再讨论双边拉普拉斯变换。

4.1.2　拉普拉斯变换的收敛域

信号 $f(t)$ 乘以衰减因子 $e^{-\sigma t}$ 以后，求时间 $t\to\infty$ 的极限，当 $\sigma>\sigma_0$ 时，该极限等于 0，即 $f(t)e^{-\sigma t}$ 在 $\sigma>\sigma_0$ 范围里收敛，其积分存在，可以进行拉普拉斯变换。

当 $\sigma>\sigma_0$ 时，

$$\lim_{t\to\infty}f(t)e^{-\sigma t}=0 \tag{4-8}$$

其中 σ_0 与信号 $f(t)$ 有关，根据 σ_0 的数值，可将 s 平面划为两个区域，如图 4－1 所示。过 σ_0 的垂直线称为收敛轴，σ_0 在 s 平面内称为收敛坐标。

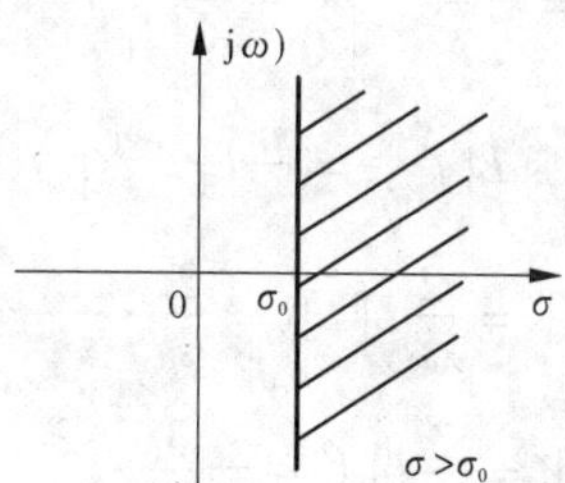

图 4－1　s 平面收敛域图

工程上常见的因果信号的拉普拉斯变换总是存在的，收敛域总在 $\sigma>\sigma_0$ 的区域，而且与 $F(s)$ 一一对应。因为这一特点，单边拉普拉斯变换的收敛域不再表明。

4.1.3　常用信号的单边拉氏变换

(1) 阶跃函数

$$L[u(t)]=\int_0^{\infty}1\cdot e^{-st}dt=\frac{1}{-s}e^{-st}\Big|_0^{\infty}=\frac{1}{s}$$

即

$$u(t)\leftrightarrow \frac{1}{s} \tag{4-9}$$

(2) 单位冲激信号

$$L[\delta(t)] = \int_0^\infty \delta(t)\cdot e^{-st}dt = 1$$

即

$$\delta(t)\leftrightarrow 1 \tag{4-10}$$

(3) 指数函数

$$L[e^{-\alpha t}] = \int_0^\infty e^{-\alpha t}e^{-st}dt = \frac{e^{-(\alpha+s)\alpha}}{-(\alpha+s)}\Bigg|_0^\infty = \frac{1}{\alpha+s}$$

即

$$e^{-\alpha t}\leftrightarrow \frac{1}{s+\alpha} \tag{4-11}$$

(4) t^n(n 为正整数)

$n = 1$ 时

$$L[t] = \int_0^\infty te^{-st}dt = \frac{1}{-s}\int_0^\infty tde^{-st} = \frac{1}{-s}\left[t\cdot e^{-st}\Big|_0^\infty - \int_0^\infty e^{-st}dt\right]$$

$$= -\frac{1}{s}\left[-\frac{1}{-s}e^{-st}\Big|_0^\infty\right] = \frac{1}{s^2}$$

即

$$t\leftrightarrow \frac{1}{s^2} \tag{4-12}$$

而

$$L[t^n] = \int_0^\infty t^n\cdot e^{-st}dt = \frac{t^n}{-s}e^{-st}\Big|_0^\infty + \frac{n}{s}\int_0^\infty t^{n-1}e^{-st}dt = \frac{n}{s}\int_0^\infty t^{n-1}e^{-st}dt$$

$$L[t^n] = \frac{n}{s}L[t^{n-1}]$$

$$L[t^2] = \frac{2}{s}L[t] = \frac{2}{s}\cdot\frac{1}{s^2} = \frac{2}{s^3}$$

$$L[t^3] = \frac{3}{s}L[t^2] = \frac{3}{s}\cdot\frac{2}{s^3} = \frac{6}{s^4}$$

即

$$t^n\leftrightarrow \frac{n!}{s^{n+1}} \tag{4-13}$$

表 4 - 1 给出了一些常用信号的单边拉普拉斯变换。

表 4－1　一些常用信号的单边拉普拉斯变换表

序号	原函数 $f(t)$, $t>0$	象函数 $F(s)$
1	$\delta(t)$	1
2	$\delta'(t)$	s
3	$u(t)$	$\frac{1}{s}$
4	t	$\frac{1}{s^2}$
5	t^n（n 正整数）	$\frac{n!}{s^{n+1}}$
6	$e^{-\alpha t}$	$\frac{1}{s+\alpha}$
7	$te^{-\alpha t}$	$\frac{1}{(s+\alpha)^2}$
8	$\sin\omega t$	$\frac{\omega}{s^2+\omega^2}$
9	$\cos\omega t$	$\frac{s}{s^2+\omega^2}$
10	$e^{-\alpha t}\sin\omega t$	$\frac{\omega}{(s+\alpha)^2+\omega^2}$
11	$e^{-\alpha t}\cos\omega t$	$\frac{s+\alpha}{(s+\alpha)^2+\omega^2}$
12	$t\sin\omega t$	$\frac{2\omega s}{(s^2+\omega^2)^2}$
13	$t\cos\omega t$	$\frac{s^2-\omega^2}{(s^2+\omega^2)^2}$
14	$2Ae^{-\alpha t}\cos(\omega t+\varphi)$	$\frac{Ae^{j\varphi}}{(s+\alpha)+j\omega}+\frac{Ae^{-j\varphi}}{(s+\alpha)-j\omega}$
15	$\frac{1}{a-b}(e^{at}-e^{bt})$	$\frac{1}{(s-a)(s-b)}$

4.2　拉普拉斯变换基本性质

4.2.1　线性性质

若

$$f_1(t)\leftrightarrow F_1(s)$$
$$f_2(t)\leftrightarrow F_2(s)$$

则

$$af_1(t)+bf_2(t)\leftrightarrow aF_1(s)+bF_2(s) \tag{4-14}$$

式中，a、b 为任意常数。

例 4-1　求 $f(t)=\cos(\omega_0 t)$ 的拉氏变换 $F(s)$。

解: 已知

$$f(t)=\cos(\omega_0 t)=\frac{1}{2}(\mathrm{e}^{\mathrm{j}\omega_0 t}+\mathrm{e}^{-\mathrm{j}\omega_0 t})$$

$$\mathrm{e}^{\mathrm{j}\omega_0 t}\leftrightarrow\frac{1}{s-\mathrm{j}\omega_0}$$

$$\mathrm{e}^{-\mathrm{j}\omega_0 t}\leftrightarrow\frac{1}{s+\mathrm{j}\omega_0}$$

由线性特性可得

$$f(t)=\cos(\omega_0 t)=\frac{1}{2}(\mathrm{e}^{\mathrm{j}\omega_0 t}+\mathrm{e}^{-\mathrm{j}\omega_0 t})\leftrightarrow\frac{1}{2}\left(\frac{1}{s-\mathrm{j}\omega_0}+\frac{1}{s+\mathrm{j}\omega_0}\right)=\frac{s}{s^2+\omega_0^2}$$

用同样方法可得

$$\sin\omega_0 t\leftrightarrow\frac{1}{2\mathrm{j}}\left(\frac{1}{s-\mathrm{j}\omega_0}-\frac{1}{s+\mathrm{j}\omega_0}\right)=\frac{\omega_0}{s^2+\omega_0^2}$$

例 4-2　求信号 $f(t)=\delta(t)+\sqrt{2}\cos\left(t+\frac{\pi}{4}\right)u(t)$ 的 $F(s)$。

解:

$$f(t)=\delta(t)+\left(\sqrt{2}\cos t\cos\frac{\pi}{4}-\sqrt{2}\sin t\sin\frac{\pi}{4}\right)u(t)$$

$$=\delta(t)+\cos t u(t)-\sin t u(t)$$

由线性性质得

$$F(s)=1+\frac{s}{1+s^2}-\frac{1}{1+s^2}=\frac{s^2+s}{1+s^2}$$

4.2.2　时域平移性质

若

$$f(t)u(t)\leftrightarrow F(s)$$

则

$$f(t-t_0)u(t-t_0)\leftrightarrow\mathrm{e}^{-st_0}F(s) \tag{4-15}$$

需要注意的是:$f(t-t_0)u(t-t_0)$ 是 $f(t)u(t)$ 的右移，这里的 $t_0>0$。注意区分 $f(t-t_0)u(t-t_0)$、$f(t-t_0)u(t)$、$f(t-t_0)$、$f(t)u(t-t_0)$ 这四个信号的不同之处。

例 4-3　求信号 $f(t)=\mathrm{e}^{-t}u(t-2)$ 的拉普拉斯变换。

解　$f(t)=\mathrm{e}^{-t}u(t-2)=\mathrm{e}^{-2}\mathrm{e}^{-(t-2)}u(t-2)$

由时域平移性质得

$$F(s)=\frac{\mathrm{e}^{-2}}{s+1}\mathrm{e}^{-2s}$$

例 4-4　求图 4-2 的周期矩形脉冲信号的拉氏变换。

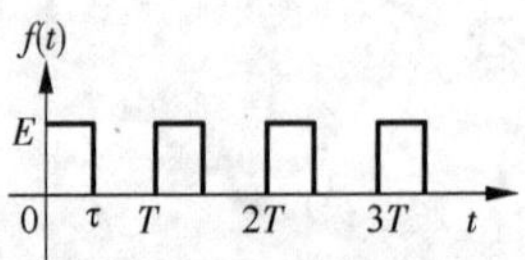

图 4-2　例 4-4 图

解: 设 $f_1(t)=\begin{cases}E & (0<t<\tau)\\ 0 & (\tau<t<T)\end{cases}$

因为$f_1(t)=E[u(t)-u(t-\tau)]$，$Eu(t)\leftrightarrow\frac{E}{s}$，$Eu(t-\tau)\leftrightarrow\frac{E}{s}e^{-s\tau}$，所以$f_1(t)\leftrightarrow\frac{E}{s}(1-e^{-s\tau})$。

而周期性脉冲可以表示为$f_T(t)=f_1(t)+f_1(t-T)+f_1(t-2T)+\cdots$

所以周期性脉冲的拉氏变换

$$\begin{aligned}F_T(s)&=F_1(s)+F_1(s)e^{-sT}+F_1(s)e^{-2sT}+\cdots=F_1(s)(1+e^{-sT}+e^{-2sT}+\cdots)\\&=F_1(s)\frac{1}{1-e^{-sT}}\end{aligned}\tag{4-16}$$

式(4-16)说明，周期为T的有始信号$f(t)$的拉普拉斯变换等于第一周期单个信号的拉普拉斯变换乘以因子$\frac{1}{1-e^{-sT}}$。

4.2.3　复频域移位性质

若

$$f(t)\leftrightarrow F(s)$$

则

$$f(t)e^{\pm s_0t}\leftrightarrow F(s\mp s_0)\tag{4-17}$$

证明

$$\begin{aligned}L[f(t)e^{\pm s_0t}]&=\int_0^\infty f(t)e^{\pm s_0t}e^{-st}dt\\&=\int_0^\infty f(t)e^{-(s\mp s_0)t}dt\\&=F(s\mp s_0)\end{aligned}$$

例4-5　求$e^{-\alpha t}\cos\omega_0t$的拉氏变换。

解：已知

$$\cos\omega_0t\leftrightarrow\frac{s}{s^2+\omega_0^2}$$

由复频域移位性质得

$$e^{-\alpha t}\cos\omega_0t\leftrightarrow\frac{s+\alpha}{(s+\alpha)^2+\omega_0^2}$$

同理

$$e^{-\alpha t}\sin\omega_0t\leftrightarrow\frac{\omega_0}{(s+\alpha)^2+\omega_0^2}$$

4.2.4　尺度变换性质

若

$$f(t)\leftrightarrow F(s)$$

则

$$f(at)\leftrightarrow\frac{1}{a}F\left(\frac{s}{a}\right)\quad(a>0)\tag{4-18}$$

证明

$$L[f(at)] = \int_0^\infty f(at)e^{-st}dt$$

令 $\tau = at$，则

$$L[f(at)] = \int_{0_-}^\infty f(\tau)e^{-(\frac{s}{a})\tau}d\left(\frac{\tau}{a}\right) = \frac{1}{a}\int_{0_-}^\infty f(\tau)e^{-(\frac{s}{a})\tau}d\tau = \frac{1}{a}F\left(\frac{s}{a}\right)$$

例 4-6 已知$f(t) \leftrightarrow F(s)$，$f_1(t) = f(at-b)u(at-b)$，$a>0$，$b>0$，求$f_1(t)$的拉普拉斯变换。

解：因为$f(t) \leftrightarrow F(s)$

由尺度变换性质得

$$f(at)u(at) \leftrightarrow \frac{1}{a}F\left(\frac{s}{a}\right) \quad (a>0)$$

$f_1(t)$ 可以表示为

$$f_1(t) = f\left[a\left(t-\frac{b}{a}\right)\right]u\left[a\left(t-\frac{b}{a}\right)\right]$$

由时移性质，则

$$f_1(t) \leftrightarrow F_1(s) = \frac{1}{a}F\left(\frac{s}{a}\right)e^{-\frac{b}{a}s}$$

4.2.5 时域微分性质

若

$$f(t) \leftrightarrow F(s)$$

则

$$\frac{df(t)}{dt} \leftrightarrow sF(s) - f(0_-) \tag{4-19}$$

证明 $\int_{0_-}^\infty \frac{df(t)}{dt}$ 一阶导数的微分性质可以推广到高阶导数。

$$\frac{df^2(t)}{dt^2} \leftrightarrow s[sF(s) - f(0_-)] - f'(0_-) = s^2F(s) - sf(0_-) - f'(0_-) \tag{4-20}$$

$$\frac{df^n(t)}{dt^n} \leftrightarrow s^nF(s) - \sum_{r=0}^{n-1} s^{n-r-1}f^{(r)}(0_-) \tag{4-21}$$

若$f(t)$为因果信号，即$t<0$时，$f(t)=0$，且无原始储能，即$f(0^-) = f'(0^-) = \cdots = 0$，则$f'(t) \leftrightarrow sF(s)$，$f^{(2)}(t) \leftrightarrow s^2F(s)$，…

例 4-7 已知$f(t) = \begin{cases} -1, & t<0 \\ e^{-\alpha t}, & t>0(\alpha>0) \end{cases}$，求$f(t)$及其一阶导数的拉普拉斯变换。

解：$f(t)$ 的拉氏变换

$$F(s) = \int_{0-}^\infty e^{-\alpha t} \cdot e^{-st}dt = \frac{1}{s+\alpha}$$

由时域微分性质

$$\frac{df(t)}{dt} \leftrightarrow sF(s) - f(0_-) = s\frac{1}{s+\alpha} - (-1) = \frac{2s+\alpha}{s+\alpha} = 2 - \frac{\alpha}{s+\alpha}$$

例 4-8　已知流经电感的电流 $i_L(t)$ 的拉普拉斯变换，求电感元件电压 $v_L(t)$ 的拉普拉斯变换。

解：电感元件如图 4-3 所示，设 $i_L(t) \leftrightarrow I_L(s)$，$v_L(t) \leftrightarrow V_L(s)$。

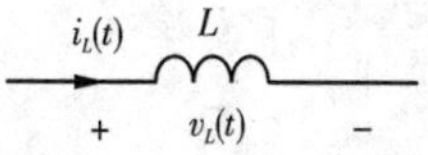

因为 $v_L(t) = L\dfrac{\mathrm{d}i_L(t)}{\mathrm{d}t}$，应用时间微分性质：

图 4-3　例 4-8 图

$$V_L(s) = L[sI_L(s) - i_L(0^-)] = sLI_L(s) - Li_L(0^-)$$

依照上面结论，可以得到电感元件的 s 域模型如图 4-4 所示。

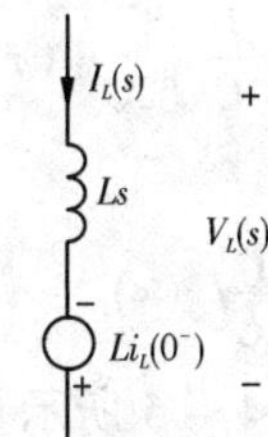

图 4-4　电感元件的 s 域模型

4.2.6　时域积分性质

若

$$f(t) \leftrightarrow F(s)$$

则

$$\int_{-\infty}^{t} f(\tau)\,\mathrm{d}\tau \leftrightarrow \frac{F(s)}{s} + \frac{f^{(-1)}(0_-)}{s} \tag{4-22}$$

证明

$$\int_{-\infty}^{t} f(\tau)\,\mathrm{d}\tau = \int_{-\infty}^{0} f(\tau)\,\mathrm{d}\tau + \int_{0}^{t} f(\tau)\,\mathrm{d}\tau$$

$$\int_{-\infty}^{0} f(\tau)\,\mathrm{d}\tau = f^{(-1)}(0)$$

而

$$f^{(-1)}(0) \leftrightarrow \frac{f^{(-1)}(0)}{s}$$

$$\int_{0}^{t} f(\tau)\,\mathrm{d}\tau \leftrightarrow \int_{0}^{\infty}\left[\int_{0}^{t} f(\tau)\,\mathrm{d}\tau\right]\mathrm{e}^{-st}\mathrm{d}t$$

$$= \left[-\frac{\mathrm{e}^{-st}}{s}\int_{0}^{t} f(\tau)\,\mathrm{d}\tau\right] + \frac{1}{s}\int_{0}^{t} f(t)\,\mathrm{e}^{-st}\mathrm{d}t$$

$$= \frac{1}{s}\int_{0}^{t} f(t)\,\mathrm{e}^{-sy}\mathrm{d}r = \frac{F(s)}{s}$$

所以

$$\int_{-\infty}^{t} f(\tau)\,\mathrm{d}\tau \leftrightarrow \frac{F(s)}{s} + \frac{f^{(-1)}(0_-)}{s}$$

例 4-9　已知流经电容的电流 $i_C(t)$ 的拉普拉斯变换，求电容元件电压 $v_C(t)$ 的拉普拉斯变换。

解: 设 $i_C(t)\leftrightarrow I_C(s)$, $v_C(t)\leftrightarrow V_C(s)$。

因为

$$v_C(t)=\frac{1}{C}\int_{-\infty}^{t}i_c(\tau)\mathrm{d}\tau$$

所以

$$V_C(s)=\frac{1}{C}\left[\frac{I_C(s)}{s}+\frac{i_C^{(-1)}(0^-)}{s}\right]=\frac{1}{sC}I_C(s)+\frac{1}{sC}i_C^{(-1)}(0^-)$$

又因为

$$\frac{1}{C}i_C^{(-1)}(0^-)=\frac{1}{C}\int_{-\infty}^{0^-}i_C(\tau)\mathrm{d}\tau=v_C(0^-)$$

所以

$$V_c(s)=\frac{1}{sC}I_C(s)+\frac{1}{s}v_C(0^-)$$

电容元件的时域模型及 s 域模型如图 4 - 5 所示。

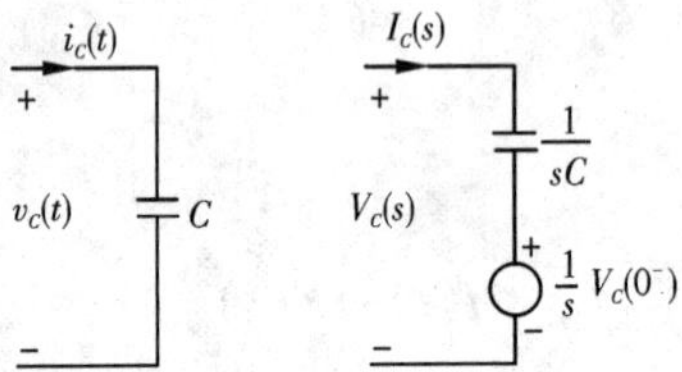

图 4 - 5　电容元件的时域模型及 s 域模型

4.2.7　s 域微分性质及积分性质

若

$$f(t)\leftrightarrow F(s)$$

则

$$-tf(t)\leftrightarrow\frac{\mathrm{d}F(s)}{\mathrm{d}s}\tag{4-23}$$

$$(-t)^n f(t)\leftrightarrow\frac{\mathrm{d}^n F(s)}{\mathrm{d}s^n}\tag{4-24}$$

$$\frac{f(t)}{t}\leftrightarrow\int_{s}^{\infty}F(\Omega)\mathrm{d}\Omega\tag{4-25}$$

以上性质证明留待读者自行推出。

例 4 - 9　求 $f(t)=t^n u(t)$ 的拉普拉斯变换。

解:

$$u(t)\leftrightarrow\frac{1}{s}$$

由 s 域微分性质

$$-tu(t)\leftrightarrow\frac{\mathrm{d}}{\mathrm{d}s}\left(\frac{1}{s}\right)=-\frac{1}{s^2}$$

$$tu(t) \leftrightarrow \frac{1}{s^2}$$

又由于

$$t^2u(t) = (-t)[(-t)u(t)]$$

则

$$t^2u(t) \leftrightarrow \frac{\mathrm{d}}{\mathrm{d}s}\left(-\frac{1}{s^2}\right) = \frac{2}{s^3}$$

以此类推得到

$$t^n u(t) \leftrightarrow \frac{n!}{s^{n+1}}$$

例4－10　求 $f(t) = \frac{\sin t}{t}u(t)$ 的拉普拉斯变换。

解：

$$\sin t \cdot u(t) \leftrightarrow \frac{1}{s^2+1}$$

由 s 域积分性质

$$\frac{\sin t}{t}u(t) \leftrightarrow \int_s^{\infty} \frac{1}{\lambda^2+1}\mathrm{d}\lambda = \arctan \lambda \Big|_s^{\infty} = \arctan \frac{1}{s}$$

4.2.8　初值定理

若信号 $f(t)$ 及其导数 $\frac{\mathrm{d}f(t)}{\mathrm{d}t}$ 的拉普拉斯变换存在，即

$$f(t) \leftrightarrow F(s),\ \frac{\mathrm{d}f(t)}{\mathrm{d}t} \leftrightarrow L\left[\frac{\mathrm{d}f(t)}{\mathrm{d}t}\right]$$

则 $f(t)$ 的初值为

$$f(0_+) = \lim_{t\to 0_+} f(t) = \lim_{s\to\infty} sF(s) \tag{4-26}$$

证明　由时域微分性质得

$$\begin{aligned} sF(s) - f(0_-) &= L\left(\frac{\mathrm{d}f(t)}{\mathrm{d}t}\right) \\ &= \int_{0_-}^{\infty} \frac{\mathrm{d}f(t)}{\mathrm{d}t}\mathrm{e}^{-st}\mathrm{d}t \\ &= \int_{0_-}^{0_+} \frac{\mathrm{d}f(t)}{\mathrm{d}t}\mathrm{e}^{-st}\mathrm{d}t \\ &= \int_{0-}^{0+} \frac{\mathrm{d}f(t)}{\mathrm{d}t}\mathrm{e}^{-st}\mathrm{d}t + \int_{0+}^{\infty} \frac{\mathrm{d}f(t)}{\mathrm{d}t}\mathrm{e}^{-st}\mathrm{d}t \end{aligned}$$

故得

$$sF(s) = f(0_+) + \int_{0_+}^{\infty} \frac{\mathrm{d}f(t)}{\mathrm{d}t}\mathrm{e}^{-st}\mathrm{d}t \tag{4-27}$$

又因为

$$\lim_{s\to\infty} sf(s) = f(0_+) + \lim_{s\to\infty}\int_0^{\infty} \frac{\mathrm{d}f(t)}{\mathrm{d}t}\mathrm{e}^{-st}\mathrm{d}t$$

而

$$\lim_{s\to\infty}\left[\int_{0_+}^{\infty}\frac{\mathrm{d}f(t)}{\mathrm{d}t}\mathrm{e}^{-st}\mathrm{d}t\right]=\int_{0_+}^{\infty}\frac{\mathrm{d}f(t)}{\mathrm{d}t}[\lim_{s\to\infty}\mathrm{e}^{-st}]\mathrm{d}t=0$$

所以初值定理得证

$$\lim_{s\to\infty}sF(s)=f(0_+)$$

注意：若 $F(s)$ 不为真分式，则应变成真分式

$$F_1(s)=F(s)-k$$

$$\lim_{s\to\infty\,\infty}s[F(s)-k]=\lim_{s\to\infty}[sF(s)-ks]=\lim_{t\to 0_+}f(t)=f(0_+)\tag{4-28}$$

$F(s)$ 中有常数项，说明$f(t)$ 项中有$\delta(t)$ 项。$sF(s)$ 相当于$\frac{\mathrm{d}f(t)}{\mathrm{d}t}$的拉氏变换，$f(t)$ 的微分中有 $\delta'(t)$ 项，其拉氏变换为 ks。

例 4－11 已知 $F(s)=\frac{1}{s}$，求 $f(0_+)$ 的值。

解：

$$f(0_+)=\lim_{t\to 0_+}f(t)=\lim_{s\to\infty}sF(s)=1$$

即单位阶跃信号的初始值为 1。

例 4－12 已知 $F(s)=\frac{2s}{s+1}$，求求 $f(0_+)$ 的值。

解： 因为

$$F(s)=\frac{2s}{s+1}=2-\frac{2}{s+1}$$

所以

$$f(0^+)=\lim_{s\to\infty}[sF(s)-ks]=\lim_{s\to\infty}\left[s\left(2-\frac{s}{s+1}\right)-2s\right]$$

$$=\lim_{s\to\infty}\frac{-2s}{s+1}=\lim_{s\to\infty}\frac{-2}{1+\frac{1}{s}}=-2$$

4.2.9 终值定理

若信号 $f(t)$ 及其导数$\frac{\mathrm{d}f(t)}{\mathrm{d}t}$ 的拉普拉斯变换存在，即

$$f(t)\leftrightarrow F(s),\quad \frac{\mathrm{d}f(t)}{\mathrm{d}t}\leftrightarrow L\left[\frac{\mathrm{d}f(t)}{\mathrm{d}t}\right]$$

而且$\lim_{t\to\infty}f(t)$ 存在，则

$$\lim_{t\to\infty}f(t)=\lim_{s\to 0}sF(s)\tag{4-29}$$

证明 令 $s\to 0$，则有

$$\lim_{s\to 0}sF(s)=f(0_+)+\lim_{s\to 0}\int_{s\to 0}^{\infty}\int_{0_+}^{\infty}\frac{\mathrm{d}f(t)}{\mathrm{d}t}\mathrm{e}^{-st}\mathrm{d}t$$

$$=f(0_+)+\lim_{s\to 0}f(t)-f(0_+)$$

$$=\lim_{s\to 0}f(t)$$

注意：仅当 $sF(s)$ 在 s 平面的虚轴上及其右边均解析时（原点除外）才可用终值定理。即 $F(s)$ 的极点要限制于 s 平面的左半平面内或在原点处有单阶极点。

4.2.10 时域卷积性质

若 $f_1(t)$、$f_2(t)$ 为因果信号，且

$$f_1(t) \leftrightarrow F_1(s),$$
$$f_2(t) \leftrightarrow F_2(s)$$

则

$$f_1(t) * f_2(t) \leftrightarrow F_1(s)F_2(s) \tag{4-30}$$

证明

$$L[f_1(t) * f_2(t)] = \int_0^{\infty}\int_0^{\infty} f_1(\tau)u(\tau)f_2(t-\tau)u(t-\tau)\mathrm{d}\tau \mathrm{e}^{-st}\mathrm{d}t$$

交换积分次序

$$L[f_1(t) * f_2(t)] = \int_0^{\infty} f_1(\tau)\left[\int_0^{\infty} f_2(t-\tau)u(t-\tau)\mathrm{e}^{-st}\mathrm{d}t\right]\mathrm{d}\tau$$

令 $x = t - \tau$，$t = x + \tau$，积分区间 $\int_{-\tau}^{\infty}$ 与 $\int_0^{\infty}$ 一样

$$L[f_1(t) * f_2(t)] = \int_0^{\infty} f_1(\tau)\mathrm{e}^{-st}\left[\int_0^{\infty} f_2(x)\mathrm{e}^{-st}\mathrm{d}x\right]\mathrm{d}x = F_1(s)F_2(s)$$

例 4-13　已知 $F(s) = \dfrac{2}{s(s+3)}$，试用卷积定理求原函数 $f(t)$。

解：$F(s)$ 可以写成 $F(s) = \dfrac{1}{s} \cdot \dfrac{2}{s+3}$。

令

$$F_1(s) = \frac{1}{s}, \quad F_2(s) = \frac{2}{s+3}$$

则原函数

$$f_1(t) = u(t), \quad f_2(t) = 2\mathrm{e}^{-3t}u(t)$$

故有

$$f(t) = f_1(t) * f_2(t) = u(t) * 2\mathrm{e}^{-3t}u(t) = (1 - \mathrm{e}^{-3t})u(t)$$

4.2.11 复频域卷积性质

若 $f_1(t)$、$f_2(t)$ 为因果信号，且

$$f_1(t) \leftrightarrow F_1(s),$$
$$f_2(t) \leftrightarrow F_2(s)$$

则

$$f_1(t) \cdot f_2(t) \leftrightarrow \frac{1}{2\pi \mathrm{j}}[F_1(s) * F_2(s)] = \frac{1}{2\pi \mathrm{j}}\int_{\sigma-\mathrm{j}\infty}^{\sigma+\mathrm{j}\infty} F_1(\eta) * F_2(s-\eta)\mathrm{d}\eta \tag{4-31}$$

复频域卷积性质应用较少，不再多叙述。

现将拉普拉斯变换的一些性质列于表 4-2，供查阅使用。

表 4 – 2　拉普拉斯变换的性质

序号	名称	时域 $f(t)$ $(t \geqslant 0)$	复频域 $F(s)$ $(\sigma > \sigma_0)$
1	线性	$af_1(t) + bf_2(t)$	$aF_1(s) + bF_2(s)$
2	时域平移	$f(t-t_0)u(t-t_0)$	$e^{-st_0}F(s)$
3	复频域移位	$f(t)e^{\pm s_0 t}$	$F(s \mp s_0)$
序号	名称	时域 $f(t)$ $(t \geqslant 0)$	复频域 $F(s)$ $(\sigma > \sigma_0)$
4	尺度变换	$f(at)$	$\frac{1}{a}F\left(\frac{s}{a}\right)(a>0)$
5	时域微分	$\frac{df(t)}{dt}$ $\frac{df^n(t)}{dt^n}$	$sF(s) - f(0_-)$ $s^nF(s) - \sum_{r=0}^{n-1} s^{n-r-1}f^{(r)}(0_-)$
6	时域积分	$\int_{-\infty}^{t} f(\tau)d\tau$	$\frac{F(s)}{s} + \frac{f^{(-1)}(0_-)}{s}$
7	s 域微分	$-tf(t)$ $(-t)^n f(t)$	$\frac{dF(s)}{ds}$ $\frac{d^nF(s)}{ds^n}$
8	s 域积分	$\frac{f(t)}{t}$	$\int_s^{\infty} F(\Omega)d\Omega$
9	时域卷积	$f_1(t) * f_2(t)$	$F_1(s)F_2(s)$
10	复频域卷积	$f_1(t) \cdot f_2(t)$	$\frac{1}{2\pi j}\int_{\sigma-j\infty}^{\sigma+j\infty} F_1(\eta) * F_2(s-\eta)d\eta$
11	初值定理	$f(0_+) = \lim_{t\to 0_+} f(t) = \lim_{s\to\infty} sF(s)$	
12	终值定理	$\lim_{t\to\infty} f(t) = \lim_{s\to 0} sF(s)$	

4.3　拉普拉斯逆变换

现在讨论由象函数 $F(s)$ 求原函数 $f(t)$ 的过程即拉普拉斯逆变换的问题。

简单的拉普拉斯逆变换只要用表 4 – 1 以及上节讨论的拉普拉斯变换的性质便可得到相应的时间函数。

求解复杂的拉普拉斯逆变换通常有两种方法：部分分式展开法和围线积分法。部分分式展开法是利用单边拉普拉斯的性质，结合常用信号拉普拉斯变换对求逆变换。它适合于 $F(s)$ 为有理函数的情况。围线积分法则是直接进行拉普拉斯变换积分，它不仅能够处理有理函数，还可以处理无理函数，因此这种方法适用范围更广。

4.3.1　部分分式展开法

常见的拉普拉斯变换式是 s 的有理函数，一般形式可以表达为：

$$F(s)=\frac{A(s)}{B(s)}=\frac{a_m s^m+a_{m-1}s^{m-1}+\cdots+a_1 s+a_0}{b_n s^n+b_{n-1}s^{n-1}+\cdots+b_1 s+b_0} \tag{4-32}$$

式中，$A(s)$ 和 $B(s)$ 分别为 $F(s)$ 的分子多项式和分母多项式。a_m，b_n 均为实数。如果 $A(s)$ 的阶次 m 比 $B(s)$ 的阶 n 次高，则可将 $F(s)$ 化成 s 多项式与真分式之和，即

$$F(s)=\frac{A(s)}{B(s)}=D_0+D_1 s+D_2 s^2+\cdots+D_{m-n}s^{m-n}+\frac{A_1(s)}{B(s)} \tag{4-33}$$

$Q(s)=D_0+D_1 s+D_2 s^2+\cdots+D_{m-n}s^{m-n}$ 是 s 的多项式，$D_k(k=0,1,\cdots,m-n)$ 是实系数，$\frac{A_1(s)}{B(s)}$ 为真分式。

多项式 $Q(s)$ 的拉普拉斯逆变换是冲激函数，其各阶导数可直接求得，即

$$D_0+D_1 s+D_2 s^2+\cdots+D_{m-n}s^{m-n}\leftrightarrow D_0\delta(t)+D_1\delta'(t)+\cdots+D_{m-n}\delta^{m-n}(t)$$

所以只需讨论 $\frac{A_1(s)}{B(s)}$ 项的拉普拉斯逆变换。

下面着重讨论 $\frac{A(s)}{B(s)}$ 是真分式时的拉普拉斯逆变换，可以将其分为三种情况来讨论：

1. $B(s)=0$ 的根都是不同的单实根

因为分母 $B(s)$ 是 s 的 n 次多项式，故可以进行因式分解：

$$B(s)=b_n(s-s_1)(s-s_2)\cdots(s-s_n)$$

这里 s_1，$s_2\cdots$，s_n 为 $B(s)=0$ 的根。当 s 等于任一根值时，$F(s)$ 等于无穷大，把 s_1，s_2，$\cdots$，s_n 这些根也称为 $F(s)$ 的极点。若 s_1，s_2，$\cdots$，s_n 互不相等，则 $F(s)$ 可表示为

$$\begin{aligned}F(s)&=\frac{A(s)}{B(s)}=\frac{A(s)}{b_n(s-s_1)(s-s_2)\cdots(s-s_n)}\\&=\frac{k_1}{s-s_1}+\frac{k_2}{s-s_2}+\cdots+\frac{k_n}{s-s_n}\end{aligned} \tag{4-34}$$

式中：k_1，$k_2\cdots$，k_n 为待定系数。在式(4－34)左右两边同时乘以因子 $(s-s_i)$，再令 $s=s_i(i=1,2\cdots n)$，于是式(4－34)右边仅留下 k_i 项，即

$$k_i=(s-s_i)\frac{A(s)}{B(s)}\bigg|_{s=s_i},\ (i=1,2\cdots n) \tag{4-35}$$

很明显，式(4－34)的逆变换可由一些常用信号的单边拉普拉斯变换表4－1查得

$$\begin{aligned}L^{-1}[F(s)]&=L^{-1}\left[\frac{k_1}{s-s_1}\right]+L^{-1}\left[\frac{k_2}{s-s_2}\right]+\cdots+L^{-1}\left[\frac{k_n}{s-s_n}\right]\\&=[k_1e^{s_1t}+k_2e^{s_2t}+\cdots+k_ne^{s_nt}]u(t)\end{aligned} \tag{4-36}$$

由此可见，当 $B(s)=0$ 具有不同的实根时，$F(s)$ 的拉普拉斯逆变换是许多实指数函数项之和。应注意的是，根据单边拉普拉斯变换的定义，拉普拉斯逆变换在 $t<0$ 区域中恒等于零，故按式(4－36)所求得的逆变换只适合于 $t\geqslant 0$ 的情况。

例4－14　求 $F(s)=\frac{s^4+2s^3-2}{s^3+2s^2-s-2}$ 的拉普拉斯逆变换。

解： 因为 $F(s)$ 中分子的阶数大于分母的阶数，所以首先把 $F(s)$ 分解成 s 多项式与真分式之和

$$F(s) = s + \frac{s^2 + 2s - 2}{s^3 + 2s^2 - s - 2}$$

其中，真分式项又可展成以下部分分式：

$$\frac{s^2 + 2s - 2}{s^3 + 2s^2 - s - 2} = \frac{s^2 + 2s - 2}{(s+1)(s+2)(s-1)} = \frac{k_1}{s+1} + \frac{k_2}{s+2} + \frac{k_3}{s-1}$$

k_1，k_1，k_3 系数由式(4 - 35) 求得

$$k_1 = (s+1)\frac{A(s)}{B(s)}\bigg|_{s=-1} = \frac{s^2 + 2s - 2}{(s+2)(s-1)}\bigg|_{s=-1} = \frac{3}{2}$$

$$k_2 = (s+2)\frac{A(s)}{B(s)}\bigg|_{s=-2} = \frac{s^2 + 2s - 2}{(s+1)(s-1)}\bigg|_{s=-2} = -\frac{2}{3}$$

$$k_3 = (s-1)\frac{A(s)}{B(s)}\bigg|_{s=1} = \frac{s^2 + 2s - 2}{(s+1)(s+2)}\bigg|_{s=1} = \frac{1}{6}$$

所以

$$F(s) = s + \frac{3}{2}\frac{1}{s+1} - \frac{2}{3}\frac{1}{s+2} + \frac{1}{6}\frac{1}{s-1}$$

由表 4 - 1 查得，$F(s)$ 的拉普拉斯逆变换：

$$f(t) = \delta'(t) + \left(\frac{3}{2}e^{-t} - \frac{2}{3}e^{-2t} + \frac{1}{6}e^{t}\right)u(t)$$

2. $B(s) = 0$ 含有共轭复数根

若

$$B(s) = a_n(s - s_1)(s - s_2)\cdots(s - s_{n-2})(s^2 + bs + c) = B_1(s)(s^2 + bs + c)$$

式中，$B_1(s) = a_n(s - s_1)(s - s_2)\cdots(s - s_{n-2})$，$s_1$，$s_2$，…，$s_{n-2}$ 为 $B(s) = 0$ 的互不相等的实数根。二次多项式中 $s^2 + bs + c$，若 $b^2 < 4c$，则构成一对共轭复数根。

因此 $B(s)$ 可写成

$$F(s) = \frac{A(s)}{B(s)} = \frac{Cs + D}{s^2 + bs + c} + \frac{A_1(s)}{B_1(s)} \tag{4 - 37}$$

上式右边第二项展开情况已如前述，对于右边第一项，如果求得$\frac{A_1(s)}{B_1(s)}$，就可应用对应系数相等的方法求得系数 C 和 D，而$\frac{Cs + D}{s^2 + bs + c}$的逆变换同样可用部分分式展开法或配方法。

例 4 - 15 求 $F(s) = \frac{s}{s^2 + 2s + 5}$ 的拉普拉斯逆变换。

解： (1) 用部分分式展开法

因为 $B(s) = s^2 + 2s + 5 = (s + 1 - j2)(s + 1 + j2) = 0$ 有一对共轭复根，$s_1 = -1 + j2$ 和 $s_1 = -1 - j2$。

所以 $F(s)$ 可写成

$$F(s)=\frac{s}{s^2+2s+5}=\frac{k_1}{s+1-\mathrm{j}2}+\frac{k_2}{s+1+\mathrm{j}2}$$

而式中

$$k_1=(s+1-\mathrm{j}2)\frac{s}{s^2+2s+5}\bigg|_{s_1=-1+\mathrm{j}2}=\frac{1}{4}(2+\mathrm{j})$$

$$k_1=(s+1+\mathrm{j}2)\frac{s}{s^2+2s+5}\bigg|_{s_1=-1-\mathrm{j}2}=\frac{1}{4}(2-\mathrm{j})$$

由代数方法可知，k_1和k_2必然也是共轭的，即$k_1=k_2^*$，所以求得k_1后，k_2可以直接写出。

$$F(s)=\frac{1}{4}\left[\frac{2+\mathrm{j}}{s+1-\mathrm{j}2}+\frac{2-\mathrm{j}}{s+1+\mathrm{j}2}\right]$$

$$\begin{aligned}L^{-1}[F(s)]&=\frac{1}{4}L^{-1}\left\{\left[\frac{2+\mathrm{j}}{s+1-\mathrm{j}2}+\frac{2-\mathrm{j}}{s+1+\mathrm{j}2}\right]\right\}\\&=\frac{1}{4}\left[(2+\mathrm{j})\mathrm{e}^{(-1+\mathrm{j}2)t}+(2-\mathrm{j})\mathrm{e}^{(-1-\mathrm{j}2)t}\right]\\&=\mathrm{e}^{-t}\left(\cos 2t-\frac{1}{2}\sin 2t\right)u(t)\end{aligned}$$

(2) 配方法

$$F(s)=\frac{s}{s^2+2s+5}=\frac{s}{(s+1)^2+2^2}=\frac{s+1}{(s+1)^2+2^2}-\frac{1}{2}\frac{2}{(s+1)^2+2^2}$$

得

$$\begin{aligned}L^{-1}\left[\frac{s}{s^2+2s+5}\right]&=L^{-1}\left[\frac{s+1}{(s+1)^2+2^2}-\frac{1}{2}\frac{2}{(s+1)^2+2^2}\right]\\&=\mathrm{e}^{-t}\left(\cos 2t-\frac{1}{2}\sin 2t\right)u(t)\end{aligned}$$

比较以上两种方法，$B(s)=0$ 有共轭复数根时，用配方法求拉普拉斯逆变换简单一些。

3. $B(s)=0$ 的根含有重根

若 $B(s)=0$ 含有一个 p 重根 s_1，而 s_{p+1}，…，s_n都是单阶根，则 $B(s)$ 可展开成 $B(s)=a_n(s-s_1)^p(s-s_{p+1})\cdots(s-s_n)$

$F(s)$ 展成的部分分式为

$$\begin{aligned}F(s)&=\frac{A(s)}{B(s)}\\&=\frac{k_{1p}}{(s-s_1)^p}+\frac{k_{1(p-1)}}{(s-s_1)^{p-1}}+\cdots+\frac{k_{12}}{(s-s_1)^2}+\frac{k_{11}}{s-s_1}+\frac{k_{p+1}}{s-s_{p+1}}+\frac{k_n}{s-s_n}\end{aligned}\tag{4-38}$$

式中，$B(s)$ 的单阶根因子组成的部分分式的系数 k_{p+1}，…，k_n的求法已如前述。对于重根因子组成的部分分式的系数 k_{1p}，$k_{1(p-1)}$，…，k_{11}，可通过下列步骤求得。

将上式两边乘以$(s-s_1)^p$，得

$$\begin{aligned}(s-s_1)^p\frac{A(s)}{B(s)}=&k_{1p}+k_{1(p-1)}(s-s_1)+\cdots+k_{12}(s-s_1)^{p-2}+k_{11}(s-s_1)^{p-1}\\&+(s-s_1)^p\left[\frac{k_{p+1}}{s-s_{p+1}}+\cdots+\frac{k_n}{s-s_n}\right]\end{aligned}\tag{4-39}$$

令 $s=s_1$ 可得

$$k_{1p}=(s-s_1)^p\frac{A(s)}{B(s)}\bigg|_{s=s_1} \tag{4-40}$$

将式(4－39)两边对 s 求导后，令 $s=s_1$ 可得

$$k_{1(p-1)}=\frac{\mathrm{d}}{\mathrm{d}s}\left[(s-s_1)^p\frac{A(s)}{B(s)}\right]\bigg|_{s=s_1} \tag{4-41}$$

依次类推，可得求重根项的部分分式系数的一般公式为

$$k_{1k}=\frac{1}{(p-k)!}\left\{\frac{\mathrm{d}^{p-k}}{\mathrm{d}s^{p-k}}\left[(s-s_1)^p\frac{A(s)}{B(s)}\right]\right\}\bigg|_{s=s_1} \tag{4-42}$$

当所有系数确定后，因为

$$L^{-1}\left[\frac{k_{1k}}{(s-s_1)^k}\right]=\frac{k_{1k}}{(k-1)!}t^{k-1}\mathrm{e}^{s_1t}$$

所以得

$$L^{-1}[F(s)]=L^{-1}\left[\frac{A(s)}{B(s)}\right]$$

$$=\left[\frac{k_{1p}}{(p-1)!}t^{p-1}+\frac{k_{1(p-1)}}{(p-2)!}t^{p-2}+\cdots+\frac{k_{12}}{1!}+k_{11}\right]\mathrm{e}^{s_1t}+\sum_{i=p+1}^{n}k_i\mathrm{e}^{s_it} \tag{4-43}$$

$B(s)$ 具有重根的 $F(s)$ 展开成部分分式，求各项系数的方法很多。式(4－35)和(4－40)比较好记，式(4－42)不好记忆，如果重根阶次不高，也可用代数恒等式求解，可以避免用求导公式。

例 4－16 求 $F(s)=\dfrac{s^2}{(s+1)^3}$ 的拉普拉斯逆变换。

解： $F(s)$ 具有重根，展开成

$$F(s)=\frac{K_{11}}{(s+1)^3}+\frac{K_{12}}{(s+1)^2}+\frac{K_{13}}{s+1}$$

而

$$K_{11}=(s+1)^3F(s)|_{s=-1}=1$$

$$K_{12}=\frac{\mathrm{d}}{\mathrm{d}s}[(s+1)^3F(s)]\bigg|_{s=-1}=\frac{\mathrm{d}}{\mathrm{d}s}(s^2)\bigg|_{s=-1}=-2$$

$$K_{12}=\frac{1}{2}\frac{d^2}{ds^2}[(s+1)^3F(s)]|_{s=-1}=1$$

所以

$$F(s)=\frac{1}{(s+1)^3}+\frac{-2}{(s+1)^2}+\frac{1}{s+1}$$

则原函数

$$f(t)=\left[\frac{1}{2}t^2\mathrm{e}^{-t}-2t\mathrm{e}^{-t}+\mathrm{e}^{-t}\right]u(t)$$

4.4.2* 围线积分法(留数定理法)

拉普拉斯逆变换定义是

$$f(t)=\frac{1}{2\pi \mathrm{j}}\int_{\sigma-\mathrm{j}\infty}^{\sigma+\mathrm{j}\infty}F(s)\mathrm{e}^{st}\mathrm{d}s \tag{4-44}$$

这里的积分计算是沿着二维复平面中的一条直线进行的，比较复杂。这条直线是 s 平面上平行于虚轴的直线 $\sigma=c>\sigma_0$。其中 σ_0 是 $F(s)$ 的收敛坐标。为了能应用留数定理计算拉普拉斯逆变换的积分，可从积分限 $\sigma-\mathrm{j}\infty$ 到 $\sigma+\mathrm{j}\infty$ 补上一条半径为无穷大的圆弧 AC_RB，以构成一闭合曲线。

根据复变函数理论中的约当引理，若

(1) 当 $|s|=R\to\infty$ 时，$|F(s)|$对于 s 一致地趋于零，即 $F(s)$ 为真分式情况；

(2) $\mathrm{Re}(st)=\sigma t<\sigma_0 t$，即当 $t>0$ 时，$\widehat{AC_RB}$ 应在 s 平面左半面，当 $t<0$ 时，$\widehat{AC_RB}$ 应在 s 平面右半面，而当 $t<0$ 时，由单边拉氏变换定义式可知 $f(t)=0$。则 $\lim\limits_{R\to\infty}\int_{\widehat{AC_RB}}F(s)\mathrm{e}^{st}\mathrm{d}s=0$，$t>0$。因此，拉氏反变换的积分等于围线积分乘以 $\frac{1}{2\pi\mathrm{j}}$，即

$$\begin{aligned}f(t)&=\frac{1}{2\pi \mathrm{j}}\int_{\sigma-\mathrm{j}\infty}^{\sigma+\mathrm{j}\infty}F(s)\mathrm{e}^{st}\mathrm{d}s=\frac{1}{2\pi \mathrm{j}}\left[\int_{\sigma-\mathrm{j}\infty}^{\sigma+\mathrm{j}\infty}F(s)\mathrm{e}^{st}\mathrm{d}s+\int_{\widehat{AC_RB}}F(s)\mathrm{e}^{st}\mathrm{d}s\right]\\&=\frac{1}{2\pi \mathrm{j}}\oint_{AC_RBA}F(s)\mathrm{e}^{st}\mathrm{d}s\end{aligned} \tag{4-45}$$

留数定理指出，复平面上任意闭合围线积分等于围线内被积函数所有极点的留数之和乘以 $2\pi\mathrm{j}$。围线半径充分大并在直线 σ 的左边，因而闭合围线包围了 $F(s)\mathrm{e}^{st}$ 的所有极点 s_{k}，故有

$$f(t)=\frac{1}{2\pi \mathrm{j}}\int_{\sigma-\mathrm{j}\infty}^{\sigma+\mathrm{j}\infty}F(s)\mathrm{e}^{st}\mathrm{d}s=\sum \mathrm{Res}[F(s)\mathrm{e}^{st}]\Big|_{s=s_{\mathrm{k}}},\ t>0 \tag{4-46}$$

由式(4-46)可知，拉普拉斯逆变换的运算转换为求被积函数 $F(s)\mathrm{e}^{st}$ 在各极点上的留数。

若 s_{k} 为 $F(s)\mathrm{e}^{st}$ 的单极点，则留数为

$$\sum \mathrm{Res}[F(s)\mathrm{e}^{st}]\Big|_{s=s_{\mathrm{k}}}=[(s-s_{\mathrm{k}})F(s)\mathrm{e}^{st}]\big|_{s=s_{\mathrm{k}}} \tag{4-47}$$

若 s_{k} 为 $F(s)\mathrm{e}^{st}$ 的 p 重极点，则留数为

$$\mathrm{Res}[F(s)\mathrm{e}^{st}]\big|_{s=s_{\mathrm{k}}}=\frac{1}{(p-1)!}\left\{\frac{\mathrm{d}^{p-1}}{\mathrm{d}s^{p-1}}[(s-s_{\mathrm{k}})^{p}F(s)\mathrm{e}^{st}]\right\}\Bigg|_{s=s_{\mathrm{k}}} \tag{4-48}$$

当 $F(s)$ 为无理函数时，需要根据留数定理、约当引理求围线积分，得到 $F(s)$ 的拉普拉斯逆变换，这种情况在电路分析问题中基本不会遇到，这里不再叙述。

4.4 微分方程的 s 域变换解法

拉普拉斯变换是线性连续系统的有力工具，它将描述线性连续系统的微分方程变为 s 域的代数方程，使求解过程得到简化；同时它将系统的初始条件自然的包含于 s 域方程中，既可分别求得零输入响应、零状态响应，也可同时求出系统的全响应。拉普拉斯变换分析法在分析系统时，主要在 s 域(复频域)内进行运算，故又称 s 域(复频域)分析法。

一个 n 阶的线性时不变系统的微分方程的一般形式可写为

$$a_n \frac{\mathrm{d}^n y(t)}{\mathrm{d}t^n} + a_{n-1} \frac{\mathrm{d}^{n-1} y(t)}{\mathrm{d}t^{n-1}} + \cdots + a_1 \frac{\mathrm{d}y(t)}{\mathrm{d}t} + ay(t)$$

$$= b_m \frac{\mathrm{d}^m x(t)}{\mathrm{d}t^m} + b_{m-1} \frac{\mathrm{d}^{m-1} x(t)}{\mathrm{d}t^{m-1}} + \cdots + b_1 \frac{\mathrm{d}x(t)}{\mathrm{d}t} + b_0 x(t) \qquad (4-49)$$

对式(4－49)两边取拉普拉斯变换，若 $x(t)$ 为有始函数，即 $t<0$ 时，$x(t)=0$，所以，$x(0_-)=x'(0_-)=\cdots=x^{(n-1)}(0_-)=0$。

由时域微分性质，得

$$a_n \frac{\mathrm{d}^n y(t)}{\mathrm{d}t^n} \leftrightarrow a_n[s^n Y(s) - s^{n-1}y(0_-) - s^{n-2}y'(0_-) - \cdots - y^{(n-1)}(0_-)]$$

$$a_{n-1} \frac{\mathrm{d}^{n-1} y(t)}{\mathrm{d}t^{n-1}} \leftrightarrow a_{n-1}[s^{n-1} Y(s) - s^{n-2}y(0_-) - s^{n-3}y'(0_-) - \cdots - y^{(n-2)}(0_-)]$$

$$\cdots\cdots$$

$$a_1 \frac{\mathrm{d}y(t)}{\mathrm{d}t} \leftrightarrow a_1[sY(s) - y(0_-)]$$

$$a_0 y(t) \leftrightarrow a_0 Y(s) \qquad (4-50)$$

同理

$$b_m \frac{\mathrm{d}^m x(t)}{\mathrm{d}t^m} \leftrightarrow b_m s^m X(s)$$

$$b_{m-1} \frac{\mathrm{d}^{m-1} x(t)}{\mathrm{d}t^{m-1}} \leftrightarrow b_{m-1} s^{m-1} X(s)$$

$$\cdots\cdots$$

$$b_1 \frac{\mathrm{d}x(t)}{\mathrm{d}t} \leftrightarrow b_1 sX(s)$$

$$b_0 x(t) \leftrightarrow b_0 X(s) \qquad (4-51)$$

式(4－50)中，$y^{(i)}(0_-)$ 表示响应 $y(t)$ 的 i 阶导数的初始状态。

将式(4－50)和式(4－51)代入式(4－49)，得

$$\begin{aligned}
&[a_n s^n + a_{n-1}s^{n-1} + \cdots + a_1 s + a_0]Y(s) \\
&= [b_m s^m + b_{m-1}s^{m-1} + \cdots + b_1 s + b_0]X(s) \\
&+ [a_n s^{n-1} + a_{n-1}s^{n-2} + \cdots + a_1]y(0_-) \\
&+ [a_n s^{n-2} + a_{n-1}s^{n-3} + \cdots + a_2]y'(0_-) \\
&\cdots\cdots \\
&+ [a_n s + a_{n-1}]y^{(n-2)}(0_-) \\
&+ a_n y^{(n-1)}(0_-)
\end{aligned} \qquad (4-52)$$

设

$$A_1(s) = a_n s^{n-2} + a_{n-1}s^{n-3} + \cdots + a_2$$

$$\cdots\cdots$$

$$A_{n-2}(s) = a_n s + a_{n-1}$$

$$A_{n-1}(s) = a_n$$

代入式(4－52)，得

$$[a_ns^n+a_{n-1}s^{n-1}+\cdots+a_1s+a_0]Y(s)$$
$$=[b_ms^m+b_{m-1}s^{m-1}+\cdots+b_1s+b_0]X(s)+\sum_{i=0}^{n-1}A_i(s)y^{(i)}(0_-) \tag{4-53}$$

由此可见，时域中的微分方程已转换为s域中的代数方程，并且自动地引入初始状态，这便可直接求出系统的全响应。系统全响应的象函数为

$$Y(s)=\frac{b_ms^m+b_{m-1}s^{m-1}+\cdots+b_1s+b_0}{a_ns^n+a_{n-1}s^{n-1}+\cdots+a_1s+a_0}X(s)+\frac{\sum_{i=0}^{n-1}A_i(s)y^{(i)}(0_-)}{a_ns^n+a_{n-1}s^{n-1}+\cdots+a_1s+a_0}$$
$$=Y_{zs}(s)+Y_{zi}(s) \tag{4-54}$$

其中 $Y_{zs}(s)=\frac{b_ms^m+b_{m-1}s^{m-1}+\cdots+b_1s+b_0}{a_ns^n+a_{n-1}s^{n-1}+\cdots+a_1s+a_0}X(s)$，$Y_{zi}(s)=\frac{\sum_{i=0}^{n-1}A_i(s)y^{(i)}(0_-)}{a_ns^n+a_{n-1}s^{n-1}+\cdots+a_1s+a_0}$。

式(4－54)表明系统全响应的拉普拉斯变换$Y(s)$由两部分组成。一部分是由激励信号产生的零状态响应的拉普拉斯变换$Y_{zs}(s)$；另一部分是系统的初始状态产生的零输入响应的拉普拉斯变换$Y_{zi}(s)$。

对$Y(s)$进行反变换，可得全响应的时域表达式：

$$y(t)=L^{-1}[Y(s)]=L^{-1}[Y_{zs}(s)]+L^{-1}[Y_{zi}(s)]$$
$$=y_{zs}(t)+y_{zi}(t) \tag{4-55}$$

例4－17　设有二阶线性时不变连续系统方程

$$\frac{d^2y(t)}{dt^2}+3\frac{dy(t)}{dt}+2y(t)=\frac{df(t)}{dt}+4f(t)$$

系统初始状态$y(0_-)=0$，$y'(0_-)=2$，输入$f(t)=u(t)$，试求系统的全响应、零输入响应和零状态响应。

解：对方程两边取拉普拉斯变换，得

$$s^2Y(s)-sy(0_-)-y'(0_-)+3[sY(s)-y(0_-)]+2Y(s)=(s+4)F(s)$$

整理可得

$$Y(s)=\frac{s+4}{s^2+3s+2}F(s)+\frac{(s+3)y(0_-)+y'(0_-)}{s^2+3s+2}$$

代入初始状态和$F(s)=\frac{1}{s}$，得

$$Y(s)=\underbrace{\frac{s+4}{s(s^2+3s+2)}}_{Y_{zs}(s)}+\underbrace{\frac{2}{s^2+3s+2}}_{Y_{zi}(s)}$$

对上式两项分别取逆变换，得

$$y_{zs}(t)=(2-3e^{-t}+e^{-2t})u(t)$$
$$y_{zi}(t)=2e^{-t}-2e^{-2t}\quad(t\geqslant0)$$

则全响应为

$$y(t)=y_{zs}(t)+y_{zi}(t)$$
$$=2-e^{-t}-e^{-2t}\quad(t\geqslant0)$$

注意：当 $t<0$ 时，零状态响应 $y_{zs}(t)=0$，所以 $y_{zs}(t)$ 可注明 $t\geqslant 0$[或乘以 $u(t)$]。但零输入响应 $y_{zi}(t)$，当 $t<0$ 时，$y_{zi}(t)$ 不一定为0，所以全响应 $y(t)=y_{zs}(t)+y_{zi}(t)$，当 $t<0$ 时，$y(t)$ 也不一定为0，所以 $y(t)$ 只能注明 $t\geqslant 0$，而不应乘以 $u(t)$。

4.5 电路的 s 域(复频域) 模型

在 s 域内分析具体电路时，可不必先列写微分方程，再用拉普拉斯变换进行分析，而是可以先根据电路 s 域模型，从电路中直接列写求解 s 域响应的代数方程，然后求解域 s 响应并进行拉普拉斯逆变换。下面先介绍三种基本电路元件的 s 域模型。

4.5.1 电阻元件的 s 域模型

电阻元件的电压与电流的时域关系为

$$v_R(t)=Ri_R(t)$$

将上式两边取拉氏变换，得

$$V_R(s)=RI_R(s) \tag{4-56}$$

由式(4-56)可得到电阻元件的 s 域模型。显然，电阻元件的 s 域模型与时域模型具有相同的形式。由此得出的电阻元件的 s 域模型如图 4-6 所示。

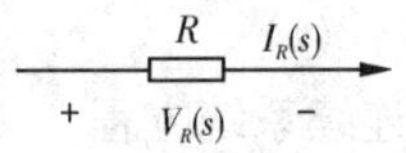

R $I_R(s)$
\+ $V_R(s)$ −

图 4-6 电阻元件的 s 域模型

4.5.2 电容元件的 s 域模型

电容元件的电压与电流的时域关系为

$$v_C(t)=\frac{1}{C}\int_{0_-}^{t} i_c(\tau)\,\mathrm{d}\tau+v_c(0_-)$$

将上式两边取拉氏变换，得

$$V_C(s)=\frac{1}{sC}I_C(s)+\frac{1}{s}v_C{}^{(-1)}(0_-) \tag{4-57}$$

或

$$I_c(s)=sCV_c(s)-Cv_c(0_-) \tag{4-58}$$

式(4-57)、式(4-58)表明，一个具有初始电压 $v_c(0_-)$ 的电容元件，其 s 域模型为一个复频容抗 $\frac{1}{sC}$ 与一个大小为 $\frac{v_c(0_-)}{s}$ 的电压源相串联(用于电路中的回路分析)，或者是 $\frac{1}{sC}$ 与一个大小为 $Cv_c(0_-)$ 的电流源并联(用于电路中的结点分析)。由此得出的电容元件的 s 域模型如图 4-7 所示。

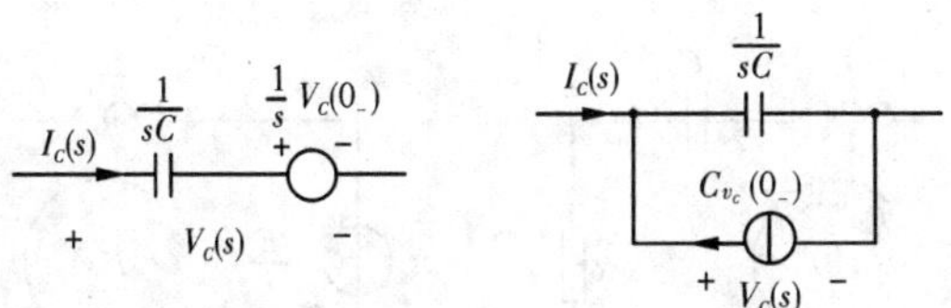

图4－7　电容元件的 s 域模型

4.5.3　电感元件的 s 域模型

电感元件的电压与电流的时域关系为

$$v_L(t) = L\frac{\mathrm{d}i_L(t)}{\mathrm{d}t}$$

将上式两边取拉氏变换，得

$$V_L(s) = L[sI_L(s) - i_L(0^-)] = sLI_L(s) - Li_L(0^-) \tag{4-59}$$

或

$$I_L(s) = \frac{1}{sL}V_L(s) + \frac{i_L(0_-)}{s} \tag{4-60}$$

式(4－59)、式(4－60)表明，一个具有初始电流 $i_L(0_-)$ 的电感元件，其复频域模型为一个复频感抗 sL 与一个大小为 $Li_L(0^-)$ 的电压源相串联(用于电路中的回路分析)，或者是 sL 与一个大小为$\frac{i_L(0_-)}{s}$ 的电流源相并联(用于电路中的结点分析)。由此得出的电感元件的 s 域模型如图4－8所示。

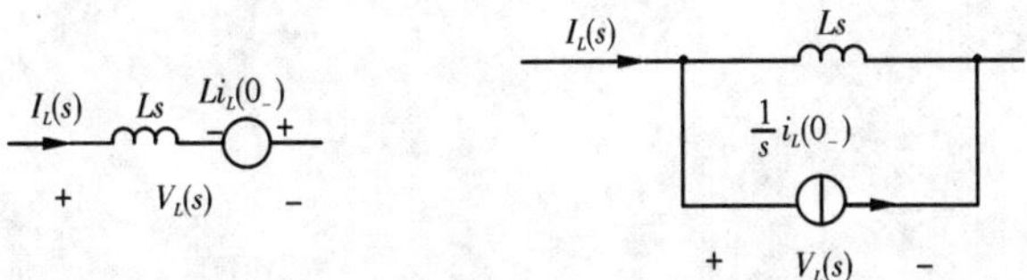

图4－8　电感元件的 s 域模型

把电路中每个元件都用它的复频域模型来代替，将信号源及各分析变量用其拉普拉斯变换式代替，就可由时域电路模型得到复频域电路模型。在复频域电路中，电压 $V(s)$ 与电流 $I(s)$ 的关系是代数关系，这样，它与电阻电路的分析方法一样。

例4－18　如图4－9(a)所示电路起始状态为0，$t=0$ 时开关 S 闭合，接入直流电源 E，求电流 $i(t)$ 的波形。

解：由题意知电路起始状态为0，可得

$$i_L(0_-) = 0,\ v_C(0_-) = 0$$

所以电路 $t>0$ 的 s 域等效模型如图4－9(b)所示。

可列出方程

$$LsI(s) + RI(s) + \frac{1}{Cs}I(s) = \frac{E}{s}$$

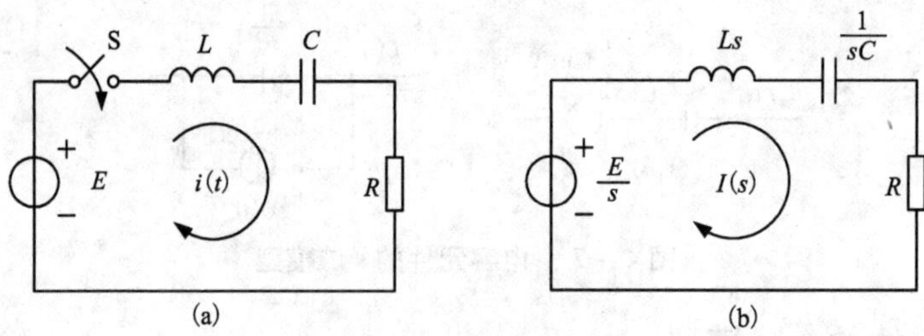

图4-9 例4-18图

解出方程得

$$I(s)=\frac{E}{s\left(Ls+R+\frac{1}{sC}\right)}=\frac{E}{L}\frac{1}{\left(s^2+\frac{R}{L}s+\frac{1}{LC}\right)}$$ 设其极点为 p_1，p_2。

解出

$$p_1=-\frac{L}{2R}+\sqrt{\left(\frac{L}{2R}\right)^2-\frac{1}{LC}},\ p_2=-\frac{L}{2R}-\sqrt{\left(\frac{L}{2R}\right)^2-\frac{1}{LC}}$$

所以

$$I(s)=\frac{E}{L}\frac{1}{(s-p_1)(s-p_2)}=\frac{E}{L}\frac{1}{(p_1-p_2)}\left[\frac{1}{(s-p_1)}-\frac{1}{(s-p_2)}\right]$$

求出 $I(s)$ 的逆变换，得

$$i(t)=\frac{E}{L(p_1-p_2)}(\mathrm{e}^{p_1t}-\mathrm{e}^{p_2t})$$

当所分析的电路具有较多结点或回路时，s 域模型的方法比时域求解的方法明显简化。

4.6 系统函数

4.6.1 系统函数

系统函数 $H(s)$ 是系统在零状态条件下系统的零状态响应的拉普拉斯变换与激励的拉普拉斯变换之比。式(4-49)表示的线性时不变系统，其系统函数由下式给出，即

$$H(s)=\frac{Y_{zs}(s)}{X(s)}=\frac{b_ms^m+b_{m-1}s^{m-1}+\cdots+b_1s+b_0}{a_ns^n+a_{n-1}s^{n-1}+\cdots+a_1s+a_0} \tag{4-61}$$

可见，已知系统时域描述的微分方程就很容易直接写出系统 s 域描述的系统函数。

系统函数仅决定于系统本身的特性，与系统的激励信号无关，它在系统分析与综合应用中占有重要地位。

由于

$$Y_{zs}(s)=H(s)X(s) \tag{4-62}$$

当系统的激励为 $\delta(t)$ 时，零状态响应为 $h(t)$，

因为　$\delta(t)\leftrightarrow 1$ 由式(4-62)得

$$h(t)\leftrightarrow H(s) \tag{4-63}$$

式(4-63)说明系统函数 $H(s)$ 与冲激响应 $h(t)$ 是一对拉氏变换。$h(t)$ 与 $H(s)$ 分别从

时域和复频域两个方面表征了同一系统的特性。

例4-19　描述线性时不变系统的微分方程为

$$\frac{d^2y(t)}{dt^2}+2\frac{dy(t)}{dt}+2y(t)=\frac{df(t)}{dt}+3f(t)$$

求系统的冲激响应 $h(t)$。

解：令零状态响应的象函数为 $Y_{zs}(s)$，对上面微分方程取拉普拉斯变换(初始状态为零)，则

$$s^2Y_{zs}(s)+2sY_{zs}(s)+2Y_{zs}(s)=sF(s)+3F(s)$$

于是系统函数为

$$H(s)=\frac{Y_{zs}(s)}{F(s)}=\frac{s+3}{s^2+2s+2}=\frac{s+1}{(s+1)^2+1^2}+\frac{2}{(s+1)^2+1^2}$$

因为

$$2e^{-t}\sin t\cdot u(t)\leftrightarrow\frac{2}{(s+1)^2+1^2}$$

$$e^{-t}\cos t\cdot u(t)\leftrightarrow\frac{s+1}{(s+1)^2+1^2}$$

所以系统的冲激响应为

$$h(t)=2e^{-t}\sin t\cdot u(t)+e^{-t}\cos t\cdot u(t)$$

当系统的激励为 $e^{st}(-\infty<t<\infty)$ 时，系统的零状态响应由卷积积分可求得

$$\begin{aligned}y_{zs}(t)&=\int_{-\infty}^{\infty}h(\lambda)e^{s(t-\lambda)}d\lambda=e^{st}\int_{-\infty}^{\infty}h(\lambda)e^{s\lambda}d\lambda\\&=e^{st}\int_{0_-}^{\infty}h(\lambda)e^{s\lambda}d\lambda=e^{st}H(s)\end{aligned}\tag{4-64}$$

式(4-64)表明，若激励是无时限的复指数信号 $e^{st}(-\infty<t<\infty)$ 时，则因果系统的零状态响应也是全响应，仍为相同复频率的指数信号，但被加权了 $H(s)$。或者说，只要将激励 e^{st} 乘以系统函数 $H(s)$ 便可求得响应[注意：s 应位于 $H(s)$ 的收敛域内]。

4.6.2　互联系统的系统函数

一个大系统可以由许多子系统作适当连接组成，当各子系统的系统函数已知时，可通过框图化简求得总系统的系统函数。系统的基本连接形式有级联、并联及反馈三种。

1. 级联

设两个级联的子系统的系统函数分别为 $H_1(s)$ 和 $H_2(s)$，系统方框图可表示如图4-10所示。

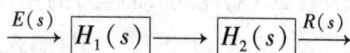

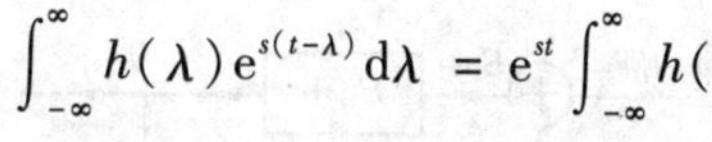

$$\xrightarrow{E(s)}\boxed{H_1(s)}\longrightarrow\boxed{H_2(s)}\xrightarrow{R(s)}$$

图4-10　级联系统方框图

则整个系统的系统函数为

$$H(s)=\frac{R(s)}{E(s)}=\frac{R(s)}{R_1(s)}\frac{R_1(s)}{X(s)}=H_2(s)H_1(s)\tag{4-65}$$

结论：子系统级联时，总系统函数为各个子系统函数之积。

2. 并联

设两个并联的子系统的系统函数分别为 $H_1(s)$ 和 $H_2(s)$，系统方框图可表示如图 4 - 11 所示。

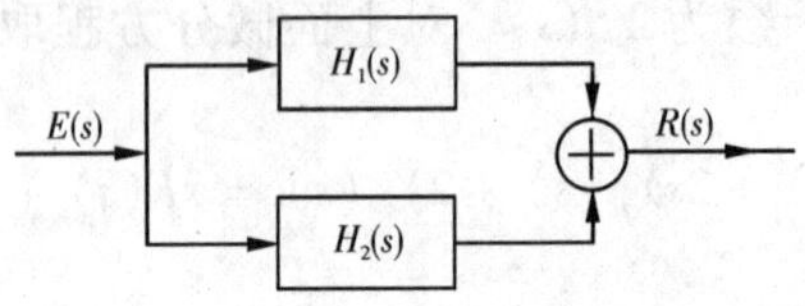

图 4 - 11　并联系统方框图

则整个系统的系统函数为

$$H(s) = \frac{R(s)}{E(s)} = \frac{R_1(s)}{E(s)} + \frac{R_2(s)}{E(s)} = H_1(s) + H_2(s) \tag{4-66}$$

结论：子系统并联时，总系统函数为各个子系统函数之和。

3. 反馈

表示输出信号反馈到输入端的情况，其中 $H_1(s)$ 称为正向通路的系统函数，$H_2(s)$ 称为反馈通路的系统函数。系统方框图可表示如图 4 - 12 所示。

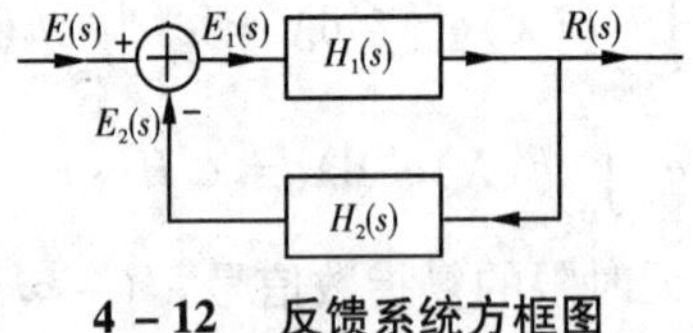

4 - 12　反馈系统方框图

因为

$$E_1(s) = E(s) - E_2(s),\ E_2(s) = R(s) \cdot H_2(s)$$

而

$$\begin{aligned} R(s) &= H_1(s) \cdot [E(s) - E_2(s)] = H_1(s)E(s) - H_1(s)E_2(s) \\ &= H_1(s)E(s) - H_1(s)H_2(s) \cdot R(s) \end{aligned}$$

所以具有反馈时的总系统函数为

$$H(s) = \frac{R(s)}{E(s)} = \frac{H_1(s)}{1 + H_1(s)H_2(s)} \tag{4-67}$$

结论：已知正向通路的系统函数 $H_1(s)$ 及反馈通路的系统函数 $H_2(s)$，则总系统的系统函数可直接由式(4 - 67) 得到。

4.6.3　系统函数 $H(s)$ 的零点和极点确定系统的时域响应 $h(t)$

线性时不变连续系统的系统函数 $H(s)$ 由式(4 - 41) 知为

$$H(s) = \frac{Y(s)}{X(s)} = \frac{b_m s^m + b_{m-1} s^{m-1} + \cdots + b_1 s + b_0}{a_n s^n + a_{n-1} s^{n-1} + \cdots + a_1 s + a_0}$$

其中，$a_i(i=0,1,2,\cdots,n)$、$b_j(j=0,1,2,\cdots,m)$ 为实常数，一般 $m\leqslant n$。$Y(s)$ 和 $X(s)$ 是 s 的有理多项式，$Y(s)=0$ 的根 $s_j(j=1,2,\cdots,m)$ 称为 $H(s)$ 的零点，$X(s)=0$ 的根 $p_i(i=1,2,\cdots,n)$ 称为 $H(s)$ 的极点。所以 $H(s)$ 又可以表示为

$$H(s)=\frac{Y(s)}{X(s)}=\frac{b_m(s-s_1)(s-s_2)\cdots(s-s_m)}{a_n(s-p_1)(s-p_2)\cdots(s-p_n)}=\frac{b_m\prod_{j=1}^{m}(s-s_j)}{a_n\prod_{i=1}^{n}(s-p_i)} \tag{4-68}$$

$H(s)$ 的零点 s_j 和极点 p_i 可能是实数、序数或复数。

由于系统的系统函数 $H(s)$ 与系统的冲激响应 $h(t)$ 是一对拉普拉斯变换对，所以系统函数 $H(s)$ 的极点在 s 平面上的位置可以确定冲激响应 $h(t)$ 的波形形式。设系统函数 $H(s)$ 仅有 n 个单阶极点，则它可以展开为

$$H(s)=\sum_{i=1}^{n}\frac{K_i}{s-p_i}$$

得到

$$h(t)=\sum_{i=1}^{n}K_i\mathrm{e}^{p_it}u(t)$$

可见，$H(s)$ 中的每一个极点 p_i 都对应于 $h(t)$ 的一个指数响应模式。而 $H(s)$ 的零点位置只影响冲激响应 $h(t)$ 的幅度与相位，而对冲激响应 $h(t)$ 的波形的形式没有影响。

归纳起来，系统函数 $H(s)$ 极点分布典型位置与冲激响应 $h(t)$ 波形形式对应如下：

(1) 极点位于 s 平面坐标原点，$H_i(s)=\dfrac{1}{s}$，其对应的 $h_i(t)=u(t)$，即冲激响应 $h(t)$ 为阶跃函数。

(2) 极点位于 s 平面的实轴上，如 $H_i(s)=\dfrac{1}{s+\alpha}$，则 $h_i(t)=\mathrm{e}^{-\alpha t}$，当极点位于 s 平面的负实轴上($\alpha>0$) 时，对应的冲激响应 $h(t)$ 为衰减指数函数；当极点位于 s 平面的正实轴上 ($\alpha<0$) 时，对应的冲激响应 $h(t)$ 为增长指数函数。

(3) 在虚轴上有共轭极点，如 $H_i(s)=\dfrac{1}{(s+\mathrm{j}\omega)(s-\mathrm{j}\omega)}$，则 $h_i(t)=\sin(\omega t)u(t)$，对应的冲激响应 $h(t)$ 为等幅振荡波形。

(4) 在 s 左半内平面有共轭极点，如 $H_i(s)=\dfrac{1}{(s+\alpha-\mathrm{j}\omega)(s+\alpha+\mathrm{j}\omega)}$，这里 $\alpha>0$，则 $h_i(t)=\mathrm{e}^{-\alpha t}\sin(\omega t)u(t)$，对应的冲激响应 $h(t)$ 为衰减振荡函数；在 s 右半内平面有共轭极点，如 $H_i(s)=\dfrac{1}{(s-\alpha-\mathrm{j}\omega)(s-\alpha+\mathrm{j}\omega)}$，同样这里 $\alpha>0$，则 $h_i(t)=\mathrm{e}^{\alpha t}\sin(\omega t)u(t)$，对应的冲激响应 $h(t)$ 为增幅振荡函数。

(5) 位于 s 平面坐标原点有二阶或三阶极点，$H_i(s)=\dfrac{1}{s^2}$ 或 $H_i(s)=\dfrac{1}{s^3}$，其对应的 $h_i(t)=tu(t)$ 或 $h_i(t)=\dfrac{1}{2}t^2u(t)$，对应的冲激响应 $h(t)$ 为增幅函数。

(6) 位于 s 平面实轴上有二阶极点，$H_i(s)=\dfrac{1}{(s+\alpha)^2}$，其对应的 $h_i(t)=t\mathrm{e}^{-\alpha t}u(t)$，对应

的冲激响应 $h(t)$ 是 t 与指数函数的乘积。

将以上结果整理如表 4 - 3 所示。

表 4 - 3 $H(s)$ 的极点与 $h(t)$ 的对应关系

$H(s)$	$H(s)$ 的极点 p_i	$h(t)$ 的波形	$h(t)$ $(t \geqslant 0)$
$\frac{1}{s}$	p_0		$u(t)$
$\frac{1}{s+\alpha}$ $(\alpha > 0)$	$p_1 = -\alpha$		$e^{-\alpha t}$
$\frac{1}{s+\alpha}$ $(\alpha < 0)$	$p_2 = -\alpha$		$e^{-\alpha t}$
$\frac{1}{(s+j\omega)(s-j\omega)}$	$p_1 = j\omega$, $p_2 = -j\omega$		$\sin(\omega t)u(t)$
$\frac{1}{(s+\alpha-j\omega)(s+\alpha+j\omega)}$ $(\alpha > 0)$	$p_1 = -\alpha + j\omega$, $p_2 = -\alpha - j\omega$		$e^{-\alpha t}\sin(\omega t)u(t)$
$\frac{1}{(s+\alpha-j\omega)(s+\alpha+j\omega)}$ $(\alpha < 0)$	$p_1 = -\alpha + j\omega$, $p_2 = -\alpha + j\omega$		$e^{-\alpha t}\sin(\omega t)u(t)$
$\frac{1}{s^2}$	$p_1 = p_2 = 0$		$tu(t)$
$\frac{1}{(s+\alpha)^2}$	$p_1 = p_2 = -\alpha$		$te^{-\alpha t}u(t)$

4.6.4　系统函数 $H(s)$ 的零点和极点与系统的频率特性的关系

系统的频率特性是指系统在正弦信号激励下稳态响应随频率的变化情况，用函数 $H(\mathrm{j}\omega)$ 表示。

对于线性时不变连续系统，如果其系统函数 $H(s)$ 的极点均在 s 的左半开半平面，那么它在虚轴上（$s=\mathrm{j}\omega$）也收敛，系统的频率特性函数为

$$H(\mathrm{j}\omega)=H(s)\big|_{s=\mathrm{j}\omega}=\frac{b_m\prod_{j=1}^{m}(\mathrm{j}\omega-s_j)}{a_n\prod_{i=1}^{n}(\mathrm{j}\omega-p_i)}=K\frac{\prod_{j=1}^{m}(\mathrm{j}\omega-s_j)}{\prod_{i=1}^{n}(\mathrm{j}\omega-p_i)} \tag{4-69}$$

由式(4－69)可知，$H(\mathrm{j}\omega)$ 的特性与系统函数 $H(s)$ 的零极点有关。

为了直观地看出系统函数 $H(s)$ 零、极点对系统频率特性 $H(\mathrm{j}\omega)$ 的影响，可以通过在 s 平面上作图的方法定性绘出频率特性。令分子中每一项 $\mathrm{j}\omega-s_j=N_j\mathrm{e}^{\mathrm{j}\varphi_j}$，分母中每一项 $\mathrm{j}\omega-p_i=M_i\mathrm{e}^{\mathrm{j}\theta_i}$，将 $\mathrm{j}\omega-s_j$、$\mathrm{j}\omega-p_i$ 都看作两矢量之差，将矢量图画于 s 平面内。

零点：$\mathrm{j}\omega=N_j\mathrm{e}^{\mathrm{j}\varphi_j}+s_j$，极点 $\mathrm{j}\omega=M_i\mathrm{e}^{\mathrm{j}\theta_i}+p_i$，矢量图如图4－13所示。

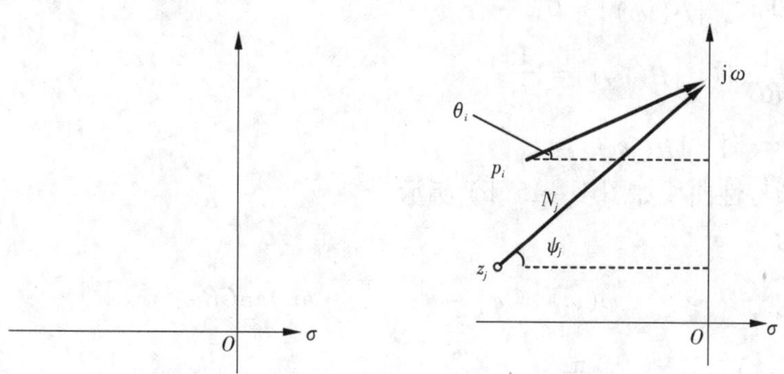

图4－13　矢量图

其中，jω 是滑动矢量，若 jω 矢量发生变化，则 N_j、φ_j、M_i、θ_i 随之发生变化。

由式(4－69)可得

$$\begin{aligned}H(\mathrm{j}\omega)&=K\frac{N_1\mathrm{e}^{\mathrm{j}\varphi_1}N_2\mathrm{e}^{\mathrm{j}\varphi_2}\cdots N_m\mathrm{e}^{\mathrm{j}\varphi_m}}{M_1\mathrm{e}^{\mathrm{j}\theta_1}M_2\mathrm{e}^{\mathrm{j}\theta_2}\cdots M_n\mathrm{e}^{\mathrm{j}\theta_n}}=K\frac{N_1N_2\cdots N_m\mathrm{e}^{\mathrm{j}(\varphi_1+\varphi_2+\cdots+\varphi_m)}}{M_1M_2\cdots M_n\mathrm{e}^{\mathrm{j}(\theta_1+\theta_2+\cdots+\theta_n)}}\\&=|H(\mathrm{j}\omega)|\mathrm{e}^{\mathrm{j}\varphi(\omega)}\end{aligned} \tag{4-70}$$

其中频率特性中的幅频特性为 $|H(\mathrm{j}\omega)|$

$$|H(\mathrm{j}\omega)|=K\frac{N_1N_2\cdots N_m}{M_1M_2\cdots M_n} \tag{4-71}$$

相频特性为 $\varphi(\omega)$

$$\varphi(\omega)=(\varphi_1+\varphi_2+\cdots+\varphi_m)-(\theta_1+\theta_2+\cdots+\theta_n) \tag{4-72}$$

当 ω 沿着虚轴滑动时，各矢量的模和辐角都随之变化，于是由系统函数 $H(s)$ 零、极点可以得出系统频率特性 $H(\mathrm{j}\omega)$ 的幅频特性曲线和相频特性曲线。

例 4 - 20 试确定图 4 - 14 的幅频特性曲线和相频特性曲线。

解: 由图得到电路的系统函数 $H(s)$ 为

$$H(s)=\frac{V_2(s)}{V_1(s)}=\frac{R}{R+\frac{1}{sC}}=\frac{s}{s+\frac{1}{RC}},$$

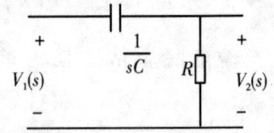

图 4 - 14 例 4 - 20 图

得系统的零点 $s_1=0$，极点 $p_1=-\frac{1}{RC}$。

零、极点在 s 平面分布如图 4 - 15(a) 所示。

则

$$H(s)\big|_{s=\mathrm{j}\omega}=H(\mathrm{j}\omega)=\frac{\mathrm{j}\omega}{\mathrm{j}\omega-\left(-\frac{1}{RC}\right)}=\frac{N_1\mathrm{e}^{\mathrm{j}\psi_1}}{M_1\mathrm{e}^{\mathrm{j}\theta_1}}$$

当 ω 沿着虚轴从零向 ∞ 滑动时, $H(\mathrm{j}\omega)$ 随之变化,

且幅频特性为 $|H(\mathrm{j}\omega)|=\frac{N_1}{M_1}=\frac{|\omega|}{\sqrt{\omega^2+\left(\frac{1}{RC}\right)^2}}$

① 当 $\omega=0$ 时, $|H(\mathrm{j}\omega)|=0$;

② 当 $\omega=\frac{1}{RC}$ 时, $|H(\mathrm{j}\omega)|=\frac{1}{\sqrt{2}}$;

③ 当 $\omega=\infty$ 时, $|H(\mathrm{j}\omega)|=1$。

得出的幅频特性曲线如图 4 - 15(b) 所示。

相频特性为

$$\varphi(\omega)=\varphi_1-\theta=\frac{\pi}{2}-\arctan CR\omega_1$$

① 当 $\omega=0$ 时, $\varphi(\omega)=\frac{\pi}{2}$;

② 当 $\omega=\frac{1}{RC}$ 时, $\varphi(\omega)=\frac{\pi}{4}$;

③ 当 $\omega=\infty$ 时, $\varphi(\omega)=0$。

得出的相频特性曲线如图 4 - 15(c) 所示。

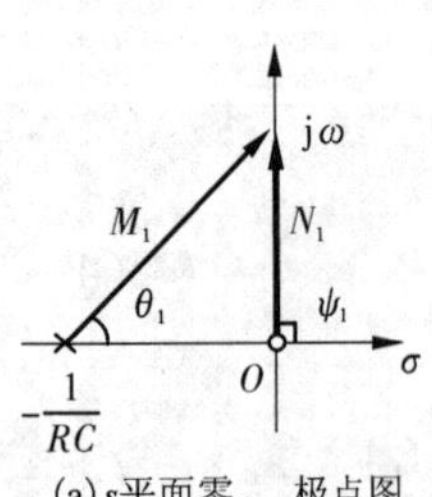

(a) s平面零、极点图

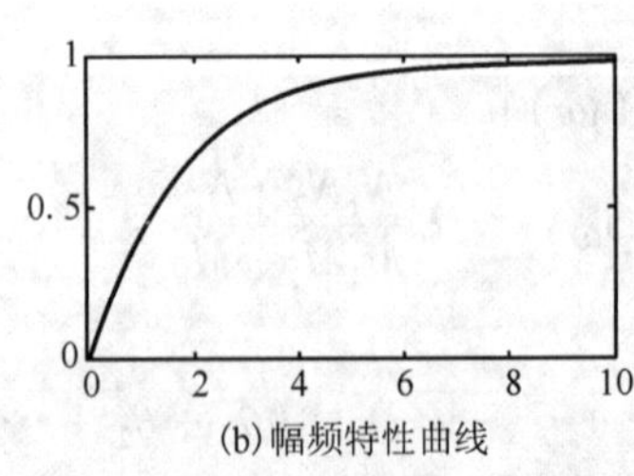

(b) 幅频特性曲线

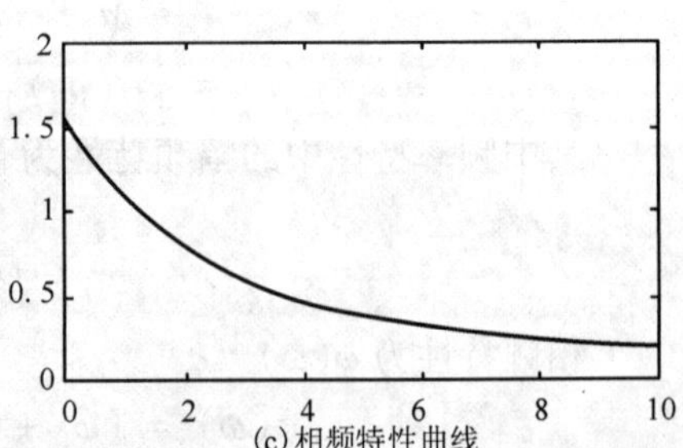

(c) 相频特性曲线

图 4 - 15 例 4 - 20 解析图

4.6.5　系统函数 $H(s)$ 极点位置确定系统的稳定性

一个连续系统，如果对任意的有界(包括为零)激励，其响应也是有界的，则称该系统为有界输入有界输出意义下的稳定系统，简称稳定系统。

即一个连续系统对所有的激励信号 $e(t)$，若

$$|e(t)| \leqslant M_e$$

则其响应 $r(t)$ 满足

$$|r(t)| \leqslant M_r$$

则称该系统是稳定系统。式中为 M_e、M_r 有限的正实数。

可以证明，对于一般因果系统，稳定的充要条件是冲激响应 $h(t)$ 绝对可积，表示为

$$\int_{-\infty}^{\infty} |h(t)| \mathrm{d}t < \infty \tag{4-73}$$

根据冲激响应 $h(t)$ 与系统函数 $H(s)$ 的关系，可以由系统函数 $H(s)$ 的极点分布来确定系统的稳定性。

(1) 系统函数 $H(s)$ 的极点位于 s 的左半平面时，$h(t)$ 绝对可积，系统为稳定系统。

(2) 系统函数 $H(s)$ 的极点只要有一个位于 s 的右半平面时，或在虚轴上有二阶或二阶以上的重极点，$h(t)$ 不满足绝对可积条件，系统为不稳定系统。

(3) 系统函数 $H(s)$ 的极点位于虚轴且只有一阶时，$h(t)$ 处于不满足绝对可积条件的临界条件，则系统是临界的稳定系统。

例 4-21　如图 4-16 所示的反馈系统，子系统的系统函数

$$G(s) = \frac{1}{(s-1)(s+2)}$$

当常数 k 满足什么条件时，系统是稳定的？

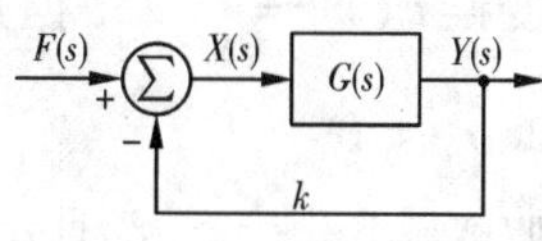

图 4-16　例 4-21 图

解：由图得加法器输出端的信号

$$X(s) = F(s) - kY(s)$$

则输出信号

$$Y(s) = G(s)X(s) = G(s)F(s) - kG(s)Y(s)$$

得出反馈系统的系统函数为

$$H(s) = \frac{Y(s)}{F(s)} = \frac{G(s)}{1 + kG(s)} = \frac{1}{s^2 + s - 2 + k}$$

解出 $H(s)$ 的极点

$$p_{12} = -\frac{1}{2} \pm \sqrt{\frac{9}{4} - k}。$$

为使极点均在 s 左半平面，必须

$$\frac{9}{4} - k < 0 \quad 或 \begin{cases} \dfrac{9}{4} - k > 0 \\ -\dfrac{1}{2} + \sqrt{\dfrac{9}{4} - k} < 0 \end{cases}$$

可得，$k > 2$ 时系统是稳定的。

4.7 拉普拉斯变换与傅里叶变换的关系

连续信号的拉普拉斯变换是由信号的傅里叶变换推广而来的。而信号$f(t)$的拉普拉斯变换$H(s)$和傅里叶变换$H(\mathrm{j}\omega)$分别为

$$F(s)=\int_{-\infty}^{\infty}f(t)\mathrm{e}^{-st}\mathrm{d}t,\ \mathrm{Re}[s]>\sigma_0$$

$$F(\mathrm{j}\omega)=\int_{-\infty}^{\infty}f(t)\mathrm{e}^{-\mathrm{j}\omega t}\mathrm{d}t$$

由于$s=\sigma+\mathrm{j}\omega$，因此当$\sigma=0$时，拉普拉斯变换就是傅里叶变换。对于有始信号，即$t<0$时，$f(t)=0$，则$f(t)$的拉普拉斯变换即为单边拉普拉斯变换。因而，单边拉普拉斯变换与傅里叶变换之间必有联系。

本节讨论有始信号的傅里叶变换与单边拉普拉斯变换之间的关系，及由单边拉普拉斯变换求取傅里叶变换的方法。$F(s)$的收敛域$\mathrm{Re}[s]>\sigma_0$，σ_0为实数，σ_0称为收敛坐标，根据收敛坐标σ_0值，可分为三种情况。

1. $\sigma_0>0$

收敛域$\mathrm{Re}[s]>\sigma_0$且$\sigma_0>0$，因s平面的虚轴在收敛域外，即在虚轴$s=\mathrm{j}\omega$处，$F(s)=\int_{0}^{\infty}f(t)\mathrm{e}^{-st}\mathrm{d}t$不收敛，因而$f(t)$的傅氏变换不存在。

例如增长函数$f(t)=\mathrm{e}^{\alpha t}u(t)$，$\alpha>0$，依靠衰减因子$\mathrm{e}^{-\sigma t}$可使信号衰减下来，从而得到其拉氏变换$F(s)=\dfrac{1}{s-\alpha}$，但其傅氏变换不存在。因而不能由拉氏变换去求得其傅氏变换。

2. $\sigma_0<0$

收敛域$\mathrm{Re}[s]>\sigma_0$且$\sigma_0<0$，因s平面的虚轴$s=\mathrm{j}\omega$在收敛域内，此时只要在拉氏变换式中令$s=\mathrm{j}\omega$就可得到其傅氏变换，即

$$F(\mathrm{j}\omega)=F(s)\big|_{s=\mathrm{j}\omega}\tag{4-74}$$

例如衰减函数$f(t)=\mathrm{e}^{-\alpha t}u(t)$，$\alpha>0$，其拉氏变换为$F(s)=\dfrac{1}{s+\alpha}$，$\mathrm{Re}[s]>-\alpha$，则其傅氏变换为$F(\mathrm{j}\omega)=F(s)\big|_{s=\mathrm{j}\omega}=\dfrac{1}{\mathrm{j}\omega+\alpha}$。

又如

$$\mathrm{e}^{-\alpha t}\sin\omega_0 tu(t)\leftrightarrow\frac{\omega_0}{(s+\alpha)^2+\omega_0^2}$$

则由式(4－74)可得

$$\mathrm{e}^{-\alpha t}\sin\omega_0 tu(t)\leftrightarrow\frac{\omega_0}{(\mathrm{j}\omega+\alpha)^2+{\omega_0}^2}$$

3. $\sigma_0=0$

此时，收敛域$\mathrm{Re}[s]>\sigma_0$且$\sigma_0=0$，虽然s平面的虚轴$s=\mathrm{j}\omega$在收敛域内外，但信号既

具有拉氏变换，也具有傅氏变换，只是不能直接利用式(4-74)求其傅氏变换。因为$\sigma_0=0$，信号$f(t)$的拉氏变换$F(s)$的收敛边界与虚轴重合，意味着$F(s)$除了有一些极点位于s左半平面外，必有一些极点位于s平面的虚轴$\mathrm{j}\omega$上。因此，它的傅氏变换中必然包含冲激函数或它们的导数。

现在假设$F(s)$在$\mathrm{j}\omega_1$，$\mathrm{j}\omega_2$，…，$\mathrm{j}\omega_N$处有单极点，于是$F(s)$可表示为

$$F(s)=F_{\mathrm{a}}(s)+\sum_{k=1}^{N}\frac{k_k}{s-\mathrm{j}\omega_k}\tag{4-75}$$

式中，$F_{\mathrm{a}}(s)$的极点都位于s左半平面。

若$L^{-1}[F_{\mathrm{a}}(s)]=f_{\mathrm{a}}(t)u(t)$，则式(4-75)的拉氏反变换为

$$f(t)=f_{\mathrm{a}}(t)u(t)+\sum_{k=1}^{N}k_k\mathrm{e}^{\mathrm{j}\omega_k t}u(t)\tag{4-76}$$

由于$F_{\mathrm{a}}(s)$的极点都位于s左半平面$\sigma_0<0$，因而它在虚轴处收敛，故$f_{\mathrm{a}}(t)u(t)$的傅氏变换为$F[f_{\mathrm{a}}(t)u(t)]=F_{\mathrm{a}}(s)|_{s=\mathrm{j}\omega}$。

应用傅氏变换的频移性，有

$$F[k_k\mathrm{e}^{\mathrm{j}\omega_k t}u(t)]=k_k\left[\pi\delta(\omega-\omega_k)+\frac{1}{\mathrm{j}\omega-\mathrm{j}\omega_k}\right]$$

则

$$\begin{aligned}F[f(t)]&=F_{\mathrm{a}}(s)|_{s=\mathrm{j}\omega}+\sum_{k=1}^{N}k_k\left[\pi\delta(\omega-\omega_k)+\frac{1}{\mathrm{j}\omega-\mathrm{j}\omega_k}\right]\\&=F_{\mathrm{a}}(s)|_{s=\mathrm{j}\omega}+\sum_{k=1}^{N}\frac{1}{\mathrm{j}\omega-\mathrm{j}\omega_k}+\sum_{k=1}^{N}k_k\pi\delta(\omega-\omega_k)\end{aligned}$$

上式中前两项之和即为将$s=\mathrm{j}\omega$代入式(4-76)所得的结果，于是$f(t)$的傅氏变换可表示为

$$F[f(t)]=F(s)|_{s=\mathrm{j}\omega}+\sum_{k=1}^{N}k_k\pi\delta(\omega-\omega_k)\tag{4-77}$$

式(4-77)表明，当$\mathrm{j}\omega$轴上有$F(s)$的单极点时，只要令$s=\mathrm{j}\omega$，并加上每个极点所对应的一个冲激$k_k\pi\delta(\omega-\omega_k)$，便可求得相应的傅氏变换$F(\mathrm{j}\omega)$。

若$F(s)$除了在s的左半平面上有一些极点外，在虚轴上有一个n重极点$\mathrm{j}\omega_0$时，则$F(s)$可表示为

$$F(s)=F_{\mathrm{a}}(s)+\frac{k}{(s-\mathrm{j}\omega_0)^n}\tag{4-78}$$

其拉氏反变换为

$$f(t)=f_{\mathrm{a}}(t)u(t)+\frac{k}{(n-1)!}t^{n-1}\mathrm{e}^{\mathrm{j}\omega_0 t}u(t)\tag{4-79}$$

$f(t)$的傅氏变换为

$$\begin{aligned}F(\mathrm{j}\omega)&=F_{\mathrm{a}}(s)|_{s=\mathrm{j}\omega}+\frac{k\pi\mathrm{j}^{n-1}}{(n-1)!}\delta^{(n-1)}(\omega-\omega_0)+\frac{k}{(\mathrm{j}\omega-\mathrm{j}\omega_0)^n}\\&=F_{\mathrm{a}}(s)|_{s=\mathrm{j}\omega}+\left.\frac{k}{(s-\mathrm{j}\omega_0)^n}\right|_{s=\mathrm{j}\omega}+\frac{k\pi\mathrm{j}^{n-1}}{(n-1)!}\delta^{(n-1)}(\omega-\omega_0)\end{aligned}$$

$$= F(s)\mid_{s=\mathrm{j}\omega} + \frac{k\pi \mathrm{j}^{n-1}}{(n-1)!}\delta(\omega-\omega_0) \tag{4-80}$$

式(4-80)表明，当 $F(s)$ 有一个 n 重极点在 $\mathrm{j}\omega$ 轴上时，只要令 $s=\mathrm{j}\omega$，并加上一个 $n-1$ 阶冲激，便可求得相应的傅氏变换 $F(\mathrm{j}\omega)$。

推广到一般，当 $F(s)$ 除了有极点在 s 的左半平面上外，还有 N 个极点在虚轴 $\mathrm{j}\omega$ 上，它们分别是 n_k 重极点时，则 $F(s)$ 可表示为

$$F(s) = F_{\mathrm{a}}(s) + \sum_{k=1}^{N} \frac{k}{(s-\mathrm{j}\omega_k)^{n_k}} \tag{4-81}$$

则相应的傅氏变换为

$$F(\mathrm{j}\omega) = F(s)\mid_{s=\mathrm{j}\omega} + \pi\sum_{k=1}^{N} k_k \frac{\mathrm{j}^{n_k-1}}{(n_k-1)!}\delta^{(n_k-1)}(\omega-\omega_k) \tag{4-82}$$

习　题

4-1　求下列函数的拉普拉斯变换

(1) $1-\mathrm{e}^{-at}$　　(2) $\sin t+2\cos t$

(3) $t\mathrm{e}^{-2t}$　　(4) $\mathrm{e}^{-t}\sin(2t)$

(5) $(1+2t)\mathrm{e}^{-t}$　　(6) $\dfrac{1}{\beta-\alpha}(\mathrm{e}^{-\alpha t}-\mathrm{e}^{-\beta t})$

(7) $t\mathrm{e}^{-(t-2)}u(t-1)$ (8) $\mathrm{e}^{-\frac{t}{a}}f(\dfrac{t}{a})$，已知 $L[f(t)]=F(s)$

4-2　求下列函数的拉氏变换，注意阶跃函数的跳变时间。

(1) $f(t)=\mathrm{e}^{-t}u(t-2)$　　(2) $f(t)=\mathrm{e}^{-(t-2)}u(t-2)$

(3) $f(t)=\mathrm{e}^{-(t-2)}u(t)$　　(4) $f(t)=\sin(2t)u(t-1)$

(5) $f(t)=(t-1)[u(t-1)-u(t-2)]$

4-3　求下列函数的拉普拉斯逆变换

(1) $\dfrac{1}{s(s^2+5)}$　　(2) $\dfrac{s+3}{(s+1)^3(s+2)}$

(3) $\dfrac{\mathrm{e}^{-s}}{4s(s^2+1)}$　　(4) $\dfrac{1}{s+1}$

(5) $\dfrac{4}{2s+3}$　　(6) $\dfrac{4}{s(2s+3)}$

(7) $\dfrac{1}{s(s^2+5)}$　　(8) $\dfrac{3}{(s+4)(s+2)}$

(9) $\dfrac{3s}{(s+4)(s+2)}$

4-4　$f(t)=(t-1)[u(t-1)-u(t-2)]$，用拉普拉斯变换方法求解下列微分方程

(1) $\begin{cases} y'_1(t) + 2y_1(t) - y_2(t) = 0 \\ y'_2(t) - y_1(t) + 2y_2(t) = 0 \end{cases}$　　$y_1(0_-) = 0;\ y_2(0_-) = 1$

(2) 已知系统微分方程：

$$y''(t) + 5y'(t) + 6y(t) = 3f(t)$$

激励信号为：

$$f(t) = \mathrm{e}^{-t} \cdot \varepsilon(t),\ y(0_-) = 0,\ y'(0_-) = 1$$

求系统的零输入响应和零状态响应。

4－5　如图1所示电路，已知 $u_S(t) = 12\ \mathrm{V}$，$L = 1\ \mathrm{H}$，$C = 1\ \mathrm{F}$，$R_1 = 3\ \Omega$，$R_2 = 2\ \Omega$。开关断开时，电路处于稳态，在 $t = 0$ 时刻，开关闭合，求闭合后 R_3 两端电压响应 $y(t)$。

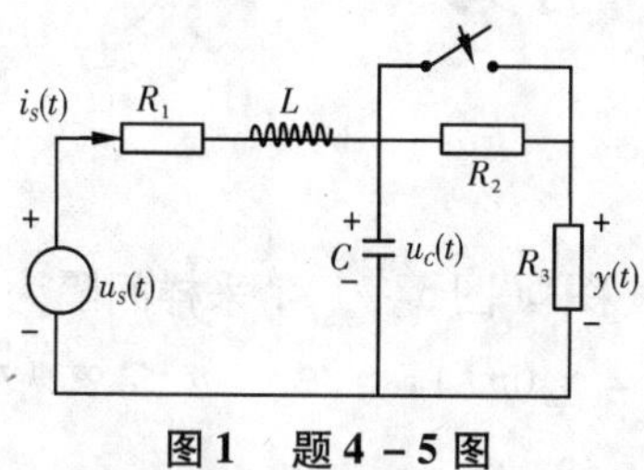

图1　题4－5图

4－6　如图2所示，$t = 0$ 以前开关处于位置"1"，电路达到稳态，$t = 0$ 时刻，开关从"1"倒换至"2"，求电流 $i(t)$ 的表达式。

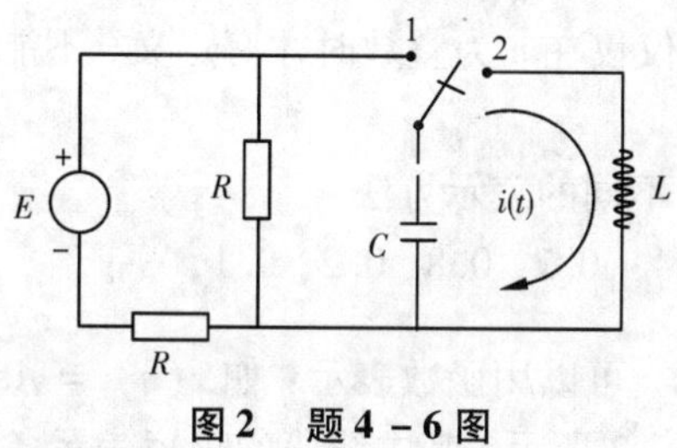

图2　题4－6图

4－7　如图3所示电路起始状态为0，要求输出满足 $u_0(t) = -[2u'(t) + 6u(t)]$。其中，$u(t) = \mathrm{e}^{-t} \cdot \varepsilon(t)$，求输入信号 $u_i(t)$。

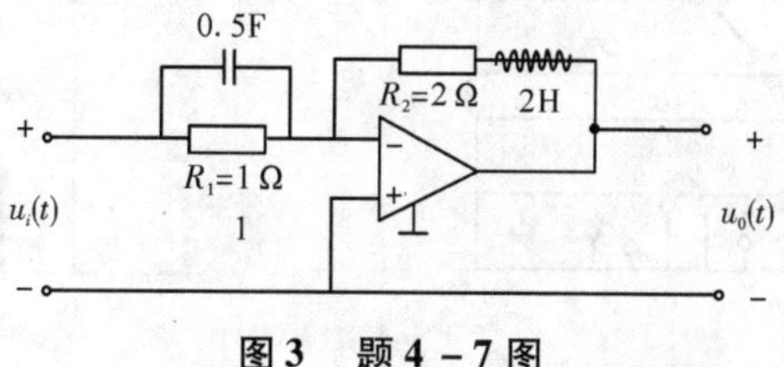

图3　题4－7图

第 5 章 离散时间系统的时域分析

5.1 离散时间信号 —— 序列

5.1.1 序列的概念

对连续时间信号进行等间隔采样(图 5 - 1), 采样间隔为 T, 得到

$$x_a(t)\big|_{t=nT} = x_a(nT),\ -\infty < n < \infty \ (n \text{ 取整数}) \tag{5 - 1}$$

对于不同的 n 值, 是一个有序的数字序列: $\cdots$, $x_a(-T)$, $x_a(0)$, $x_a(T)$, $x_a(2T)$, $\cdots$ 该数字序列就是离散时间信号。

实际信号处理中, 这些数字序列值按顺序存放于存储器中, 此时 nT 代表的是前后顺序。T 为抽样周期, 为简化, 不写抽样周期, 形成 $x(n)$ 信号, 称为序列。用 $x(n)$ 来表示序列的第 n 个数, 其中 n 为整数。$x(n)$ 仅仅在 n 为整数时才有定义, 不能认为 $x(n)$ 在 n 不为整数时就是零。

序列可以按照需要, 使用不同的表示方法。

(1) 用数字序列表示: 如 $\{\cdots 0.7,\ \underset{\underset{n=0}{\uparrow}}{0.8},\ 0.2,\ 0.1,\ \cdots\}$

(2) 若序列排列有规则的, 可以用函数表示: 如 $x(n) = A\sin(n\omega_0 + \varphi)$。

(3) 用波形表示: 如图 5 - 2 所示, 其中线段的长短表示各序列值的大小。

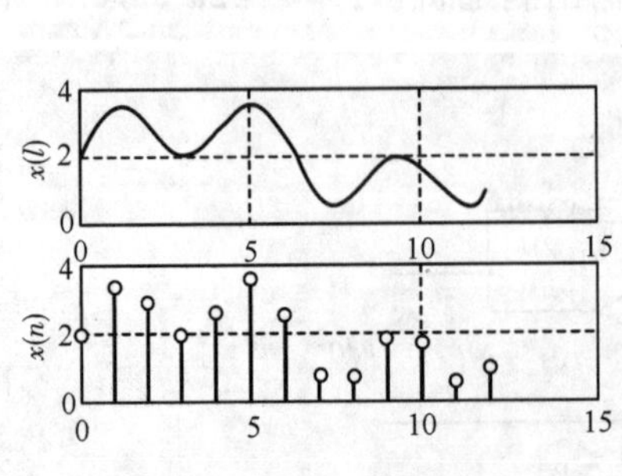

图 5 - 1 连续时间信号的采样

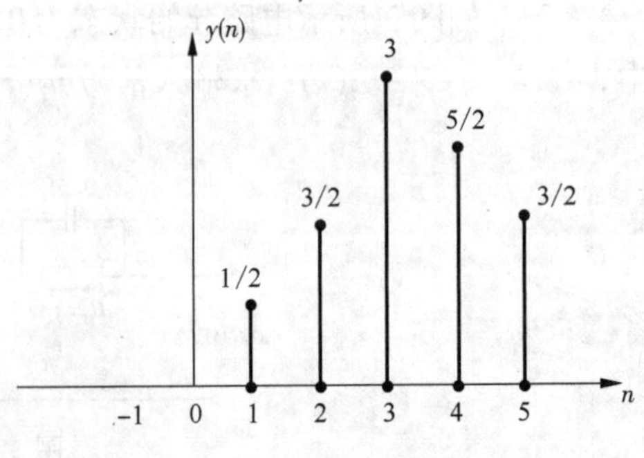

图 5 - 2 序列的波形表示

5.1.2　序列的运算

1. 移位

序列 $x(n)$，当 $m>0$ 时，$x(n-m)$ 表示原序列逐项依次延时（右移）m 位；$x(n+m)$ 表示向前移位（左移）m 位，如图 5－3 所示。

2. 翻褶

$x(-n)$ 是以 $n=0$ 的纵轴为对称轴将序列 $x(n)$ 加以翻褶，如图 5－4 所示。

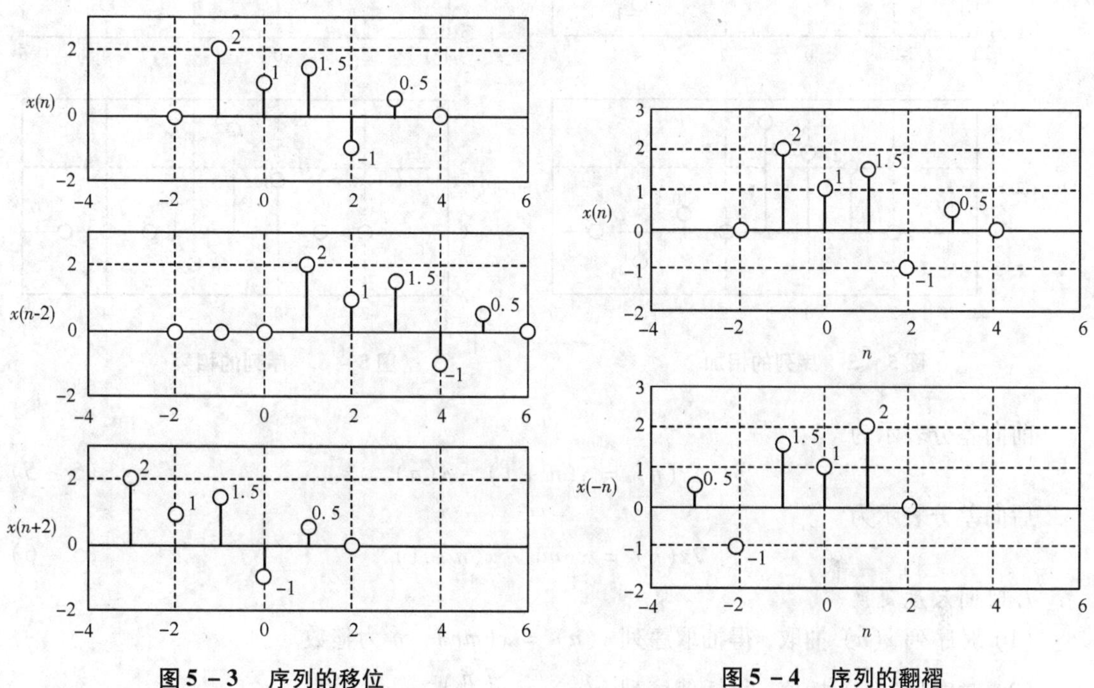

图 5－3　序列的移位　　图 5－4　序列的翻褶

3. 相加

两序列同序号 n 的数值逐项对应相加，如图 5－5 所示。

$$x(n)=x_1(n)+x_2(n) \tag{5-2}$$

4. 相乘

两序号同序号 n 的数值逐项对应相乘，如图 5－6 所示。

$$x(n)=x_1(n)\cdot x_2(n) \tag{5-3}$$

5. 累加

对于给定的序列 $x(k)$，当指定 n 值后 $y(n)$ 为确定的数值

$$y(n)=\sum_{k=-\infty}^{n}x(k) \tag{5-4}$$

6. 差分

指相邻两样值相减。可以分为前向差分，后向差分。

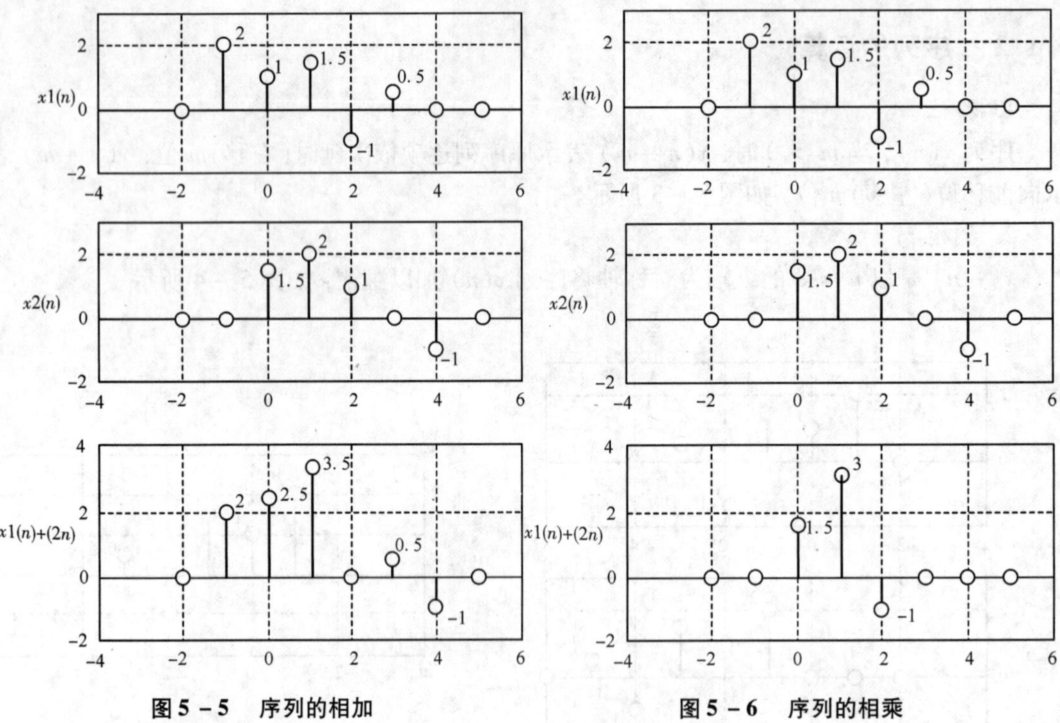

图 5－5　序列的相加　　　　图 5－6　序列的相乘

前向差分表示为

$$\Delta x(n) = x(n+1) - x(n) \tag{5-5}$$

后向差分表示为

$$\nabla x(n) = x(n) - x(n-1) \tag{5-6}$$

7. 时间尺度变换

(1) 对序列 $x(n)$ 抽取，得抽取序列 $y(n) = x(mn)$，m 为整数。

(2) 对序列 $x(n)$ 插值，得插值序列 $y(n) = x\left(\dfrac{n}{m}\right)$

$$y(n) = \begin{cases} x\left(\dfrac{n}{m}\right), & (n = mk) \\ 0, & (n \neq mk) \end{cases} \quad (m,\ k \text{ 为整数}) \tag{5-7}$$

例 5－1　已知 $x(n)$ 的波形，请画出 $x(2n)$、$x\left(\dfrac{n}{2}\right)$ 的波形。

解： 结果如图 5－7 所示。

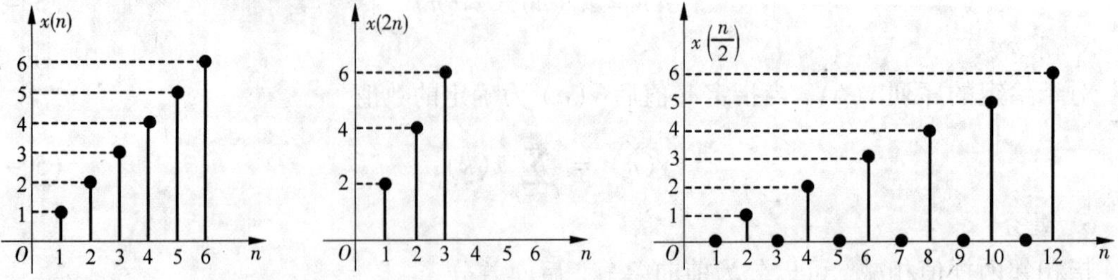

图 5－7　序列的时间尺度变换

5.1.3　典型的序列

1. 单位抽样序列

此序列只在 $n=0$ 时取单位值 1，其余点都为 0，如图 5－8 所示。

$$\delta(n)=\begin{cases}1, & n=0\\0, & n\neq 0\end{cases}\tag{5-8}$$

$\delta(n)$ 类似于连续时间系统的单位冲激信号 $\delta(t)$。

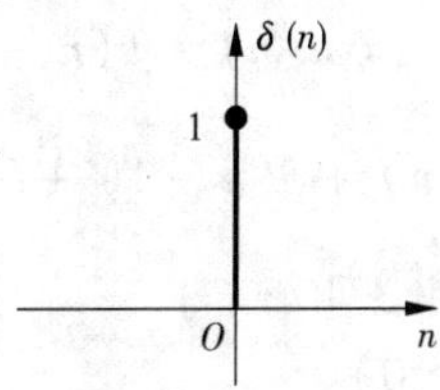

图 5－8　单位抽样序列

应用：$x(n)$ 可以表示成单位取样序列的移位加权和，也可表示成与单位取样序列的卷积和。

$$x(n)=\sum_{m=-\infty}^{\infty}x(m)\delta(n-m)=x(n)*\delta(n)\tag{5-9}$$

例 5－2　将下列序列（图 5－9）表示为单位取样序列的移位加权和的形式。

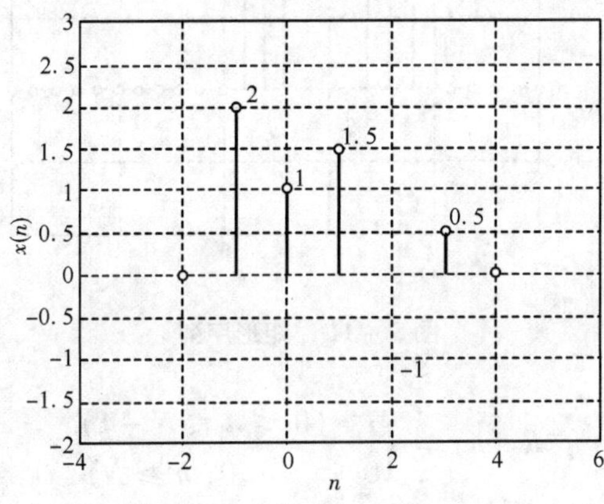

图 5－9　例 5－2 图

解：根据式(5－9) 得

$$x(n)=2\delta(n+1)+\delta(n)+1.5\delta(n-1)-\delta(n-2)+0.5\delta(n-3)$$

2. 单位阶跃序列

图形如图 5－10 所示

$$u(n)=\begin{cases}1 & ,(n\geqslant 0)\\0 & ,(n<0)\end{cases}\tag{5-10}$$

类似于连续时间系统的单位阶跃信号。

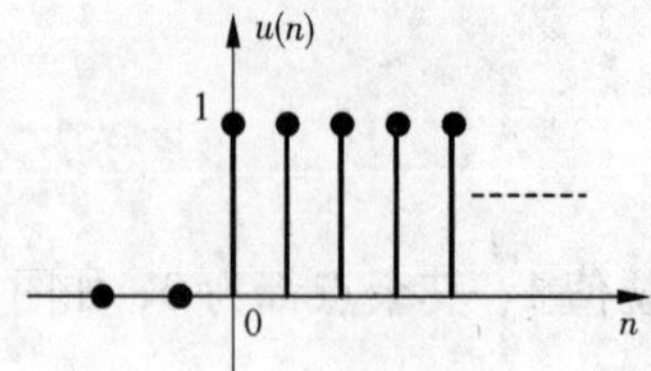

图 5 - 10 单位阶跃序列

单位阶跃序列与单位抽样序列的关系：

$$\delta(n) = u(n) - u(n-1) \tag{5-12}$$

$$u(n) = \sum_{m=0}^{\infty}\delta(n-m) = \delta(n) + \delta(n-1) + \delta(n-2) + \ldots = \sum_{k=-\infty}^{n}\delta(k) \tag{5-13}$$

可以用 $u(n)$ 表示信号的作用区间，如

$$\sin(\omega_0 n)u(n) = \begin{cases}\sin(\omega_0 n)(n \geqslant 0)\\ 0(n <)\end{cases};\quad \sin(\omega_0 n)u(n-1) = \begin{cases}\sin(\omega_0 n)(n \geqslant 1)\\ 0(n < 1)\end{cases}$$

3. 矩形序列

矩形序列图形如图 5 - 11 所示。

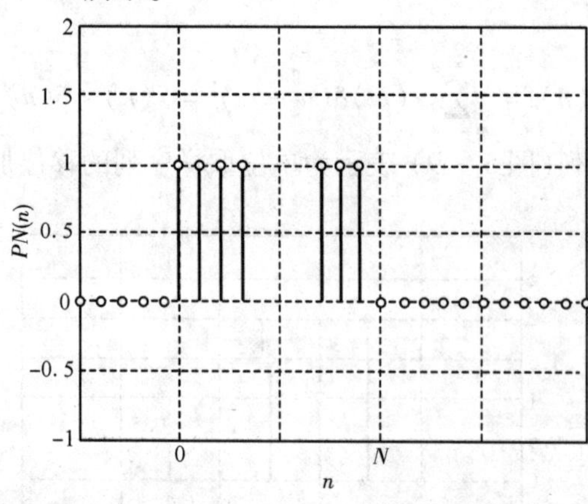

图 5 - 11 矩形序列

$$R_N(n) = \begin{cases}1 & (0 \leqslant n \leqslant N-1)\\ 0 & (n < 0,\ n \geqslant N)\end{cases} \tag{5-13}$$

矩形序列与其他序列的关系：

$$R_N(n) = u(n) - u(n-N) \tag{5-14}$$

$$R_N(n) = \sum_{m=0}^{N-1}\delta(n-m) = \delta(n) + \delta(n-1) + \cdots + \delta[n-(N-1)] \tag{5-15}$$

可以用矩形序列表示信号的作用区间，如

$$\sin(\omega_0 n)R_4(n) = \begin{cases}\sin(\omega_0 n),\ 0 \leqslant n \leqslant 3\\ 0, \qquad 其他\end{cases}$$

4. 实指数序列

$x(n) = a^n u(n)$，a 为实数，a 取不同值时的序列图形不同，如图 5 - 12 所示。

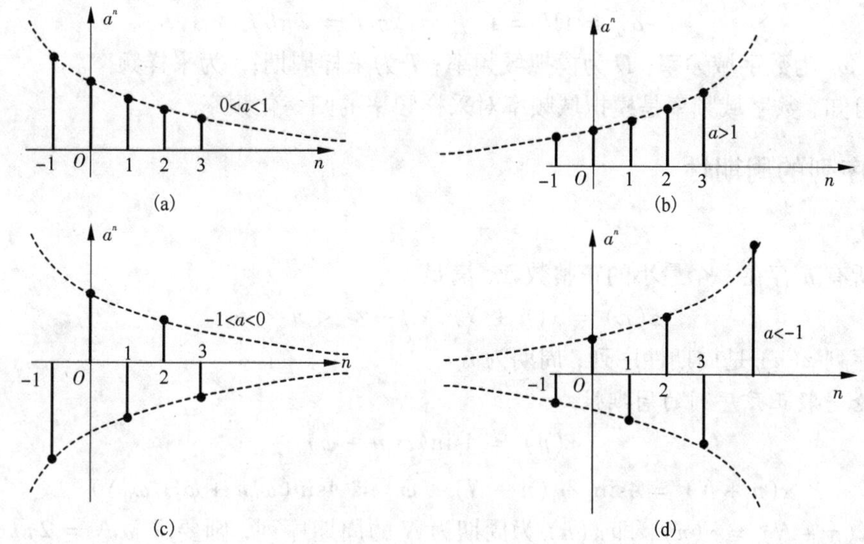

图 5 - 12　实指数序列

5. 复指数序列

$$x(n) = e^{j\omega_0 n} = \cos\omega_0 n + j\sin\omega_0 n \tag{5-16}$$

6. 正弦序列

指包络按正弦规律变化的序列，如图 5 - 13 所示。

$$x(n) = A\sin(\omega_0 n + \varphi) \tag{5-17}$$

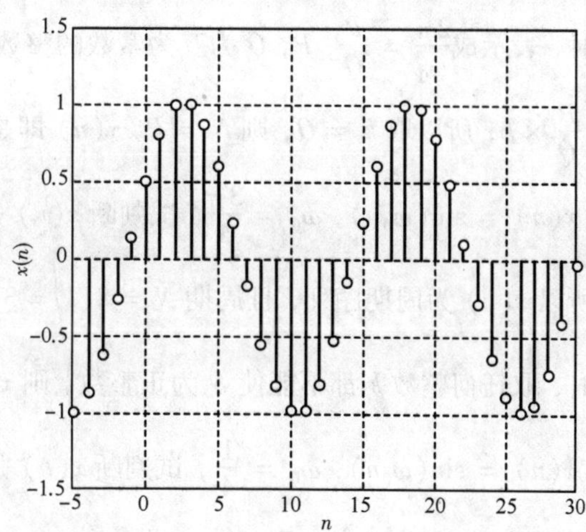

图 5 - 13　正弦序列

可从模拟正弦信号获得正弦序列。例如，模拟正弦信号

$$x_a(t) = A\sin(\Omega t + \varphi)$$

$$x(n) = x_a(t)\big|_{t=nT} = A\sin(\Omega nT + \varphi)$$

得出

$$\omega_0 = \Omega T = \Omega/f_s = 2\pi fT = 2\pi f/f_s$$

其中，ω_0 为数字域频率；Ω 为模拟域频率；T 为采样周期；f 为采样频率。

由此可知，数字域频率是模拟域频率对采样频率的归一化频率。

5.1.4 序列的周期性

1. 定义

若对所有 n 存在一个最小的正整数 N，满足

$$x(n) = x(n+N), \quad -\infty < n < \infty \tag{5-18}$$

则称序列 $x(n)$ 是周期性序列，周期为 N。

2. 讨论一般正弦序列的周期性

$$x(n) = A\sin(\omega_0 n + \varphi)$$

$$x(n+N) = A\sin[\omega_0(n+N) + \varphi] = A\sin(\omega_0 n + \varphi + \omega_0 N)$$

要使 $x(n+N) = x(n)$，即 $x(n)$ 为周期为 N 的周期序列，则要求 $\omega_0 N = 2\pi k$，即 $N = \frac{2\pi}{\omega 0}k$，$N$，$k$ 为整数，且 k 的取值保证 N 是最小正整数。

分情况讨论：

(1) 当$\frac{2\pi}{\omega_0}$为整数时，取 $k=1$，即 $x(n)$ 是周期为$\frac{2\pi}{\omega_0}$的周期序列。

例 5-3 已知序列 $x(n) = \sin(\omega_0 n)$，$\omega_0 = \frac{2\pi}{10}$，试判断 $x(n)$ 是否为周期序列。

解： 因为$\frac{2\pi}{\omega_0} = 10$，所以 $x(n)$ 为周期序列，且周期 $N = 10(k=1)$。

(2) 当$\frac{2\pi}{\omega_0}$为有理数时，表示成$\frac{2\pi}{\omega_0} = \frac{P}{Q}$，$P$，$Q$ 为互为素数的整数。

因为 $N = \frac{2\pi}{\omega_0} \times k = \frac{P}{Q} \times k$，所以取 $k = Q$，则 $N = P$，$x(n)$ 即是周期为 N 的周期序列。

例 5-4 已知序列 $x(n) = \sin(\omega_0 n)$，$\omega_0 = \frac{3\pi}{4}$，试判断 $x(n)$ 是否为周期序列。

解： 因为$\frac{2\pi}{\omega_0} = \frac{8}{3}$，所以 $x(n)$ 为周期序列，且周期 $N = 8(k=3)$。

(3) 当$\frac{2\pi}{\omega_0}$为无理数时，取任何整数 k 都不能使 N 为正整数，则 $x(n)$ 不是周期序列。

例 5-5 已知序列 $x(n) = \sin(\omega_0 n)$，$\omega_0 = \frac{1}{4}$，试判断 $x(n)$ 是否为周期序列。

解： 因为$\frac{2\pi}{\omega_0} = 8\pi$，所以 $x(n)$ 不是周期序列。

例 5-6 试判断序列 $x(n) = e^{j(\frac{n}{6}-\pi)}$ 是否是周期序列。

解： 该序列为复指数序列，按照欧拉公式展开：

$$x(n) = e^{j(\frac{n}{6}-\pi)} = \cos\left(\frac{n}{6} - \pi\right) + j\sin\left(\frac{n}{6} - \pi\right)$$

因为

$$N=\frac{2\pi}{\omega_0}k=\frac{2\pi}{\frac{1}{6}}k=12\pi k$$

12π 为无理数，所以 $x(n)$ 不是周期序列。

5.2　离散时间系统

一个离散时间系统是将输入序列变换成输出序列的一种运算，记为：$T[\cdot]$，如图 5－14 所示。

$$y(n)=T[x(n)]$$

图 5－14　离散时间系统

5.2.1　线性系统

1. 定义：

若系统 $T[-]$

$$y_1(n)=T[x_1(n)]\quad y_2(n)=T[x_2(n)] \tag{5-19}$$

满足叠加原理：

$$T[a_1x_1(n)]+a_2x_2(n)=a_1y_1(n)+a_2y_2(n) \tag{5-20}$$

或同时满足可加性：

$$T[x_1(n)+x_2(n)]=y_1(n)+y_2n \tag{5-21}$$

比例性 / 齐次性：

$$T[ax_1(n)]=ay_1(n) \tag{5-22}$$

其中，a，a_1，a_2为常数，则此系统为线性系统。

说明几点：

(1) 对线性系统，零输入产生零输出，即

若

$$x(n)\rightarrow y(n)$$

则

$$0x(n)\rightarrow 0y(n)$$

(2) 同时满足可加性与比例性。

(3) 信号与比例常数可以为复数。

2. 判断系统的线性特性

系统的线性特性判断可分别判断可加性和齐次性，或可加性和齐次性一起判断，或通过举特例来判断。

例 5－7　判断系统 $y(n)=4x(n)+6$ 是否为线性系统。

解法一：(可加性和齐次性一起判断)

设输入 $x_1(n)$ 时，输出

$$y_1(n) = T[x_1(n)] = 4x_1(n) + 6$$

输入 $x_2(n)$ 时，输出

$$y_2(n) = T[x_2(n)] = 4x_2(n) + 6$$

当输入 $x_3(n) = a_1x_1(n) + a_2x_2(n)$ 时，系统实际输出为：

$$y_3(n) = T[x_3(n)] = 4x_3(n) + 6 = 4[a_1x_1(n) + a_2x_2(n)] + 6 = 4a_1x_1(n) + 4a_2x_2(n) + 6$$

若系统为线性系统输出：

$$\begin{aligned} y_4(n) &= T[ax_1(n) + a_2x_2(n)] = T[a_1x_1(n)] + T[a_2x_2(n)] \\ &= a_1T[x_1(n)] + a_2T[x_2(n)] = a_1y_1(n) + a_2y_2(n) \\ &= a_1[4x_1(n) + 6] + a_2[4x_2(n) + 6] = 4a_1x_1(n) + 4a_2x_2(n) + 6a_1 + 6a_2 \end{aligned}$$

显然

$$y_3(n) \neq y_4(n)$$

系统不满足线性特性性，不是线性系统。

解法二： 通过举特例来判断属非线性系统

设输入 $x_1(n) = 3$ 时，输出

$$y_1(n) = T[x_1(n)] = 4x_1(n) + 6 = 18$$

输入 $x_2(n) = 4$ 时，输出

$$y_2(n) = T[x_2(n)] = 4x_2(n) + 6 = 22$$

当输入 $x_3(n) = x_1(n) + x_2(n) = 3 + 4 = 7$ 时，实际输出为

$$y_3(n) = T[x_3(n)] = 4x_3(n) + 6 = 34$$

若系统为线性系统输出

$$y_4(n) = T[x_3(n)] = T[x_1(n) + x_2(n)] = T[x_1(n)] + T[x_2(n)] = 18 + 22 = 40$$

$$y_3(n) \neq y_4(n)$$

系统不满足线性特性，不是线性系统

5.2.2 移不变系统

1. 定义

若系统响应与激励加于系统的时刻无关，则称为移不变系统（或时不变系统）。

对移不变系统，

若

$$T[x(n)] = y(n)$$

则

$$T[x(n-m)] = y(n-m),\ (m\text{ 为任意整数}) \tag{5-23}$$

如图 5－15 所示。

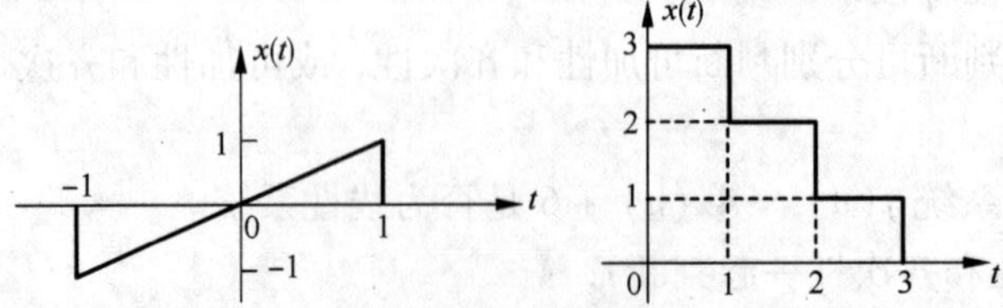

图 5－15 移不变系统

2. 判断系统的移不变特性

判断系统的移不变特性可以用定义来判断。

例 5-8　证明 $y(n) = 4x(n) + 6$ 是移不变系统。

证明：当输入 $x(n)$ 时，输出

$$T[x(n)] = y(n) = 4x(n) + 6$$

当输入 $x(n-m)$ 时，实际输出为

$$T[x(n-m)] = y(n) = 4x(n-m) + 6$$

系统为移不变系统输出

$$y(n-m) = 4x(n-m) + 6$$

因为 $T[x(n-m)] = y(n-m)$，所以 $y(n) = 4x(n) + 6$ 是移不变系统。

例 5-9　证明 $y(n) = \sum_{m=-\infty}^{n} x(m)$ 是移不变系统。

证明：$T[x(n-k)] = \sum_{m=-\infty}^{n} x(m-k) = \sum_{m=-\infty}^{n-k} x(m') = \sum_{m=-\infty}^{n-k} x(m) = y(n-k)$

故该系统是移不变系统。

例 5-10　考虑以下系统 $y(n) = x(2n)$，试讨论系统是否是移不变系统。

解：按定义，当输入 $x(n)$ 时，输出

$$T[x(n)] = y(n) = x(2n)$$

当输入 $x(n) = x(n-k)$ 时，系统实际输出

$$T[x_1(n)] = x_1(2n) = x(2n-k)$$

系统为移不变系统的输出

$$y(n-k) = x[2(n-k)]$$

因为 $T[x_1(n)] \neq y(n-k)$，所以系统为移变系统。

5.2.3　线性移不变系统

1. 定义

同时具有线性和移不变性的离散时间系统称为线性移不变系统，用 LSI 或 LTI 表示 (linear shift/tine invariant)。

2. 单位抽样响应

单位抽样响应 $h(n)$ 是指：输入为单位抽样序列 $\delta(n)$ 时的系统零状态输出，如图 5-16 所示。

$$h(n) = T[\delta(n)] \tag{5-24}$$

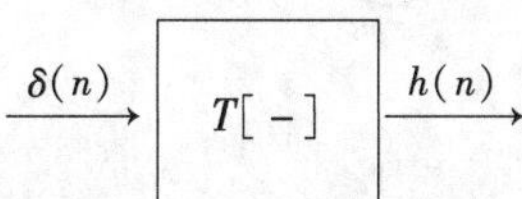

图 5-16　单位抽样响应

一个 LSI 系统可以用单位抽样响应 $h(n)$ 来表征。

3. 单位阶跃响应

单位阶跃响应 $g(n)$ 是指：输入为单位阶跃序列 $u(n)$ 时的系统零状态输出。

5.2.4 因果系统

1. 定义

若系统在 $n = n_0$ 时刻的输出 $y(n_0)$，只取决于 n_0 时刻以及 n_0 时刻以前的输入序列，而与 n_0 时刻以后的输入无关，则称该系统为因果系统。注意：n_0时刻的任意性(可正可负)。

LSI 系统是因果系统的充要条件：

$$h(n) = 0 \quad (n < 0) \tag{5-25}$$

2. 因果系统的判断

方法一：用定义判断，适合已知系统的输入输出关系时的判断方法。

例 5 – 11 判断系统 $y(n) = x(-n)$ 的因果性。

因 $n < 0$ 的输出 决定 $n > 0$ 时的输入，所以该系统是非因果系统。

注意：必须从全部时间范围看输入输出关系。

方法二：用定理判断，适合可知 $h(n)$ 的 LTI 系统的判断方法。

例 5 – 12 已知 $h(n) = a^n u(n)$，判断该系统的因果性。

解：由 $h(n) = a^n u(n)$，显然 $h(n) = 0,\ n < 0$。

该系统为因果系统。

5.2.5 稳定系统

1. 定义

稳定系统是有界输入产生有界输出的系统

若

$$|x(n)| \leqslant M < \infty \tag{5-26}$$

则

$$|y(n)| \leqslant P < \infty \tag{5-27}$$

注意：自变量 n 的任意性(所有 n 都应满足有界性)

LSI 系统是稳定系统的充要条件

$$\sum_{n=-\infty}^{\infty} |h(n)| = P < \infty \tag{5-28}$$

2. 稳定系统的判断

方法一：用定义判断，适合已知系统的输入输出关系时的判断方法。

例 5 – 13 判断系统 $T[x(n)] = \sum_{k=n_0}^{n} x(k)$ 的稳定性，

解：若输入 $|x(n)| \leqslant M$

则输出

$$\begin{aligned} |T[x(n)]| &= \sum_{k=n_0}^{n} |x(k)| \\ &= |x(n_0)| + |x(n_0 \pm 1)| + |x(n_0 \pm 2)| + \cdots + |x(n)| \end{aligned}$$

$$\leqslant |n - n_0 + 1|M$$

因为当 $n \to \infty$ 时，则 $T[x(n)] \to \infty$。

所以系统不是稳定系统。

注意：绝不可以讨论$\begin{cases} n < \infty \text{ 时为稳定系统,} \\ n \to \infty \text{ 时不是稳定系统。} \end{cases}$

方法二：用定理判断，适合可知 $h(n)$ 的 LTI 系统的判断方法。

例 5 - 14　某 LSI 系统，其单位抽样响应为 $h(n) = a^n u(-n)$。试讨论其是否是因果的、稳定的。

解：讨论因果性：因为 $n < 0$ 时，$h(n) \neq 0$。所以该系统是非因果系统。

讨论稳定性：因为 $\sum_{n=-\infty}^{\infty} |h(n)| = \sum_{n=-\infty}^{0} |a^n| = \sum_{n=0}^{\infty} |a|^{-n} = \begin{cases} \dfrac{1}{1 - |a|^{-1}} & |a| > 1 \\ \infty & |a| \leqslant 1 \end{cases}$

所以当 $|a| > 1$ 时系统稳定，当 $|a| \leqslant 1$ 时系统不稳定。

注意：对除输入序列以外的序列或其他参变量可以讨论，而对自变量 n 不可讨论。

结论：因果稳定的 LSI 系统的单位抽样响应是因果的，且是绝对可和的，即

$$\begin{cases} h(n) = h(n)u(n) \\ \sum_{n=-\infty}^{\infty} |h(n)| < \infty \end{cases} \tag{5-29}$$

5.2.6　离散时间系统的表示方法

1. 用差分方程来描述时域离散系统的输入输出关系

一个 N 阶常系数线性差分方程表示为：

$$\sum_{k=0}^{N} a_k y(n-k) = \sum_{m=0}^{M} b_m x(n-m) \tag{5-30}$$

常系数：$a_0, a_1, \cdots, a_N$；$b_0, b_1, \cdots, b_M$ 均是常数。

阶数：$y(n)$ 变量 n 的最大序号与最小序号之差。

线性：$y(n-k)$，$x(n-m)$ 各项只有一次幂，不含它们的乘积项。

2. 用系统结构表示离散时间系统

系统结构指系统的输入与输出的运算关系的方法。

系统结构有三个基本组成单元：加法器、乘法器、延时器，如图 5 - 17 所示。

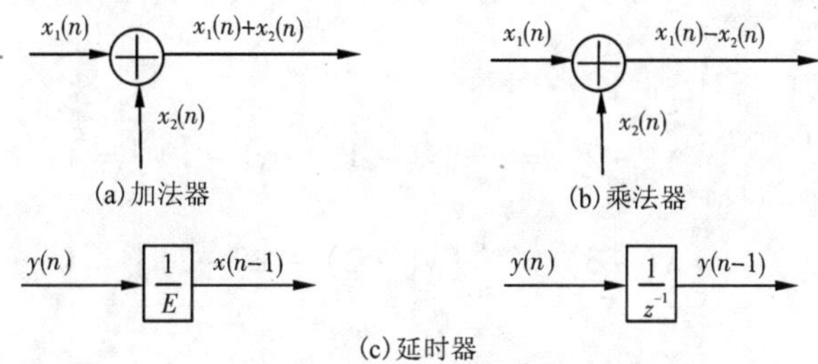

图 5 - 7　离散时间系统的基本单元符号

可以由系统的差分方程描述画出系统的结构方框图。

例 5 - 15 已知系统差分方程 $y(n) - ay(n-1) = x(n)$，画出系统方框图。

解：

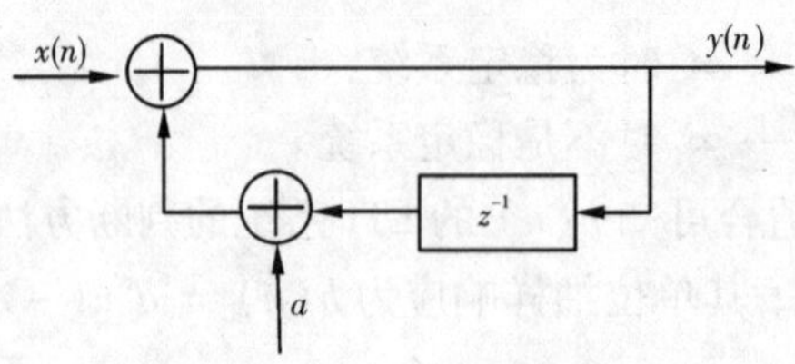

图 5 - 18 例 5 - 15 方框图

5.3 常系数线性差分方程的求解

建立了系统的差分方程后，留下来的主要任务就是求解这个差分方程。求解常系数线性差分方程的常用方法有经典解法、递推解法、变换域方法。

5.3.1 用递推(迭代)法求解差分方程

递推法是代入初始值逐次求解的方法。这种方法概念清楚，也比较简单，适合计算求解，但不能直接给出一个完整的解析式作为解答。

例 5 - 16 已知常系数线性差分方程 $y(n) - ay(n-1) = x(n)$，若边界条件 $y(-1) = 0$，求其单位抽样响应。

解： 令输入 $x(n) = \delta(n)$，则输出 $y(n) = h(n)$

又已知 $y(-1) = 0$，由 $y(n) = ay(n-1) + x(n)$，得

$$y(0) = ay(-1) + x(0) = 1$$
$$y(1) = ay(0) + x(1) = a$$
$$y(2) = ay(1) + x(2) = a^2$$
$$y(3) = ay(2) + x(3) = a^3$$
$$\cdots\cdots$$

由

$$h(n) = y(n) = a^n u(n)$$
$$y(n) = y(n-1) = \frac{1}{a}[y(n) - x(n)]$$

得

$$y(-2) = \frac{1}{a}[y(-1) - x(-1)] = 0$$
$$y(-3) = \frac{1}{a}[y(-2) - x(-2)] = 0$$
$$\cdots\cdots$$
$$y(n) = 0, n \leqslant -1$$

注意：

（1）一个常系数线性差分方程并不一定代表因果系统，也不一定表示线性移不变系统。这些都由边界条件（初始）所决定。

（2）我们讨论的系统都假定常系数线性差分方程就代表线性移不变系统，且多数代表因果系统。

5.3.2　用时域经典法求解差分方程

差分方程的时域经典法与微分方程的时域经典解法类似，先分别求齐次解与特解，然后代入边界条件求待定系数。这种方法便于从物理概念说明各响应分量之间的相互关系，但求解比较麻烦，在解决具体问题时不宜采用。

如果单输入、单输出的离散线性时不变系统的激励为 $x(n)$，响应为 $y(n)$，则描述激励 $x(n)$ 与响应 $y(n)$ 之间关系的是 N 阶常系数差分方程。

差分方程的解由齐次解和特解两部分组成。

1. 齐次解

首先分析最简单的情况，如一阶齐次差分方程

$$y(n) - ay(n-1) = 0$$

但起始状态 $y(-1)$，$y(-2)$，…，$y(-N)$ 不能全为零。

$$y(-1) \neq 0, \quad \frac{y(0)}{y(-1)} = \frac{y(1)}{y(0)} = \cdots = \frac{y(n)}{y(n-1)} = a$$

说明：$y(n)$ 是一个公比为 α 的几何级数，所以

$$y(n) = C\alpha^n \tag{5-31}$$

其中，C 为待定系数，由边界条件决定。

一般情况下任意阶的差分方程，其齐次解以形式为 $C\alpha^n$ 的项组合而成。

一般差分方程对应的齐次方程的形式为

$$\sum_{k=0}^{N} a_k y(n-k) = 0 \tag{5-32}$$

将 $y(n) = C\alpha^n$ 代入式(5－32)得到

$$\sum_{k=0}^{N} a_k C\alpha^{n-k} = 0 \tag{5-33}$$

消去常数 C，并逐项除以 a^{n-N}，将式(5－33)简化为

$$a_0\alpha^N + a_1\alpha^{N-1} + \cdots + a_{N-1}\alpha + a_N = 0 \tag{5-34}$$

如果 a_k 是式(5－34)的根，$y(n) = C\alpha_k^n$ 将满足式(5－32)，式(5－34)称为差分方程式(5－30)的特征方程，特征方程根 α_1，α_2，…，α_{N-1}，α_N 称为差分方程的特征根。

（1）特征根均为单根的情况下，差分方程的齐次解为

$$C_1\alpha_1^n + C_2\alpha_2^n + \cdots + C_N\alpha_N^n \tag{5-35}$$

这里 C_1，C_2，…，C_N 是由边界条件决定的系数。

例 5－17　差分方程为 $y(n) - 5y(n-1) + 6y(n-2) = 0$，已知初始条件为 $y(0) = 1$，$y(1) = 4$。求 $y(n)$。

解：这里是求齐次差分方程的解，该差分方程的特征方程为

$$\alpha^2 - 5\alpha + 6 = 0$$

可求得特征根为 $\alpha_1 = 2$，$\alpha_2 = 3$。故

$$y(n) = C_1 2^n + C_2 3^n,\ n \geqslant 0$$

代入初始条件，得

$$y(0) = C_1 + C_2 = 1,\quad y(1) = 2C_1 + 3C_2 = 4$$

解得 $C_1 = -1$，$C_2 = 2$。所以

$$y(n) = -(2)^n + 2(3)^n,\ n \geqslant 0$$

(2) 特征根有重根。若 α_1 是特征方程的 r 重根，即有 $\alpha_1 = \alpha_2 = \cdots = \alpha_r$，而其余 $n - r$ 个根均为单根，则齐次差分方程解的形式为

$$y(n) = (C_1 + C_2 n + C_3 n^2 + \cdots + C_r n^{r-1})\alpha_1{}^n + \sum_{j=r+1}^{n} C_j \alpha_j^n \tag{5-36}$$

例 5 - 18 求差分方程 $y(n) + 6y(n-1) + 12y(n-2) + 8y(n-3) = x(n)$ 的齐次解。

解： 上式特征方程为

$$\alpha^3 + 6\alpha^2 + 12\alpha + 8 = 0$$

即 $(\alpha + 2)^3 = 0$，可见，-2 是此方程的三重特征根，于是求得齐次解为

$$(C_1 + C_2 n + C_3 n^2)(-2)^n$$

2. 特解

与常系数微分方程特解的求法相类似，差分方程特解的形式也与激励信号的形式有关。选定特解后，把它代入原差分方程，求出其待定系数，就得出方程的特解。表 5 - 1 列出了几种典型的激励 $x(n)$ 所对应的特解 $y_d(n)$。

表 5 - 1 几种典型的激励信号所对应的特解

激励 $x(n)$	特解 $y_d(n)$
n^k	$D_0 n^k + D_1 n^{k-1} + \cdots + D_k$
a^n，a 不是此差分方程的特征根	Da^n
a^n，a 是此差分方程的特征根单根	$(D_1 n + D_0)a^n$
a^n，a 是此差分方程的 r 重特征根	$(D_r n^r + D_{r-1} n^{r-1} + \cdots + D_1 n + D_0)a^n$

3. 完全解

求线性差分方程的完全解，一般步骤如下：

(1) 写出与该方程相对应的特征方程，求出特征根，并写出其齐次解通式。

(2) 根据原方程的激励信号的形式，写出其特解的通式。

(3) 将特解通式代入原方程求出待定系数，确定特解形式。

(4) 写出原方程的通解的一般形式(即齐次解 + 特解)。

(5) 把初始条件代入，求出齐次解的待定系数值。

5.3.3 用双零法求解差分方程

与连续信号的时域分析相类似，线性时不变离散系统的完全响应除了可以分为自由响应

和强迫响应外，还可以分为零输入响应和零状态响应。

(1) 零输入响应

所谓零输入响应是指激励为零时仅由初始状态所引起的响应，用 $y_{zi}(n)$ 表示。

(2) 零状态响应

零状态响应是指初始状态为零时仅由输入信号所引起的响应，用 $y_{zs}(n)$ 表示。

(3) 完全响应

线性时不变系统的完全响应是零输入响应与零状态响应之和，即

$$y(n) = y_{zi}(n) + y_{zs}(n)$$

与连续时间系统的情况相类似，也可以先利用求齐次解的方法得到零输入响应，再利用卷积和(简称卷积) 的方法求零状态响应。这种方法在离散系统时域分析中占十分重要的地位。

5.3.4　用变换域方法求解差分方程

利用 z 变换求解差分方程有许多优点，它是在实际应用中最简便而有效的方法。我们在第 6 章将详细讨论。

5.4　卷积和

5.4.1　定义

设两序列 $x(n)$、$h(n)$，则其卷积和定义为：

$$y(n) = \sum_{m=-\infty}^{\infty} x(m)h(n-m) = x(n) * h(n) = h(n) * x(n) \tag{5-37}$$

例 5 - 17　设 $x(n) = e^{-n}u(n)$，$h(n) = u(n)$，求 $x(n) * h(n)$。

解：

$$x(n) * h(n) = \sum_{m=-\infty}^{\infty} e^{-m}u(m)u(n-m)$$

考虑到 $x(n)$、$h(n)$ 均为因果系列，由式(5 - 37) 可将上式表示为

$$x(n) * h(n) = \sum_{m=0}^{\infty} e^{-m}u(n-m) = \sum_{m=0}^{n} e^{-m}$$
$$= \frac{1 - e^{-n} \cdot e^{-1}}{1 - e^{-1}} = \frac{1 - e^{-(n+1)}}{1 - e^{-1}}$$

显然，上式 $n \geqslant 0$，故应写为

$$x(n) * h(n) = \left[\frac{1 - e^{-(n+1)}}{1 - e^{-1}}\right]u(n)$$

5.4.2　图解法求卷积和

$$y(n) = x(n) * h(n) = \sum_{-\infty}^{\infty} x(m)h(n-m)$$

(1) 翻褶：$x(n) \rightarrow x(m)$，$h(n) \rightarrow h(m) \rightarrow h(-m)$。

(2) 移位：$h(-m) \to h(n-m)$。

(3) 相乘：$x(m) \cdot h(n-m)$，$-\infty < m < \infty$，$-\infty < n < \infty$。

(4) 相加：$\sum_{m=-\infty}^{\infty} x(m)h(n-m)$。

例 5 - 18

$$x(n) = \begin{cases} \frac{1}{2}n, & 1 \leqslant n \leqslant 3 \\ 0, & \text{其他} \end{cases} \qquad h(n) = \begin{cases} 1, & 0 \leqslant n \leqslant 2 \\ 0, & \text{其他} \end{cases}$$

求 $y(n) = x(n) * h(n)$。

解：

$$y(n) = x(n) * h(n) = \sum_{m=-\infty}^{\infty} x(m)h(n-m)$$

在亚变量坐标 m 上作出 $x(m)$、$h(m)$。

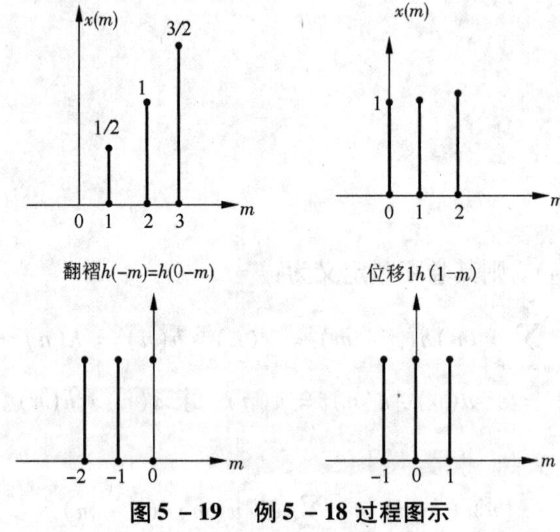

图 5 - 19　例 5 - 18 过程图示

$$y(n) = x(n) * h(n) = \sum_{m=1}^{3} x(m)h(n-m)$$

当 $n < 1$ 时，$x(m)$ 与 $h(n-m)$ 无重叠，$y(n) = 0$。

当 $1 \leqslant n \leqslant 2$ 时，部分重叠

$$y(n) = \sum_{m=1}^{n} x(m)h(n-m) = \sum_{m=1}^{n} \frac{1}{2}m$$

$$n = 1, \quad y(1) = \sum_{m=1}^{1} \frac{1}{2}m = \frac{1}{2}$$

$$n = 2, \quad y(2) = \sum_{m=1}^{2} \frac{1}{2}m = \frac{1}{2} + 1 = \frac{3}{2}$$

当 $n = 3$ 时，完全重叠

$$y(n)/y(3) = \sum_{m=1}^{3} x(m)h(n-m) = \sum_{m=1}^{3} \frac{1}{2}m = \frac{1}{2} + 1 + \frac{3}{2} = 3$$

当 $4 \leqslant n \leqslant 5$ 时，部分重叠

$$y(n) = \sum_{m=n-2}^{3} x(m)h(n-m) = \sum_{m=n-2}^{3} \frac{1}{2}m$$

当 $n=4$ 时

$$y(4) = \sum_{m=2}^{3} \frac{1}{2}m = 1 + \frac{3}{2} = \frac{5}{2}$$

当 $n=5$ 时

$$y(5) = \sum_{m=3}^{3} \frac{1}{2}m = \frac{3}{2}$$

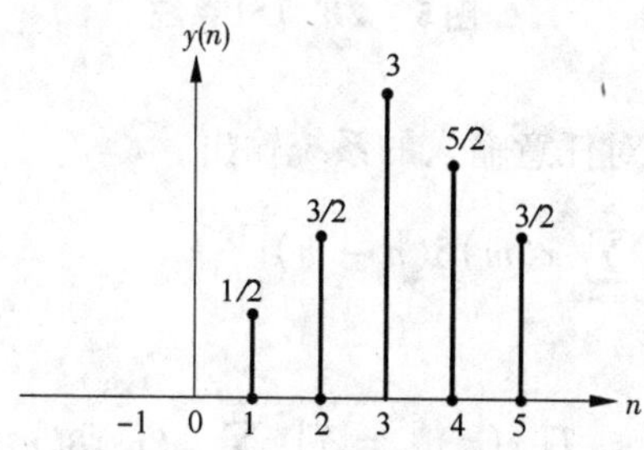

图 5－20　例 5－18 结果图示

当 $n \geqslant 6$ 时，无重叠 $y(n)=0$。

结论：若有限长序列 $x(n)$ 的非零长度为 N，$h(n)$ 的非零长度为 M，则其卷积和的非零长度 L 为：$L = N + M - 1$。

5.4.3　竖乘法求卷积和

对于有限序列的卷积和求解，可以采用竖乘法这一种简便实用的方法。首先把两个序列排成两行，两序列样值 n 以各自的最高值按右端对齐，然后做普通乘法，但不要进位，最后将同一列的数值相加即可。

例 5－19　设 $x(n) = \{1, 2, 3, 4\}\ (n \geqslant 0)$；$h(n) = \{2, 1, 3\}\ (n \geqslant 0)$。求 $x(n) * h(n)$。

解：用乘法计算如下

$x(n)$：			1	2	3	4
$h(n)$：				2	1	3
			3	6	9	12
		1	2	3	4	
	2	2	6	8		
	2	3	11	17	13	12

即

$$x(n) * h(n) = \{2, 3, 11, 17, 13, 12\} \quad (n \geqslant 0)$$

5.4.4 单位抽样响应和卷积和

一个LSI系统可以用单位抽样响应$h(n)$来表征，任意输入的系统输出等于输入序列和该单位抽样响应$h(n)$的卷积和。

$$y(n) = x(n) * h(n) \tag{5-38}$$

$x(n)$ → LSI $h(n)$ → $y(n)$

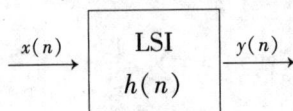

图5-21 LSI系统

证明：对LSI系统，讨论对任意输入的系统输出。

任意输入序列：$x(n) = \sum_{m=-\infty}^{\infty} x(m)\delta(n-m)$

系统输出：

$$\begin{aligned} y(n) &= T[x(n)] = T\left[\sum_{m=-\infty}^{\infty} x(m)\delta(n-m)\right] \\ &= \sum_{m=-\infty}^{\infty} x(m)h(n-m) \\ &= x(n) \cdot h(n) \end{aligned} \tag{5-39}$$

例5-20 某LSI系统，其单位抽样响应为：

$$h(n) = a^n u(n),\ 0 < a < 1$$

输入序列为：

$$x(n) = u(n) - u(n-N)$$

求系统输出。

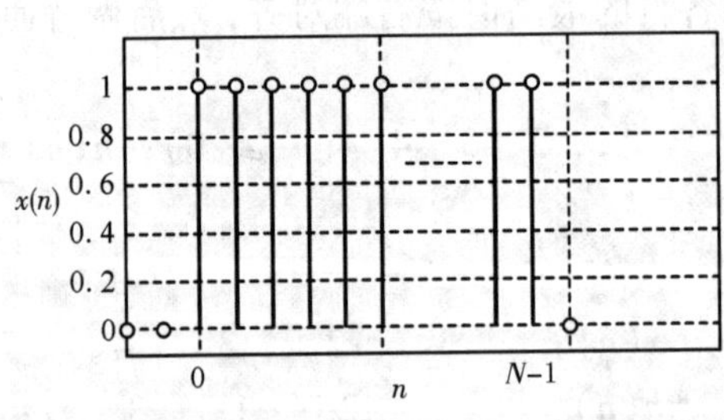

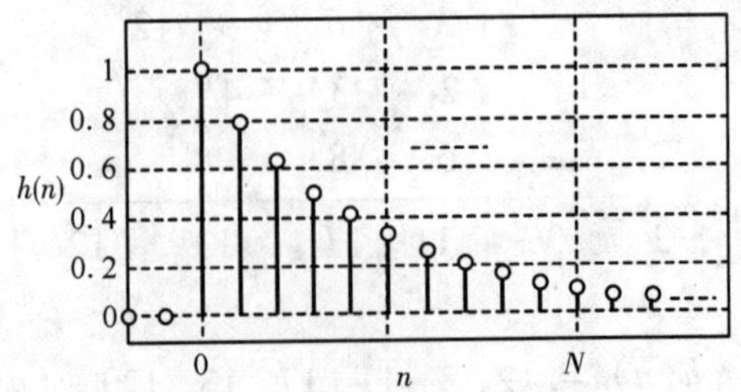

图5-22 例5-20序列

解：

$$y(n) = x(n) * h(n) = \sum_{m=-\infty}^{\infty} x(m)h(n-m)$$

当 $n < 0$ 时，$y(n) = 0$。

当 $0 \leqslant n < N$ 时

$$y(n) = \sum_{m=-\infty}^{\infty} x(m)h(n-m) = \sum_{m=0}^{n} 1 \cdot a^{n-m}$$
$$= a^n \sum_{m=0}^{n} a^{-m} = a^n \frac{1-a^{-(n+1)}}{1-a^{-1}}$$

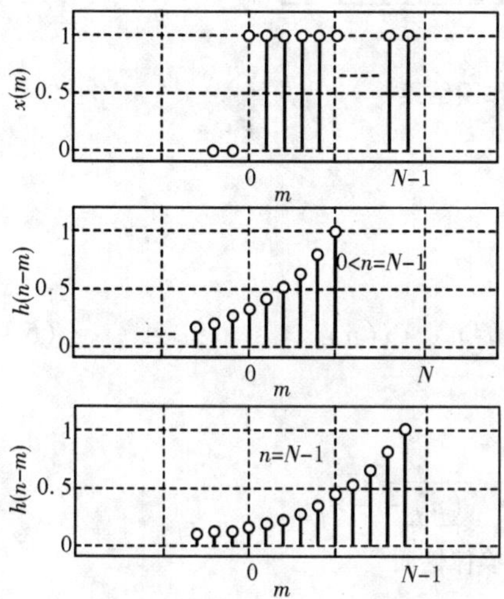

图5-23　例5-20作图过程1

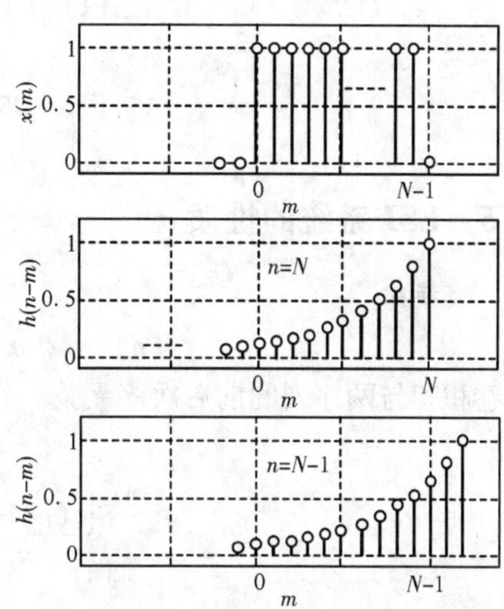

图5-24　例5-20作图过程2

当 $n \geqslant N$ 时

$$y(n) = \sum_{m=-\infty}^{\infty} x(m)h(n-m)$$
$$= \sum_{m=0}^{N-1} 1 \cdot a^{n-m} = a^n \sum_{m=0}^{N-1} a^{-m}$$
$$= a^n \frac{1-a^{-N}}{1-a^{-1}}$$

所以

$$y(n) = \begin{cases} 0, & n < 0 \\ a^n \dfrac{1-a^{-(n+1)}}{1-a^{-1}}, & 0 \leqslant n < N \\ a^n \dfrac{1-a^{-N}}{1-a^{-1}}, & n \geqslant N \end{cases}$$

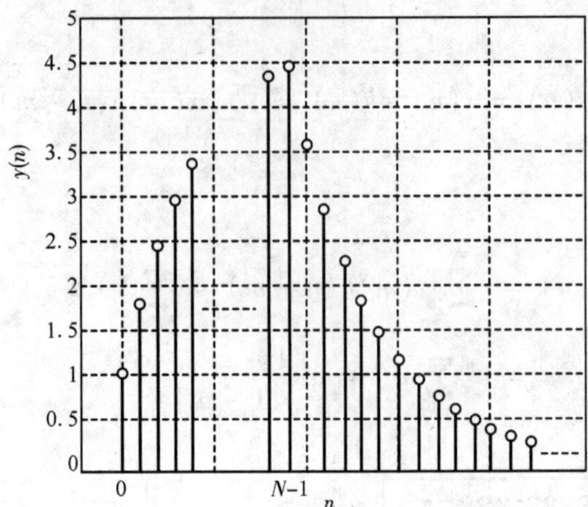

图 5 - 25 例 5 - 20 作图结果

5.4.5 LSI 系统的性质

1. 交换律

$$y(n) = x(n) * h(n) = h(n) * x(n) \tag{5-40}$$

卷积和与两序列的前后次序无关。

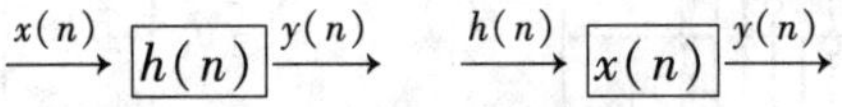

$$\xrightarrow{x(n)} \boxed{h(n)} \xrightarrow{y(n)} \qquad \xrightarrow{h(n)} \boxed{x(n)} \xrightarrow{y(n)}$$

图 5 - 26 LSI 系统交换律性质

2. 结合律

$$y(n) = x(n) * h_1(n) * h_2(n) = x(n) * [h_1(n) * h_2(h)] \tag{5-41}$$

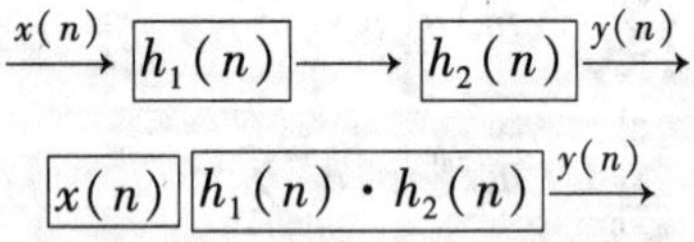

$$\xrightarrow{x(n)} \boxed{h_1(n)} \longrightarrow \boxed{h_2(n)} \xrightarrow{y(n)}$$

$$\boxed{x(n)}\boxed{h_1(n) \cdot h_2(n)} \xrightarrow{y(n)}$$

图 5 - 27 LSI 系统结合律性质

$$h(n) = h_1(n) * h_2(n),\ y(n) = x(n) * h(n)$$

结论：时域中 LSI 子系统的级联，总系统的单位抽样响应等于各子系统单位抽样响应的卷积。

3. 分配律

$$x(n) * [h_1(n) + h_2(n)] = x(n) * h_1(n) + x(n) * h_2(n) \tag{5-42}$$

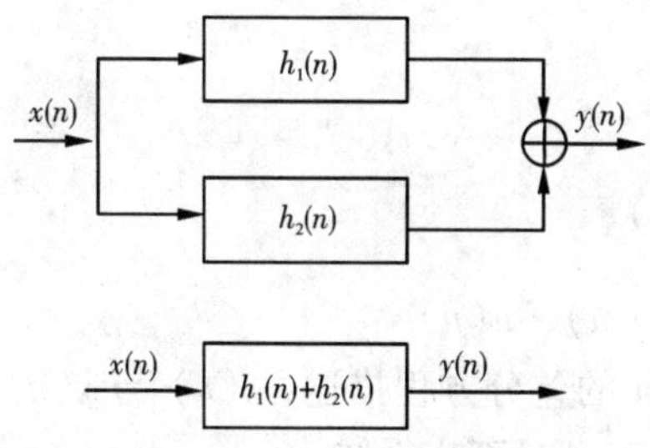

图5－28　LSI系统分配律性质

结论：时域中LSI子系统的并联，总系统的单位抽样响应等于各子系统单位抽样响应的和。

4. 序列与 $\delta(n)$ 的卷积

$$\delta(n)*h(n)=h(n)$$
$$\delta(n-m)*h(n)=h(n-m) \tag{5-43}$$

可利用该性质简化卷积运算。

例5－21　求 $0.5^n R_3(n)*\delta(n-2)$

解：由式(5－43)可直接得

$$0.5^n R_3(n)*\delta(n-2)=0.5^{n-2}R_3(n-2)$$

表5－2中列出常用因果序列的卷积和，以备查用。

表5－2　卷积和

序号	$x(n)$	$h(n)$	$x(n)*h(n)=h(n)*x(n)$
1	$x(n)$	$\delta(n)$	$x(n)$
2	a^n	$u(n)$	$\dfrac{1-a^{n+1}}{1-a}$
3	$u(n)$	$u(n)$	$n+1$
4	a_1^n	a_2^n	$\dfrac{a_1^{n+1}-a_2^{n+1}}{a_1-a_2}(a_1\neq a_2)$
5	a^n	a^n	$(1+n)a^n$
6	a^n	n	$\dfrac{n}{1-a}+\dfrac{a(a^n-1)}{(1-a)^2}$
7	n	n	$\dfrac{1}{6}(n+1)n(n-1)$

习　题

5－1　画出离散信号的波形。

(1) $x_1(k)=2\delta(n-3)+3\delta(n+2)$

(2)$x_2(n) = u(-n+2)$

(3)$x_3(n) = u(n) - u(n-5)$

(4)$x_4(n) = \left(\frac{1}{2}\right)^n \cdot u(n)$

(5)$x_5(n) = 3\sin(0.25\pi \cdot n) \cdot u(n)$

5-2　设系统分别用下面的差分方程描述，$x(n)$ 与 $y(n)$ 分别表示系统的输入和输出，判断系统是否是线性系统，是否是时不变系统。

(1)$y(n) = x(n) + 2x(n-1) + 3x(n-2)$

(2)$y(n) = 3x(n) + 5$

(3)$y(n) = x(n-n_0)$，n_0 为常整数

(4)$y(n) = x(-n)$

(5)$y(n) = x^2(n)$

(6)$y(n) = x(n^2)$

5-3　设 $x(n)$、$y(n)$ 分别为系统的输入、输出变量，根据定义确定系统是否为：(1) 线性系统；(2) 移不变系统；(3) 因果；(4) 稳定。

(1) $y(n) = T[x(n)] = ax^2(n)$

(2) $y(n) = T[x(n)] = x(n) + b$

(3) $y(n) = T[x(n)] = x(n-n_0)\quad (n_0 > 0)$

(4)$y(n) = \sum_{m=n-n_0}^{n+n_0} x(m)\ (n_0 > 0)$

(5)$y(n) = T[x(n)] = g(n)x(n)$

(6)$y(n) = T[x(n)] = \sum_{k=n_0}^{n} x(k)$

(7)$y(n) = T[x(n)] = e^{x(n)}$

5-4　设系统分别用下面的差分方程描述，判断系统是否是因果稳定系统，并说明理由。

(1)$y(n) = \frac{1}{N}\sum_{k=0}^{N-1} x(n-k)$

(2)$y(n) = x(n) + x(n+1)$

(3)$y(n) = \sum_{k=n-n_0}^{n+n_0} x(k)$

5-5　以下序列是系统的单位脉冲响应 $h(n)$，试指出系统的因果稳定性。

(1)$3^n u(n)$

(2)$3^n u(-n)$

(3) $0.3^n u(n)$

(4)$0.3^n u(-n-1)$

(5)$\delta(n+4)$

(6) $\frac{1}{n}u(n)$

(7) $\frac{1}{n^2}u(n)$

5 - 6　已知线性移不变系统的输入为 $x(n)$，系统的单位抽样响应为 $h(n)$，试求系统的输出 $y(n)$，并画图。

(1) $x(n) = R_3(n)$，$h(n) = R_4(n)$

(2) $x(n) = \delta(n-2)$，$h(n) = 0.5^n R_3(n)$

(3) $x(n) = 2^n u(-n-1)$，$h(n) = 0.5^n u(n)$

5 - 7　设线性时不变系统的单位脉冲响应 $h(n)$ 和输入序列 $x(n)$，如图 1 所示，要求用图解法求输出 $y(n)$，并画出波形。

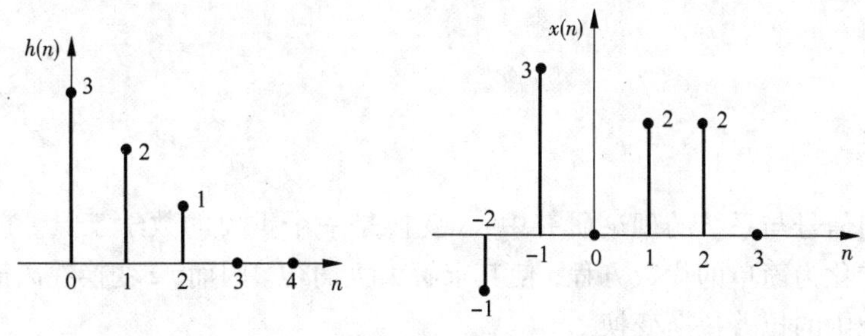

图 1　题 5 - 7 图

5 - 8　已知：描述系统的差分方程为

$$y(n) - 5y(n-1) = x(n)$$

且初始条件为 $y(-1) = 0$。

求：系统的单位冲激响应 $h(n)$。

5 - 9　已知：线性时不变系统的单位脉冲响应为

$$h(n) = a^n \cdot u(n),\ 0 < a < 1$$

求：该系统的单位阶跃响应。

5 - 10　已知 $h(n) = a^{-n}u(-n-1)$，$0 < a < 1$，通过直接计算卷积和的办法，确定单位抽样响应为 $h(n)$ 的线性移不变系统的阶跃响应。

5 - 11　设有一系统，其输入输出关系由以下差分方程确定

$$y(n) - \frac{1}{2}y(n-1) = x(n) + \frac{1}{2}x(n-1)$$

设系统是因果性的。

(1) 求该系统的单位抽样响应；

(2) 由(1) 的结果，利用卷积和求输入 $x(n) = e^{j\omega n}$ 的响应。

5 - 12　已知一个线性时不变系统的单位抽样响应 $h(n)$ 除区间 $N_0 \leqslant n \leqslant N_1$ 之外皆为零有，且输入 $x(n)$ 除区间 $N_2 \leqslant n \leqslant N_3$ 之外皆为零。设输出 $y(n)$ 除区间 $N_4 \leqslant n \leqslant N_5$ 之外皆为零。试以 N_0，N_1，N_2 和 N_3 表示 N_4 和 N_5。

第 6 章　离散时间系统的 z 域分析

6.1　z 变换

在离散时间信号与系统的理论研究中，z 变换是一个重要的数学工具。它把描述离散系统的差分方程转化为简单的代数方程，使其求解大大简化。因而，z 变换在离散系统中的作用类似于连续系统中的拉普拉斯变换。

6.1.1　z 变换的定义

若序列为 $x(n)$，则该序列的 z 变换定义为

$$X(z) = \mathbb{Z}[x(n)] = \sum_{n=-\infty}^{\infty} x(n)z^{-n} \tag{6-1}$$

其中：$\mathbb{Z}$ 表示取 z 变换，z 为复变量。

6.1.2　z 变换的收敛域

显然，z 变换为序列 $x(n)$ 的幂级数，只有当(6－1)式的幂级数收敛时，z 变换才有意义。对于任意给定序列 $x(n)$，使其 z 变换收敛的所有 z 值的集合称为 $X(z)$ 的收敛域。对于幂级数(6－1)式，使其收敛的充分必要条件是绝对可和的条件，也就是满足

$$\sum_{n=-\infty}^{\infty} |x(n)z^{-n}| = M < \infty \tag{6-2}$$

根据(6－2)式，不同形式的序列的收敛形式也会不同。

下面分别讨论几类序列的 z 变换收敛问题。

1. 有限长序列

序列 $x(n)$ 只在有限的区间 $n_1 \leqslant n \leqslant n_2$ 有非零的有限值，则其 z 变换为

$$X(z) = \sum_{n=n_1}^{n_2} x(n)z^{-n} \tag{6-3}$$

由级数可以看出，当 $n_1 < 0, n_2 > 0$ 时，除了 $z = \infty$ 及 $z = 0$ 外，$X(z)$ 在 z 平面上处处收敛，即收敛域为有限平面 $0 < |z| < \infty$，如图 6－1 所示。

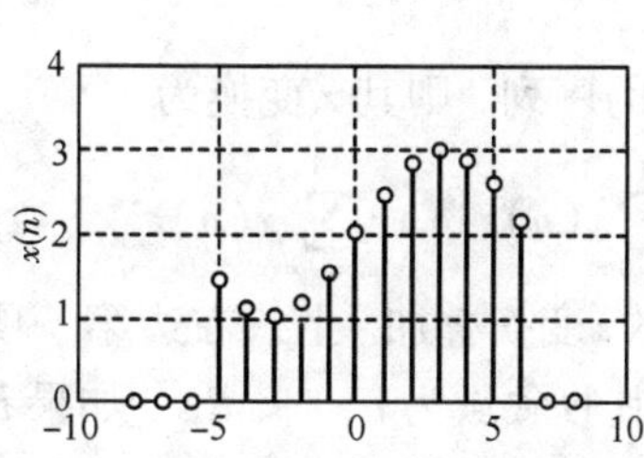

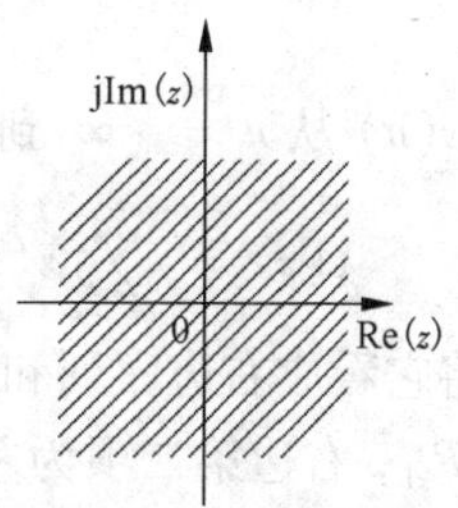

图6－1　有限长序列及其收敛域

2. 右边序列

序列 $x(n)$ 只在有限的区间 $n \geqslant n'_1$ 有非零的有限值，在 $n < n_1$ 时，$x(n) = 0$，则其 z 变换为

$$X(z) = \sum_{n=n_1}^{\infty} x(n) z^{-n} = \sum_{n=n_1}^{-1} x(n) z^{-n} + \sum_{n=0}^{\infty} x(n) z^{-n} \qquad (6-4)$$

此式右边第一项的收敛域为有限平面 $0 < |z| < \infty$，第二项是负幂级数，由阿贝尔（N. Abel）定理可知，存在一个收敛半径 R_{x1}，在以原点为中心，以 R_{x1} 为半径的圆外都是收敛的。因此，综合得到右边序列 z 变换的收敛域为 $R_{x1} < |z| < \infty$，如图6－2所示。

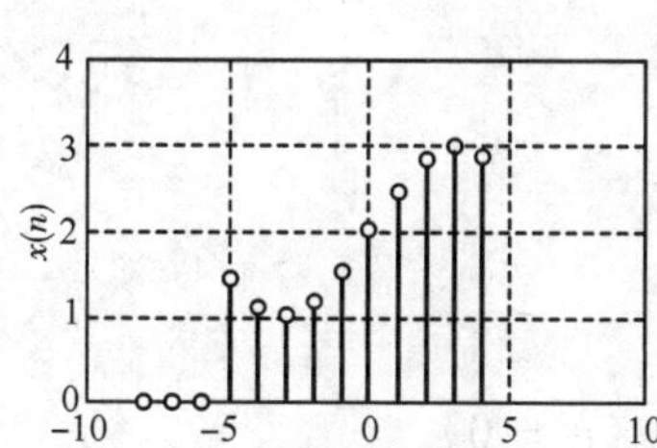

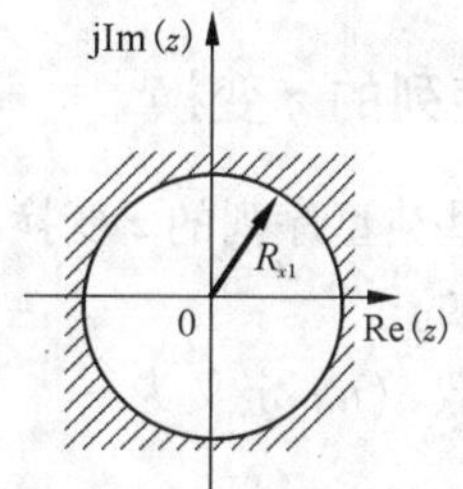

图6－2　右边序列及其收敛域

当 $n_1 = 0$ 时，右边序列变成因果序列，此时因果序列的收敛域为 $|z| > R_{x1}$。

3. 左边序列

序列 $x(n)$ 只在有限的区间 $n \leqslant n'_2$ 有非零的有限值，在 $n > n_2$ 时，$x(n) = 0$，则其 z 变换为

$$X(z) = \sum_{n=-\infty}^{n_2} x(n) z^{-n} = \sum_{n=-\infty}^{0} x(n) z^{-n} + \sum_{n=1}^{n_2} x(n) z^{-n} \qquad (6-5)$$

此式右边第二项的收敛域为有限平面 $0 < |z| < \infty$，第一项是正幂级数，由阿贝尔（N. Abel）定理可知，存在一个收敛半径 R_{x2}，在以原点为中心，以 R_{x2} 为半径的圆内都是收敛的。因此综合得到左边序列 z 变换的收敛域为 $0 < |z| < R_{x2}$，如图6－3所示。

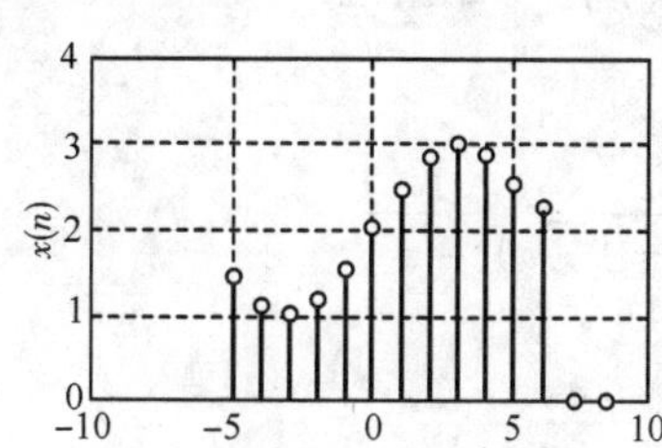

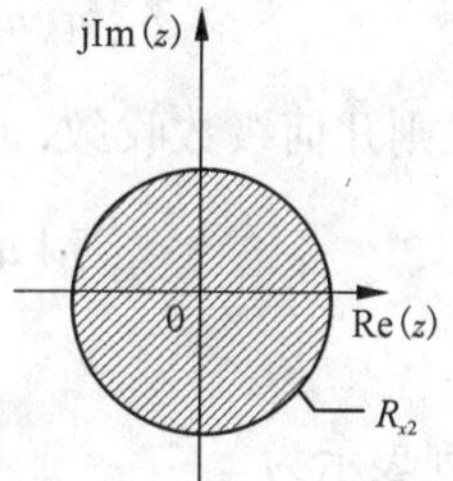

图6－3　左边序列及其收敛域

4. 双边序列

双边序列是 $x(n)$ 从 $n=-\infty$ 到 $n=+\infty$ 的序列，则其 z 变换为

$$X(z)=\sum_{n=-\infty}^{\infty}x(n)z^{-n}=\sum_{n=0}^{\infty}x(n)z^{-n}+\sum_{n=-\infty}^{-1}x(n)z^{-n} \tag{6-6}$$

显然，可以将它看成右边序列和左边序列的z变换叠加。上式右边第一项为右边序列，其收敛域为 $|z|>R_{x1}$，右边第二项为左边序列，其收敛域为 $|z|<R_{x2}$，如果 $R_{x2}>R_{x1}$，则z变换的收敛域为两个级数收敛域的重叠部分，即 $R_{x1}<|z|<R_{x2}$，如图6－4所示。如果 $R_{x2}<R_{x1}$，则两个级数不存在公共收敛域，此时收敛域不存在。

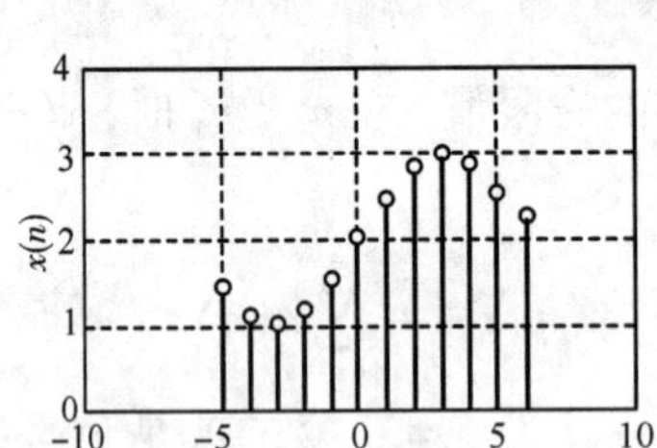

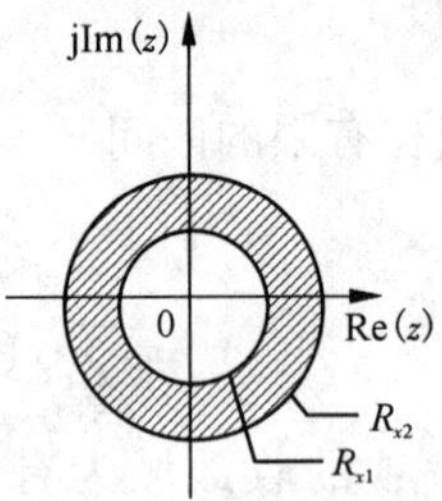

图6－4　双边序列及其收敛域

6.1.3　典型序列的 z 变换

下面给出一些典型序列的 z 变换。

1. 单位样值函数

单位样值函数 $\delta(n)$ 定义为

$$\delta(n)=\begin{cases}1 & (n=0)\\0 & (n\neq 0)\end{cases}$$

则其 z 变换为

$$\mathbb{Z}[\delta(n)]=\sum_{n=0}^{\infty}\delta(n)z^{-n}=1 \tag{6-7}$$

2. 单位阶跃序列

单位阶跃序列 $u(n)$ 定义为

$$u(n)=\begin{cases}1 & (n\geqslant 0)\\0 & (n<0)\end{cases}$$

则其 z 变换为

$$\mathbb{Z}[u(n)]=\sum_{n=0}^{\infty}u(n)z^{-n}=\sum_{n=0}^{\infty}z^{-n}$$

若 $|z|>1$，则几何级数收敛，则有

$$\mathbb{Z}[u(n)]=\frac{z}{z-1}=\frac{1}{1-z^{-1}} \tag{6-8}$$

3. 指数序列

单边指数序列表示为

$$x(n)=a^{n}u(n)$$

其 z 变换为

$$\mathbb{Z}\left[a^n u(n)\right] = \sum_{n=0}^{\infty} a^n u(n) z^{-n} = \sum_{n=0}^{\infty} (az^{-1})^n$$

若级数满足 $|z| > |a|$，则可收敛为

$$\mathbb{Z}\left[a^n u(n)\right] = \frac{1}{1-(az^{-1})} = \frac{z}{z-a} \tag{6-9}$$

4. 正弦与余弦序列

单边余弦序列 $\cos(\omega n)$ 的 z 变换，可利用指数序列 z 变换的结果，即当 $|z| > |e^{j\omega}| = 1$ 时，有 $\mathbb{Z}\left[e^{j\omega n}u(n)\right] = \frac{z}{z-e^{j\omega}}$，$|z| > |e^{-j\omega}| = 1$ 时，有 $\mathbb{Z}\left[e^{-j\omega n}u(n)\right] = \frac{z}{z-e^{-j\omega}}$。由 z 变换的定义可知，两序列之和的 z 变换等于各序列 z 变换的和，根据欧拉公式，得余弦序列的 z 变换为

$$\mathbb{Z}\left[\cos(\omega n)u(n)\right] = \frac{1}{2}\left(\frac{z}{z-e^{j\omega}} + \frac{z}{z-e^{-j\omega}}\right) = \frac{z(z-\cos\omega)}{z^2-2z\cos\omega+1} \tag{6-10}$$

同理可得正弦序列的 z 变换为

$$\mathbb{Z}\left[\sin(\omega n)u(n)\right] = \frac{1}{2j}\left(\frac{z}{z-e^{j\omega}} - \frac{z}{z-e^{-j\omega}}\right) = \frac{z\sin\omega}{z^2-2z\cos\omega+1} \tag{6-11}$$

6.2　z 反变换

从给定的 z 变换闭合形式 $X(z)$ 中还原出原序列 $x(n)$，称为 z 反变换，表示为

$$x(n) = \mathbb{Z}^{-1}\left[X(z)\right] \tag{6-12}$$

由式(6－12)可看出，z 反变换的实质是求 $X(z)$ 的幂级数展开式。

求 z 反变换通常有三种方法：围线积分法（留数法）、幂级数展开法（长除法）和部分分式展开法。

6.2.1　围线积分法

根据复变函数理论，围线积分给出的 z 逆变换公式为

$$x(n) = \mathbb{Z}^{-1}\left[X(z)\right] = \frac{1}{2\pi j}\oint_C X(z) z^{n-1} dz \tag{6-13}$$

C 是包围 $X(z)z^{n-1}$ 所有极点的逆时针闭合单围线，通常选择 z 平面收敛域内以原点为中心的圆，如图 6－5 所示。

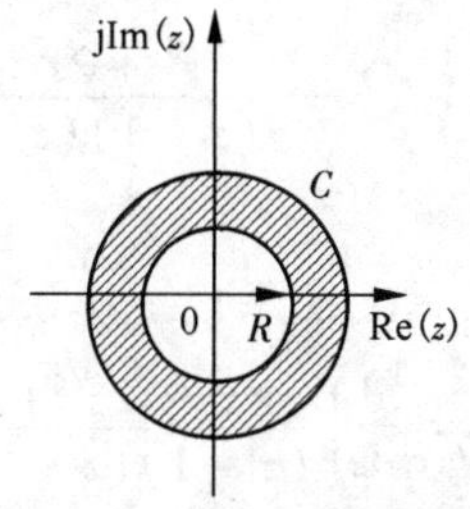

图6－5　z 反变换积分围线路径

从 z 变换的定义可导出公式(6 - 13)。已知

$$X(z) = \mathbb{Z}[x(n)] = \sum_{n=-\infty}^{\infty} x(n)z^{-n}$$

对上式两端分别乘以 z^{m-1}，然后沿围线 C 积分，可得

$$\oint_C z^{m-1}X(z)\mathrm{d}z = \oint_C [\sum_{n=0}^{\infty} x(n)z^{-n}]z^{m-1}\mathrm{d}z$$

将积分与求和次序互换，上式变为

$$\oint_C X(z)z^{m-1}\mathrm{d}z = \sum_{n=0}^{\infty} x(n)\oint_C z^{m-n-1}\mathrm{d}z \tag{6 - 14}$$

根据柯西积分定理，已知

$$\oint_C z^{k-1}\mathrm{d}z = \begin{cases} 2\pi\mathrm{j} & (k = 0) \\ 0 & (k \neq 0) \end{cases}$$

式(6 - 14) 转换为

$$\oint_C X(z)z^{n-1}\mathrm{d}z = 2\pi\mathrm{j}x(n)$$

即得

$$x(n) = \frac{1}{2\pi\mathrm{j}}\oint_C X(z)z^{n-1}\mathrm{d}z \tag{6 - 15}$$

直接计算围线积分比较麻烦，一般都采用留数定理来求解。按照留数定理，若函数 $F(z) = X(z)z^{n-1}$ 在围线 C 上连续，在 C 内有 M 个极点 z_m，则有

$$x(n) = \frac{1}{2\pi\mathrm{j}}\oint_C X(z)z^{n-1}\mathrm{d}z = \sum_m \mathrm{Res}[X(z)z^{n-1}]_{z=z_m} \tag{6 - 16}$$

式中，Res 表示极点的留数。

若 $X(z)z^{n-1}$ 在 $z = z_m$ 处有 s 阶极点，则留数为

$$\mathrm{Res}[X(z)z^{n-1}]_{z=z_m} = \frac{1}{(s-1)!}\left\{\frac{\mathrm{d}^{s-1}}{\mathrm{d}z^{s-1}}[(z-z_m)^s X(z)z^{n-1}]\right\}_{z=z_m} \tag{6 - 17}$$

若只有一阶极点，则(6 - 17) 式简化为

$$\mathrm{Res}[X(z)z^{n-1}]_{z=z_m} = [(z-z_m)X(z)z^{n-1}]_{z=z_m} \tag{6 - 18}$$

应当注意收敛域内围线所包围的极点情况，特别是对于不同 n 的取值，在 $z = 0$ 处的极点会有不同阶次。

例 6 - 1 求 $X(z) = \dfrac{z^3 + 2z^2 + 1}{z^3 - 1.5z^2 + 0.5z}$，$|z| > 1$ 的反变换。

解：由已知条件可得 $F(z) = X(z)z^{n-1} = \dfrac{z^3 + 2z^2 + 1}{z(z-1)(z-0.5)} \cdot z^{n-1}$，根据 n 的取值，有三种情况。

当 $n = 0$ 时，有 4 个极点：$z_1 = z_2 = 0$，$z_3 = 1$，$z_4 = 0.5$，各极点留数为

$$\mathrm{Res}[F(z)]_{z=0} = \frac{\mathrm{d}}{\mathrm{d}z}\left[\frac{z^3 + 2z^2 + 1}{(z-1)(z-0.5)}\right]\Bigg|_{z=0} = 6$$

$$\mathrm{Res}[F(z)]_{z=1} = \left[\frac{z^3 + 2z^2 + 1}{z^2(z-0.5)}\right]\Bigg|_{z=1} = 8$$

$$\text{Res}[F(z)]_{z=0.5} = \left[\frac{z^3+2z^2+1}{z^2(z-1)}\right]\Big|_{z=0.5} = -13$$

所以有

$$x(0) = 6+8-13 = 1$$

当 $n=1$ 时，有 3 个极点：$z_1=0$，$z_2=1$，$z_3=0.5$，各极点留数为

$$\text{Res}[F(z)]_{z=0} = \left[\frac{z^3+2z^2+1}{(z-1)(z-0.5)}\right]\Big|_{z=0} = 2$$

$$\text{Res}[F(z)]_{z=1} = \left[\frac{z^3+2z^2+1}{z(z-0.5)}\right]\Big|_{z=1} = 8$$

$$\text{Res}[F(z)]_{z=0.5} = \left[\frac{z^3+2z^2+1}{z(z-1)}\right]\Big|_{z=0.5} = -6.5$$

所以有

$$x(1) = 3.5$$

当 $n>1$ 时，有 2 个极点：$z_1=1$，$z_2=0.5$，各极点留数为

$$\text{Res}[F(z)]_{z=1} = \left[\frac{z^3+2z^2+1}{z^2(z-0.5)}z^{n-1}\right]\Big|_{z=1} = 8$$

$$\text{Res}[F(z)]_{z=0.5} = \left[\frac{z^3+2z^2+1}{z^2(z-1)}z^{n-1}\right]\Big|_{z=0.5} = -6.5\times(0.5)^{n-1}$$

所以有

$$x(n) = [8-6.5(0.5)^{n-1}]u(n-2)$$

综上所述，可得

$$x(n) = \delta(n)+3.5\delta(n-1)+[8-6.5(0.5)^{n-1}]u(n-2)$$

注意，若本题中收敛域为 $|z|<0.5$，则积分围线应选在半径为 0.5 的圆以内；若收敛域为 $0.5<|z|<1$，积分围线应选在半径为 0.5 ~ 1 的圆环内。所求得的 $x(n)$ 会相应不同。因此，同一个 $X(z)$ 表达式，在收敛域不同的情况下，最后得到的反变换序列 $x(n)$ 会不同。

6.2.2　幂级数展开法(长除法)

因为 $x(n)$ 的 z 变换定义为 z^{-1} 的幂级数

$$X(z) = \sum_{n=-\infty}^{\infty} x(n)z^{-n} = \cdots + x(-1)z + x(0)z^0 + x(1)z^{-1} + \cdots \tag{6-19}$$

所以只要在给定的收敛域内将 $X(z)$ 展成幂级数，级数的系数就是序列 $x(n)$。

一般情况下，$X(z)$ 是有理分式，分子分母都是 z 的多项式，可直接用分子多项式除以分母多项式，得到幂级数展开式，从而得到 $x(n)$。如果 $X(z)$ 的收敛域是 $|z|>R_{x1}$，则 $x(n)$ 是因果序列，此时分子分母按 z 的降幂排列。如果 $X(z)$ 的收敛域是 $|z|<R_{x2}$，则 $x(n)$ 是左边序列，此时分子分母按 z 的升幂排列。

例 6-2　求 $X(z) = \dfrac{3z^{-1}}{(1-3z^{-1})^2}$，$|z|>3$ 的反变换。

解：收敛域是 $|z|>3$，$x(n)$ 是因果序列。此时 $X(z)$ 分子分母按 z 的降幂排列，因此原式化成

$$X(z)=\frac{3z^{-1}}{(1-3z^{-1})^{2}}=\frac{3z}{z^{2}-6z+9},\quad |z|>3$$

进行长除

$$\begin{array}{r|l}
 & 3z^{-1}+18z^{-2}+81z^{3}+324z^{4}+\cdots \\
z^{2}-60z+9 & 3z \\
 & \underline{3z-18+27z^{-1}} \\
 & \quad 18+27z^{-1} \\
 & \quad \underline{18-108z^{-1}+162z^{-2}} \\
 & \qquad 81z^{-1}-162z^{-2} \\
 & \qquad \underline{81z^{-1}-486z^{-2}+729z^{-3}} \\
 & \qquad 324z^{-2}-726z^{-23} \\
 & \qquad \vdots
\end{array}$$

所以

$$X(z)=3z^{-1}+2\times3^{2}z^{-2}+3\times3^{3}z^{-3}+4\times3^{4}z^{-4}+\cdots=\sum_{n=1}^{\infty}n\times3^{n}z^{-n}$$

因此可知

$$x(n)=n\times3^{n}u(n-1)$$

例 6－3 求 $X(z)=\dfrac{1-2z^{-1}}{1-\dfrac{1}{4}z^{-1}},|z|<\dfrac{1}{4}$ 的反变换。

解： 收敛域是 $|z|<\dfrac{1}{4}$，$x(n)$ 是左边序列。此时 $X(z)$ 分子分母按 z 的升幂排列，因此原式化成

$$X(z)=\frac{2-z}{\dfrac{1}{4}-z}$$

进行长除，展开成级数为

$$X(z)=8+28z+112z^{2}+\cdots=8+\sum_{n=1}^{\infty}7\cdot4^{n}\cdot z^{n}=8+\sum_{n=-\infty}^{-1}7\cdot4^{-n}\cdot z^{-n}$$

因此可知

$$x(n)=8\cdot\delta(n)+7\cdot\left(\frac{1}{4}\right)^{n}\cdot u(-n-1)$$

6.2.3 部分分式展开法

类似于拉普拉斯变换中部分分式展开法，z 的反变换也可以先将 $X(z)$ 展开成一些简单常用的部分分式之和，再分别求出各部分分式的反变换，最后各反变换结果相加得到 $x(n)$，即

$$X(z)=\frac{B(z)}{A(z)}=X_{1}(z)+X_{2}(z)+\cdots+X_{K}(z)=\sum_{n=0}^{M-N}B_{n}z^{-n}+\sum_{l=1}^{M-r}\frac{A_{l}}{1-z_{l}z^{-1}}+\sum_{l=1}^{r}\frac{C_{l}}{[1-z_{i}z^{-1}]^{l}} \tag{6-20}$$

其中，z_l 为 $X(z)$ 的单阶极点（$l=1,2,\cdots,N-r$），z_i 为 $X(z)$ 的一个 r 阶极点，B_n 为 $X(z)$ 的整式部分的系数，B_n 可用长除法得到。

根据留数定理

$$A_l = \text{Res}\left[\frac{X(z)}{z}\right]_{z=z_l} = \left[(z-z_l)\frac{X(z)}{z}\right]_{z=z_l} \tag{6-21}$$

$$C_l = \frac{1}{(r-l)!}\left[\frac{\mathrm{d}^{r-l}}{\mathrm{d}z^{r-l}}(z-z_l)^r\frac{X(z)}{z^l}\right]_{z=z_l} \tag{6-22}$$

因此用部分分式展开法求 z 反变换时，先将 $X(z)$ 写成 z 的正幂次表示，然后将 $X(z)$ 展开成$\frac{X(z)}{z}$（单极点时）或$\frac{X(z)}{z^l}$（r 阶极点时）形式，再按部分分式展开，求出各个系数。

例 6－4 求 $X(z)=\frac{5z^{-1}}{1+z^{-1}-6z^{-2}}$，$2<|z|<3$ 的反变换。

解：将 $X(z)$ 写成 z 的正幂次表示，并求出它的极点

$$X(z)=\frac{5z^{-1}}{1+z^{-1}-6z^{-2}}=\frac{5z}{z^2+z-6}=\frac{5z}{(z-2)(z+3)}$$

将上式两端同除以 z，得到

$$\frac{X(z)}{z}=\frac{5}{(z-2)(z+3)}=\frac{A_1}{z-2}+\frac{A_2}{z+3}$$

求各个系数

$$A_1=\text{Res}\left[\frac{X(z)}{z}\right]_{z=2}=(z-2)\left.\frac{5}{(z-2)(z+3)}\right|_{z=2}=1$$

$$A_2=\text{Res}\left[\frac{X(z)}{z}\right]_{z=-3}=(z+3)\left.\frac{5}{(z-2)(z+3)}\right|_{z=-3}=-1$$

因而得到

$$X(z)=\frac{z}{z-2}+\frac{-z}{z+3}=\frac{1}{1-2z^{-1}}+\frac{-1}{1+3z^{-1}}$$

由收敛域 $2<|z|<3$ 可知

$$\mathbb{Z}^{-1}\left[\frac{1}{1-2z^{-1}}\right]=2^n u(n)$$

$$\mathbb{Z}^{-1}\left[\frac{-1}{1+3z^{-1}}\right]=(-3)^n u(-n-1)$$

因此可得

$$x(n)=2^n u(n)+(-3)^n u(-n-1)$$

表 6－1 所示为几种常用序列的 z 变换。

表 6－1　几种常用序列的 z 变换表

序号	序列	z 变换	收敛域
1	$\delta(n)$	1	全部 z 域
2	$u(n)$	$\frac{z}{z-1}=\frac{1}{1-z^{-1}}$	$\lvert z\rvert>1$
3	$u(-n-1)$	$-\frac{z}{z-1}=\frac{-1}{1-z^{-1}}$	$\lvert z\rvert<1$

续表 6－1

序号	序列	z 变换	收敛域
4	$a^n u(n)$	$\dfrac{z}{z-a}=\dfrac{1}{1-az^{-1}}$	$\lvert z\rvert > a$
5	$a^n u(-n-1)$	$\dfrac{-z}{z-a}=\dfrac{-1}{1-az^{-1}}$	$\lvert z\rvert < a$
6	$R_N(n)$	$\dfrac{z^N-1}{z^{N-1}(z-1)}=\dfrac{1-z^{-N}}{1-z^{-1}}$	$\lvert z\rvert > 0$
7	$na^n u(n)$	$\dfrac{az}{(z-a)^2}=\dfrac{az^{-1}}{(1-az^{-1})^2}$	$\lvert z\rvert > a$
8	$na^n u(-n-1)$	$\dfrac{-az}{(z-a)^2}=-\dfrac{az^{-1}}{(1-az^{-1})^2}$	$\lvert z\rvert < a$
9	$\mathrm{e}^{-\mathrm{j}n\omega_0}u(n)$	$\dfrac{z}{z-\mathrm{e}^{-\mathrm{j}\omega_0}}=\dfrac{1}{1-\mathrm{e}^{-\mathrm{j}\omega_0}z^{-1}}$	$\lvert z\rvert > 1$
10	$\sin(n\omega_0)u(n)$	$\dfrac{z\sin\omega_0}{z^2-2z\cos\omega_0+1}=\dfrac{z^{-1}\sin\omega_0}{1-2z^{-1}\cos\omega_0+z^{-2}}$	$\lvert z\rvert > 1$
11	$\cos(n\omega_0)u(n)$	$\dfrac{z^2-z\cos\omega_0}{z^2-2z\cos\omega_0+1}=\dfrac{1-z^{-1}\sin\omega_0}{1-2z^{-1}\cos\omega_0+z^{-2}}$	$\lvert z\rvert > 1$
12	$\dfrac{(n+1)(n+2)\cdots(n+m)}{m!}a^n u(n)$	$\dfrac{z^{m+1}}{(z-a)^{m+1}}=\dfrac{1}{(1-az^{-1})^{m+1}}$	$\lvert z\rvert > a$

6.3 z 变换的性质

6.3.1 线性特性

z 变换的线性特性就是 z 变换要满足叠加性和均匀性，若

$$\mathbb{Z}[x(n)]=X(z)\quad(R_{x1}<\lvert z\rvert<R_{x2})$$

$$\mathbb{Z}[y(n)]=Y(z)\quad(R_{y1}<\lvert z\rvert<R_{y2})$$

则

$$\mathbb{Z}[ax(n)+by(n)]=aX(z)+bY(z)\quad(R_1<\lvert z\rvert<R_2)\tag{6-23}$$

其中，a、b 为任意常数。

相加后序列的 z 变换收敛域一般为两个序列收敛域的重叠部分，即

$$\max(R_{x1},R_{y1})<\lvert z\rvert<\min(R_{x2},R_{y2})$$

例 6－5 求 $x(n)=u(n)-u(n-2)$ 的 z 变换。

解： 由表 6－1 可知，$\mathbb{Z}[u(n)]=\dfrac{z}{z-1}$，$\lvert z\rvert>1$

又有

$$\mathbb{Z}[u(n-2)]=\sum_{n=-\infty}^{\infty}u(n-2)z^{-n}=\sum_{n=2}^{\infty}z^{-n}=\frac{z^{-2}}{1-z^{-1}}=\frac{z^{-1}}{z-1},\ \lvert z\rvert>1$$

所以

$$\mathbb{Z}[u(n)-u(n-2)] = \mathbb{Z}[u(n)] - \mathbb{Z}[u(n-2)] = \frac{z}{z-1} - \frac{z^{-1}}{z-1} = \frac{z+1}{z},\ |z|>0$$

可以看到收敛域扩大。实际上，$x(n)$ 是 $n \geqslant 0$ 的有限长序列，其收敛域是除了 $|z|=0$ 以外的全部 z 平面。

6.3.2　位移特性

位移特性表示序列位移后的z变换与原序列z变换的关系。位移有左移(超前)和右移(延后)两种情况。

若序列 $x(n)$ 的 z 变换为

$$\mathbb{Z}[x(n)] = X(z) \quad (R_{x1} < |z| < R_{x2})$$

则有

$$\mathbb{Z}[x(n-m)] = z^{-m}X(z) \quad (R_{x1} < |z| < R_{x2}) \tag{6-24}$$

式中，m 为任意整数，m 为正表示延迟，m 为负表示超前。

证明： 按 z 变换的定义

$$\mathbb{Z}[x(n-m)] = \sum_{n=-\infty}^{\infty} x(n-m)z^{-n} = z^{-m}\sum_{l=-\infty}^{\infty} x(l)z^{-l} = z^{-m}X(z)$$

由式(6-24)可知，对于双边序列，位移后收敛域不变。对于单边序列，在 $z=0$ 或 $z=\infty$ 处可能有变化。例如，$\mathbb{Z}[\delta(n)]=1$，在z平面处处收敛，但是，$\mathbb{Z}[\delta(n-1)]=z^{-1}$，在 $z=0$ 处不收敛，而$\mathbb{Z}[\delta(n+1)]=z$，在 $z=\infty$ 处不收敛。

6.3.3　序列线性加权特性

若序列 $x(n)$ 的 z 变换为

$$\mathbb{Z}[x(n)] = X(z) \qquad (R_{x1} < |z| < R_{x2})$$

则有

$$\mathbb{Z}[nx(n)] = -z\frac{\mathrm{d}}{\mathrm{d}z}X(z) \quad (R_{x1} < |z| < R_{x2}) \tag{6-24}$$

证明： 根据 z 变换的定义

$$X(z) = \sum_{n=-\infty}^{\infty} x(n)z^{-n}$$

将等式两端对 z 求导，可得

$$\frac{\mathrm{d}X(z)}{\mathrm{d}z} = \frac{\mathrm{d}}{\mathrm{d}z}\sum_{n=-\infty}^{\infty} x(n)z^{-n} = \sum_{n=-\infty}^{\infty} x(n)\frac{\mathrm{d}}{\mathrm{d}z}(z^{-n}) = -z^{-1}\sum_{n=-\infty}^{\infty} nx(n)z^{-n} = -z^{-1}\mathbb{Z}[nx(n)]$$

因此可得

$$\mathbb{Z}[nx(n)] = -z\frac{\mathrm{d}}{\mathrm{d}z}X(z) \quad (R_{x1} < |z| < R_{x2})$$

以此类推

$$\begin{aligned}\mathbb{Z}[n^2x(n)] &= \mathbb{Z}[n\cdot nx(n)] = -z\frac{\mathrm{d}}{\mathrm{d}z}\mathbb{Z}[nx(n)] = -z\frac{\mathrm{d}}{\mathrm{d}z}\left[-z\frac{\mathrm{d}}{\mathrm{d}z}X(z)\right]\\ &= z^2\frac{\mathrm{d}^2}{\mathrm{d}z^2}X(z) + z\frac{\mathrm{d}}{\mathrm{d}z}X(z)\end{aligned}$$

用同样的方法可以得到

$$\mathbb{Z}[n^m x(n)] = \left[-z\frac{\mathrm{d}}{\mathrm{d}z}\right]^m X(z) \tag{6-25}$$

其中，符号$\left[-z\frac{\mathrm{d}}{\mathrm{d}z}\right]^m$表示

$$\left[-z\frac{\mathrm{d}}{\mathrm{d}z}\right]^m = -z\frac{\mathrm{d}}{\mathrm{d}z}\left\{-z\frac{\mathrm{d}}{\mathrm{d}z}\left[-z\frac{\mathrm{d}}{\mathrm{d}z}\cdots\left(-z\frac{\mathrm{d}}{\mathrm{d}z}X(z)\right)\right]\right\}$$

共求导 m 次。

6.3.4 序列指数加权特性

若序列 $x(n)$ 的 z 变换为

$$\mathbb{Z}[x(n)] = X(z) \quad (R_{x1} < |z| < R_{x2})$$

则有

$$\mathbb{Z}[a^n x(n)] = X\left(\frac{z}{a}\right) \quad \left(R_{x1} < \left|\frac{z}{a}\right| < R_{x2}\right) \tag{6-25}$$

可见，$x(n)$ 乘以指数序列等效于 z 平面尺度展缩。

证明： 按 z 变换的定义

$$\mathbb{Z}[a^n x(n)] = \sum_{n=0}^{\infty} a^n x(n) z^{-n} = \sum_{n=0}^{\infty} x(n)\left(\frac{z}{a}\right)^{-n} = X\left(\frac{z}{a}\right)$$

同样可得下列关系

$$a^{-n}x(n) \leftrightarrow X(az) \quad (R_{x1} < |az| < R_{x2}) \tag{6-26}$$

$$(-1)^n x(n) \leftrightarrow X(-z) \quad (R_{x1} < |z| < R_{x2}) \tag{6-27}$$

6.3.5 初值定理

若序列 $x(n)$ 是因果序列，即

$$X(z) = \mathbb{Z}[x(n)] = \sum_{n=0}^{\infty} x(n) z^{-n}$$

则有

$$x(0) = \lim_{z\to\infty} X(z) \tag{6-28}$$

证明： 由于 $x(n)$ 是因果序列，即

$$X(z) = \sum_{n=0}^{\infty} x(n) z^{-n} = x(0) + x(1)z^{-1} + x(2)z^{-2} + \cdots$$

因此有

$$\lim_{z\to\infty} X(z) = x(0)$$

6.3.6 终值定理

若序列 $x(n)$ 是因果序列，即

$$X(z) = \mathbb{Z}[x(n)] = \sum_{n=0}^{\infty} x(n) z^{-n}$$

则有

$$\lim_{n\to\infty}x(n) = \lim_{z\to 1}[(z-1)X(z)] \tag{6-29}$$

证明: 因为

$$\begin{aligned}\mathbb{Z}[x(n+1)-x(n)] &= zX(z)-zx(0)-X(z)\\ &= (z-1)X(z)-zx(0)\end{aligned}$$

取极限, 可得

$$\begin{aligned}\lim_{z\to 1}[(z-1)X(z)] &= x(0)+\lim_{z\to 1}\sum_{n=0}^{\infty}[x(n+1)-x(n)]\cdot z^{-n}\\ &= x(0)+[x(1)-x(0)]+[x(2)-x(1)]+\cdots\\ &= x(0)-x(0)+x(\infty)\end{aligned}$$

因此

$$\lim_{z\to 1}[(z-1)X(z)] = \lim_{n\to\infty}x(n)$$

需要注意的是, 终值定理只有当 $n\to\infty$ 时 $x(n)$ 是收敛的才可使用, 也就是要求 $X(z)$ 的极点必须在单位圆内, 在单位圆上如果有极点, 则只能位于 $z=1$ 处且必须是单阶极点。

6.3.7　时域卷积定理

已知两个序列 $x(n)$ 和 $h(n)$, 其 z 变换为

$$X(z) = \mathbb{Z}[x(n)] \quad (R_{x1}<|z|<R_{x2})$$
$$H(z) = \mathbb{Z}[h(n)] \quad (R_{h1}<|z|<R_{h2})$$

则有

$$\mathbb{Z}[x(n)*h(n)] = X(z)H(z) \tag{6-30}$$

在一般情况下, 收敛域为二者重叠部分, 即 $\max(R_{x1},R_{h1})<|z|<\min(R_{x2},R_{h2})$。

证明:

$$\begin{aligned}\mathbb{Z}[x(n)*h(n)] &= \sum_{n=-\infty}^{\infty}[x(n)*h(n)]z^{-n} = \sum_{n=-\infty}^{\infty}\sum_{m=-\infty}^{\infty}x(m)h(n-m)z^{-n}\\ &= \sum_{m=-\infty}^{\infty}x(m)\Big[\sum_{n=-\infty}^{\infty}h(n-m)z^{-n}\Big]\\ &= \sum_{m=-\infty}^{\infty}x(m)z^{-m}H(z)\\ &= X(z)H(z),\quad \max(R_{x1},R_{h1})<|z|<\min(R_{x2},R_{h2})\end{aligned}$$

可见两序列在时域中的卷积等效于在 z 域中两序列 z 变换的乘积。若 $x(n)$ 和 $h(n)$ 分别是线性移不变系统的输入序列和系统冲激响应, 那么在求系统的响应序列 $y(n)$ 时, 可避免卷积运算, 而通过 $X(z)H(z)$ 的反变换来求 $y(n)$, 很多时候这种方法更简便些。

例 6-6　求两个单边序列 $x(n)=a^nu(n)$ 和 $h(n)=b^nu(n)-ab^{n-1}u(n-1)$ 的卷积。

解: 两个序列的 z 变换分别为

$$X(z) = \mathbb{Z}[a^nu(n)] = \frac{z}{z-a},\quad |z|>|a|$$

$$\begin{aligned}H(z) &= \mathbb{Z}[b^nu(n)-ab^{n-1}u(n-1)] = \mathbb{Z}[b^nu(n)]-a\mathbb{Z}[b^{n-1}u(n-1)]\\ &= \frac{z}{z-b}-az^{-1}\frac{z}{z-b} = \frac{z-a}{z-b}\ |z|>|b|\end{aligned}$$

所以

$$Y(z) = X(z)H(z) = \frac{z}{z-b}, \quad |z| > |b|$$

其 z 反变换为

$$y(n) = x(n) * h(n) = \mathbb{Z}^{-1}[Y(z)] = b^n u(n)$$

显然，$X(z)$ 在 $z = a$ 处的极点被 $H(z)$ 的零点抵消，如果 $|b| < |a|$，则 $Y(z)$ 的收敛域比 $X(z)$ 与 $H(z)$ 的重叠部分要大，如图 6 - 6 所示。

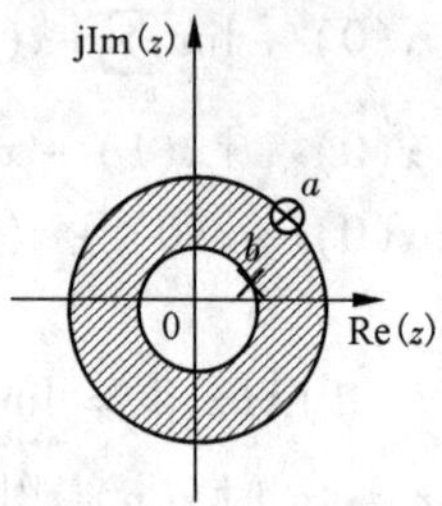

图 6 - 6　$a^n u(n) * [b^n u(n) - ab^{n-1}u(n-1)]$ 的 z 变换收敛域

6.3.8　z 域卷积定理

已知两个序列 $x(n)$ 和 $h(n)$，其 z 变换为

$$X(z) = \mathbb{Z}[x(n)], \quad (R_{x1} < |z| < R_{x2})$$
$$H(z) = \mathbb{Z}[h(n)], \quad (R_{h1} < |z| < R_{h2})$$

则

$$\mathbb{Z}[x(n)h(n)] = \frac{1}{2\pi j}\oint_{C_1} X\left(\frac{z}{v}\right)H(v)v^{-1}dv \qquad (6-31)$$

或

$$\mathbb{Z}[x(n)h(n)] = \frac{1}{2\pi j}\oint_{C_2} X(v)H\left(\frac{z}{v}\right)v^{-1}dv \qquad (6-32)$$

式中，C_1，C_2 分别为 $X(v)$ 与 $H\left(\frac{z}{v}\right)$ 或 $X\left(\frac{z}{v}\right)$ 与 $H(v)$ 收敛域重叠部分内逆时针旋转的围线。

而 $\mathbb{Z}[x(n)h(n)]$ 的收敛域一般为 $X(v)$ 与 $H\left(\frac{z}{v}\right)$ 或 $X\left(\frac{z}{v}\right)$ 与 $H(v)$ 收敛域重叠部分，即

$$R_{x1}R_{h1} < |z| < R_{x2}R_{h2}$$

证明：

$$\begin{aligned}
\mathbb{Z}[x(n)h(n)] &= \sum_{n=-\infty}^{\infty} x(n)h(n)z^{-n} = \sum_{n=-\infty}^{\infty} x(n)\left[\frac{1}{2\pi j}\oint_{C_1} H(v)v^{n-1}dv\right]z^{-n} \\
&= \frac{1}{2\pi j}\sum_{n=-\infty}^{\infty} x(n)\left[\oint_{C_1} H(v)v^{n}\frac{dv}{v}\right]z^{-n} \\
&= \frac{1}{2\pi j}\oint_{C_1}\left[H(v)\sum_{n=-\infty}^{\infty} x(n)\left(\frac{z}{v}\right)^{-n}\right]\frac{dv}{v} \\
&= \frac{1}{2\pi j}\oint_{C_1} X\left(\frac{z}{v}\right)H(v)v^{-1}dv
\end{aligned}$$

对于收敛域，由于

$$R_{h1} < |v| < R_{h2},\ R_{x1} < \left|\frac{z}{v}\right| < R_{x2}$$

所以

$$R_{x1}R_{h1} < |z| < R_{x2}R_{h2}$$

设若 $v = \rho e^{j\theta}$，$z = re^{j\varphi}$，则有

$$\mathbb{Z}[x(n)h(n)] = \frac{1}{2\pi}\int_{-\pi}^{\pi} X(\rho e^{j\theta}) H\left[\frac{r}{\rho}e^{j(\varphi-\theta)}\right] d\theta \tag{6-33}$$

例 6－7　设 $x(n) = nu(n)$，$y(n) = a^n u(n)$，$0 < a < 1$，求 $W(z) = X(z)Y(z)$。

解：已知

$$X(z) = \mathbb{Z}[nu(n)] = \frac{z}{(z-1)^2},\quad |z| > 1$$

$$Y(z) = \mathbb{Z}[a^n u(n)] = \frac{z}{z-a},\quad |z| > |a|$$

由 z 域卷积定理可知

$$\begin{aligned} W(z) &= \frac{1}{2\pi j}\oint_C X(v) Y\left(\frac{z}{v}\right) v^{-1} dv \\ &= \frac{1}{2\pi j}\oint_C \frac{v}{(v-1)^2} \cdot \frac{\left(\frac{z}{v}\right)}{\left(\frac{z}{v} - a\right)} \cdot \frac{1}{v} \cdot dv \\ &= \frac{1}{2\pi j}\oint_C \frac{z}{(v-1)^2(z-av)} dv \end{aligned}$$

其收敛域为 $|v| > 1$ 与 $\left|\frac{z}{v}\right| > a$ 的重叠区域，即 $1 < |v| < \left|\frac{z}{a}\right|$。因为 $|z| > 1$，$|a| < 1$，所以围线内只有一个二阶极点 $v = 1$，因此可得

$$\begin{aligned} W(z) &= \frac{1}{2\pi j}\oint_C \frac{z}{(v-1)^2(z-av)} dv \\ &= \text{Res}\left[\frac{z}{(v-1)^2(z-av)}\right]_{v=1} \\ &= \left[\frac{d}{dv}\left(\frac{z}{z-av}\right)\right]_{v=1} \\ &= \frac{az}{(z-a)^2},\quad |z| > |a| \end{aligned}$$

表 6－2 所示为 z 变换的主要性质。

表 6－2　z 变换的主要性质

序号	序列	z 变换	收敛域
1	$x(n)$	$X(z)$	$R_{x1} < \lvert z \rvert < R_{x2}$
2	$h(n)$	$H(z)$	$R_{h1} < \lvert z \rvert < R_{h2}$

续表 6 - 2

序号	序列	z 变换	收敛域
3	$ax(n)+bh(n)$	$aX(z)+bH(z)$	$\max(R_{x1},R_{y1})<\|z\|<\min(R_{x2},R_{y2})$
4	$x(n-m)$	$z^{-m}X(z)$	$R_{x1}<\|z\|<R_{x2}$
5	$a^n x(n)$	$X(\frac{z}{a})$	$\|a\|R_{x1}<\|z\|<\|a\|R_{x2}$
6	$n^m x(n)$	$\left[-z\frac{\mathrm{d}}{\mathrm{d}z}\right]^m X(z)$	$R_{x1}<\|z\|<R_{x2}$
7	$Re[x(n)]$	$\frac{1}{2}[X(z)+X^*(z^*)]$	$R_{x1}<\|z\|<R_{x2}$
8	$\mathrm{jIm}[x(n)]$	$\frac{1}{2}[X(z)-X^*(z^*)]$	$R_{x1}<\|z\|<R_{x2}$
9	$x^*(n)$	$X^*(z^*)$	$R_{x1}<\|z\|<R_{x2}$
10	$x(-n)$	$X(\frac{1}{z})$	$\frac{1}{R_{x1}}<\|z\|<\frac{1}{R_{x2}}$
11	$x^*(-n)$	$X^*(\frac{1}{z^*})$	$\frac{1}{R_{x1}}<\|z\|<\frac{1}{R_{x2}}$
12	$\sum_{k=0}^{n}x(k)$	$\frac{z}{z-1}X(z)$	$\|z\|>\max(R_{x1},1)$，$x(n)$ 是因果序列
13	$x(n)*h(n)$	$X(z)H(z)$	$\max(R_{x1},R_{h1})<\|z\|<\min(R_{x2},R_{h2})$
14	$x(n)h(n)$	$\frac{1}{2\pi\mathrm{j}}\oint_{c_1}X\left(\frac{z}{v}\right)H(v)v^{-1}\mathrm{d}v$	$R_{x1}R_{h1}<\|z\|<R_{x2}R_{h2}$
15	$x(0)=\lim_{z\to\infty}X(z)$		$x(n)$ 是因果序列，$\|z\|>R_{x1}$
16	$\lim_{n\to\infty}x(n)=\lim_{z\to 1}[(z-1)X(z)]$		$x(n)$ 是因果序列，$X(z)$ 的极点落于单位圆内部，最多在 $z=1$ 处有一阶极点

6.4 z 变换与拉普拉斯变换的关系

6.4.1 z 平面与 s 平面的映射关系

z 变换可借助理想抽样信号的拉普拉斯变换得到。设连续因果信号 $x(t)$ 经均匀冲激抽样，则抽样信号 $x_s(t)$ 的表达式为

$$x_s(t)=x(t)\cdot\delta_T(t)=\sum_{n=0}^{\infty}x(nT)\delta(t-nT)$$

式中，T 表示抽样间隔。对上式取拉普拉斯变换，得到

$$X_s(s)=\int_0^{\infty}x_s(t)\cdot\mathrm{e}^{-st}\mathrm{d}t=\int_0^{\infty}\left[\sum_{n=0}^{\infty}x(nT)\delta(t-nT)\right]\cdot\mathrm{e}^{-st}\mathrm{d}t=\sum_{n=0}^{\infty}\int_0^{\infty}x(nT)\delta(t-nT)\mathrm{e}^{-st}\mathrm{d}t$$

$$=\sum_{n=0}^{\infty}x(nT)\mathrm{e}^{-nsT}$$

抽样序列 $x(n) = x(nT)$ 的 z 变换为

$$X(z) = \sum_{n=0}^{\infty} x(n) z^{-n}$$

可以看出，当 $z = e^{sT}$ 时，抽样序列的 z 变换就等于其理想抽样序列的拉普拉斯变换。

$$X(z)\big|_{z=e^{sT}} = X(e^{sT}) = X_s(s) \tag{6-34}$$

这两种变换之间的关系，就是由复变量 s 平面到复变量 z 平面的映射，其映射关系为

$$z = e^{sT}, \quad s = \frac{1}{T}\ln z \tag{6-35}$$

如果 s 平面用直角坐标表示，有

$$s = \sigma + j\omega$$

而 z 平面用极坐标表示，有

$$z = \rho e^{j\theta}$$

将它们都代入(6-35) 式中，得

$$z = e^{sT} = e^{(\sigma + j\omega)T} = e^{\sigma T} e^{j\omega T} = \rho e^{j\theta}$$

比较上式两端，可得

$$\rho = e^{\sigma T}, \quad \theta = \omega T \tag{6-36}$$

由(6-36) 式可知：

(1) 若 $\sigma < 0$ 时，$\rho < 1$，即 s 平面的左半平面映射到 z 平面的单位圆内部；

(2) 若 $\sigma > 0$ 时，$\rho > 1$，即 s 平面的右半平面映射到 z 平面的单位圆外部；

(3) 若 $\sigma = 0$ 时，$\rho = 1$，即 s 平面的虚轴映射到 z 平面的单位圆上；

(4) 若 $\omega = 0$，则 $\theta = 0$，即 s 平面的实轴映射到 z 平面的正实轴上；

(5) 若 $\sigma = 0$，$\omega = 0$，则 $\rho = 1$，$\theta = 0$，即 s 平面的原点映射到 z 平面上的 $z = 1$ 的点；

(6) 若 $\omega = \omega_0$(常数) 时，$\theta = \omega_0 T$，即 s 平面平行于实轴的直线映射到 z 平面始于原点幅角为 $\theta = \omega_0 T$ 的辐射线。

由(6) 可进一步得到，当 ω 从 $-\pi/T$ 变到 π/T，θ 从 $-\pi$ 变到 π，即在 z 平面上 θ 每变化 2π，相应的 s 平面上 ω 变化 $2\pi/T$。因此，z 平面到 s 平面的映射是多值的。理论上，z 平面上的一点 $z = \rho e^{j\theta}$，映射到 s 平面将有无穷多点，即

$$s = \frac{1}{T}\ln z = \frac{1}{T}\ln\rho + j\frac{\theta + 2n\pi}{T}, \quad n = 0, \pm 1, \pm 2, \cdots \tag{6-37}$$

上述分析讨论的 s 平面到 z 平面的映射关系，如图 6-7 所示。

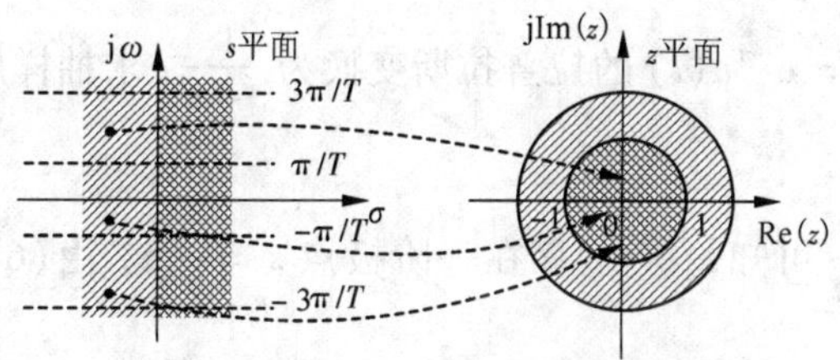

图 6-7　s 平面与 z 平面的映射关系

6.4.2 z 变换与拉普拉斯变换表达式对应

若连续信号 $x(t)$ 经均匀抽样构成序列 $x(n)$，且已知 $x(t)$ 的拉普拉斯变换为 $X(s)$，则接下来讨论利用 $X(s)$ 如何得到 $x(n)$ 的 z 变换 $X(z)$。

设连续信号 $x(t)$ 由 K 项指数信号相加得到，即

$$x(t) = x_1(t) + x_2(t) + \cdots + x_K(t) = \sum_{i=1}^{K} x_i(t) = \sum_{i=1}^{K} A_i e^{p_i t} u(t) \tag{6-38}$$

式(6－38)的拉普拉斯变换为

$$X(s) = \sum_{i=1}^{K} \frac{A_i}{s - p_i} \tag{6-39}$$

设序列 $x(nT)$ 由 K 项指数序列相加得到，即

$$x(nT) = x_1(nT) + x_2(nT) + \cdots + x_K(nT) = \sum_{i=1}^{K} x_i(nT) = \sum_{i=1}^{K} A_i e^{p_i nT} u(nT) \tag{6-40}$$

式(6－40)的 z 变换为

$$X(z) = \sum_{i=1}^{K} \frac{A_i}{1 - e^{p_i T} z^{-1}} \tag{6-41}$$

式(6－38)与式(6－40)中，$x(nT)$ 的样值等于 $x(t)$ 在 $t = nT$ 的抽样值。必须注意在 $t = 0$ 处，连续信号的突变点函数值与对应序列有所区别，即对于任意 i 值有

$$x(t) = \begin{cases} 0, & t < 0 \\ \dfrac{A_i}{2}, & t = 0 \\ A_i e^{p_i t}, & t > 0 \end{cases} \tag{6-42}$$

$$x(n) = \begin{cases} 0, & n < 0 \\ A_i, & n = 0 \\ A_i e^{p_i nT}, & n > 0 \end{cases} \tag{6-43}$$

因此，按照抽样规律，两者0点处差值为 $A_i/2$，必须予以补足，即

$$x_i(nT)u(n) = \begin{cases} x_i(t)u(t)\big|_{t=nT}, & n \neq 0 \\ x_i(t)u(t)\big|_{t=nT} + \dfrac{A_i}{2}, & n = 0 \end{cases} \tag{6-44}$$

在满足式(6－44)条件的前提下，就可以建立拉普拉斯变换 $X(s)$ 与 z 变换 $X(z)$ 的对应关系。

例6－8 已知 $x(t) = e^{-at}u(t)$ 的拉普拉斯变换为 $\frac{1}{s+a}$，求抽样序列 $x(nT) = e^{-anT}u(nT)$ 的 z 变换。

解： 由 $X(s) = \frac{1}{s+a}$ 可知，$X(s)$ 存在一阶极点 $s = -a$，由(6－41)式可得 $x(nT) = e^{-anT}u(nT)$ 的 z 变换为

$$X(z) = \frac{1}{1 - z^{-1}e^{-aT}}$$

表 6－3 列出了常用连续信号的拉普拉斯变换与抽样序列 z 变换的对应关系。

表 6－3　常用信号的拉普拉斯变换与 z 变换

序号	$X(s)$	$x(t)$	$x(nT)$	$X(z)$
1	1	$\delta(t)$	$\delta(nT)$	1
2	$\frac{1}{s}$	$u(t)$	$u(nT)$	$\frac{z}{z-1}$
3	$\frac{1}{s^2}$	t	nT	$\frac{zT}{(z-1)^2}$
4	$\frac{1}{s+a}$	e^{-at}	e^{-anT}	$\frac{z}{z-e^{-aT}}$
5	$\frac{2}{s^3}$	t^2	$(nT)^2$	$\frac{T^2z(z+1)}{(z-1)^3}$
6	$\frac{\omega_0}{s^2+\omega_0^2}$	$\sin(\omega_0 t)$	$\sin(n\omega_0 T)$	$\frac{z\sin(\omega_0 T)}{z^2-2z\cos(\omega_0 T)+1}$
7	$\frac{s}{s^2+\omega_0^2}$	$\cos(\omega_0 t)$	$\cos(n\omega_0 T)$	$\frac{z[z-\cos(\omega_0 T)]}{z^2-2z\cos(\omega_0 T)+1}$
8	$\frac{1}{(s+a)^2}$	te^{-at}	nTe^{-anT}	$\frac{Tze^{-aT}}{(z-e^{-aT})^2}$
9	$\frac{\omega_0}{(s+a)^2+\omega_0^2}$	$e^{-at}\sin(\omega_0 t)$	$e^{-anT}\sin(n\omega_0 T)$	$\frac{ze^{-aT}\sin(\omega_0 T)}{z^2-2ze^{-aT}\cos(\omega_0 T)+e^{-2aT}}$
10	$\frac{s+a}{(s+a)^2+\omega_0^2}$	$e^{-at}\cos(\omega_0 t)$	$e^{-anT}\cos(n\omega_0 T)$	$\frac{z^2-ze^{-aT}\cos(\omega_0 T)}{z^2-2ze^{-aT}\cos(\omega_0 T)+e^{-2aT}}$

6.5　系统函数

6.5.1　系统函数

一个线性移不变离散系统在时域中可以用它的单位抽样响应 $h(n)$ 来表示，即

$$y(n) = x(n) * h(n)$$

对上面等式两边取 z 变换，得

$$Y(z) = X(z)H(z)$$

则有

$$H(z) = Y(z)/X(z) \tag{6-45}$$

我们把 $H(z)$ 称为线性移不变离散系统的系统函数，它也就是系统单位抽样响应的 z 变换。

6.5.2　系统函数零、极点分布与系统的时域特征

离散系统的系统函数 $H(z)$ 通常可以表示为 z 的有理分式，$H(z)$ 可展开为部分分式的形式，即

$$H(z)=\frac{\sum_{j=0}^{m}b_jz^{-j}}{\sum_{i=0}^{n}a_iz^{-i}}=\sum_{i=0}^{n}\frac{A_i}{1-p_iz^{-1}}$$

对每个分式取 z 反变换，可得 $h(n)$。由此可看出，单位抽象响应 $h(n)$ 的特性由 $H(z)$ 的极点决定，其幅值由系数 A_i 决定，而 A_i 与 $H(z)$ 的零点有关。即 $H(z)$ 的极点决定 $h(n)$ 的波形特征，而零点只影响 $h(n)$ 的幅度与相位。以下是对一阶单极点或共轭极点的情况分析。

(1) 单极点 $p=r$

$$h(n)=r^nu(n)$$

若 $r<1$，极点在单位圆内，$h(n)$ 为幅值递减的指数序列；若 $r>1$，极点在单位圆外，$h(n)$ 为幅值递增的指数序列；若 $r=1$，极点在单位圆上，$h(n)$ 为等幅序列，如图6-8所示。

(2) 共轭极点 $p_1=re^{j\theta}$，$p_2=re^{-j\theta}$，即

$$H(z)=\frac{A}{1-re^{j\theta}z^{-1}}+\frac{A^*}{1-re^{-j\theta}z^{-1}}$$

为简化分析，令 $A=1$，则系统单位抽样响应为

$$h(n)=2r^n\cos(\theta n)u(n)$$

若 $r<1$，极点在单位圆内，$h(n)$ 为幅值递减的振荡序列；若 $r>1$，极点在单位圆外，$h(n)$ 为幅值递增的振荡序列；若 $r=1$，极点在单位圆上，$h(n)$ 为等幅振荡序列，如图6-8所示。

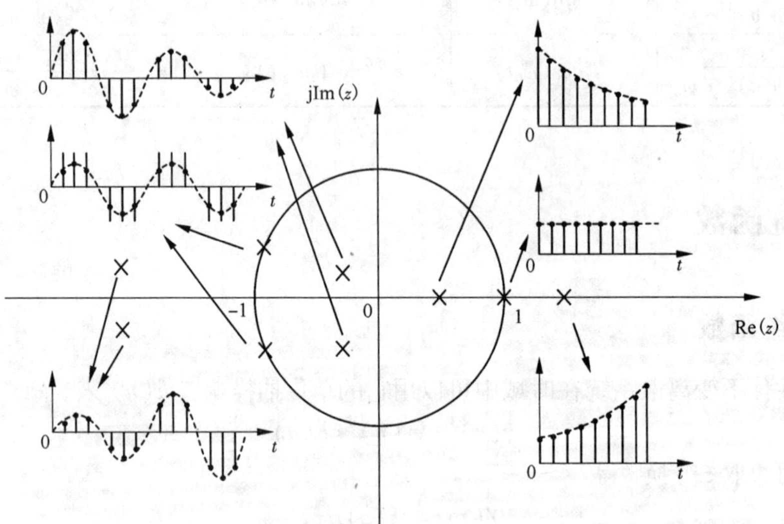

图6-8　$H(z)$ 极点分布与 $h(n)$ 波形的关系

6.5.3　系统函数零、极点的分布与频响特性

离散系统的频率特性由 $H(e^{j\Omega})$ 表示，若系统函数 $H(z)$ 的极点全部在单位圆内，则 $H(z)$ 在单位圆上收敛，其对应的系统函数 $H(e^{j\Omega})$ 即为离散系统的频率响应，即

$$H(e^{j\Omega})=H(z)\big|_{z=e^{j\Omega}}=|H(e^{j\Omega})|e^{j\varphi(\Omega)}\qquad(6-46)$$

若 N 阶离散系统的系统函数 $H(z)$ 的极点全部在单位圆内，用零、极点形式表达 $H(z)$ 为

$$H(z)=K\frac{\prod_{m=1}^{M}(z-z_m)}{\prod_{k=1}^{N}(z-p_k)}$$

令 $z=e^{j\Omega}$，则有

$$H(e^{j\Omega})=K\frac{\prod_{m=1}^{M}(e^{j\Omega}-z_m)}{\prod_{k=1}^{N}(e^{j\Omega}-p_k)} \tag{6-47}$$

由(6－47)式可见，离散系统的频率响应特性取决于系统的零极点。由于 $e^{j\Omega}$、z_m、p_k 都是复数，可用复平面上的矢量表示，如图6－9所示，令

$$e^{j\Omega}-z_m=A_m e^{j\theta_m},e^{j\Omega}-p_k=B_k e^{j\alpha_k}$$

则有

$$H(e^{j\Omega})=K\frac{\prod_{m=1}^{M}A_m e^{j\theta_m}}{\prod_{k=1}^{N}B_k e^{j\alpha_k}}=|H(e^{j\Omega})|e^{j\varphi(\Omega)} \tag{6-48}$$

式中

$$|H(e^{j\Omega})|=|K|\frac{\prod_{m=1}^{M}A_m}{\prod_{k=1}^{N}B_k}$$

$$\varphi(\Omega)=\arg[K]+\sum_{m=1}^{M}\theta_m-\sum_{k=1}^{N}\alpha_k$$

分别为幅频响应和相频响应。当 Ω 沿着单位圆移动一周，则可以得到离散系统一个周期的幅频特性和相频特性。由此可知，离散系统的频响特性是以 2π 为周期的周期函数。

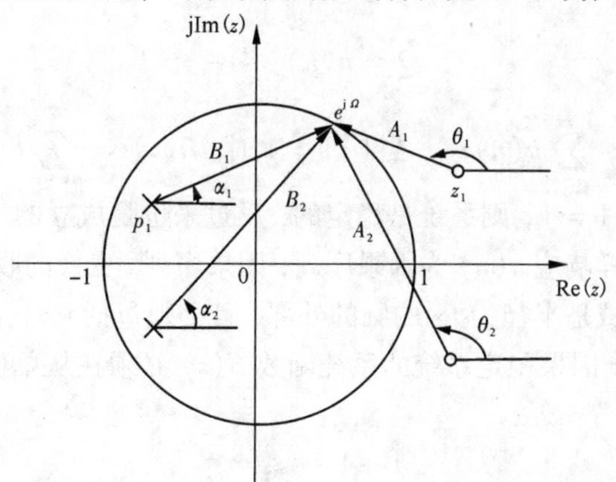

图6－9　频率响应的几何解释

例6－9　已知 $|a|<1$，且为实数，某离散系统的系统函数为

$$H(z)=\frac{1}{1-az^{-1}},\quad |z|>|a|$$

求系统的频率响应，试用向量法定性画出该系统的幅频响应和相频响应曲线。

解： 由 $H(z)$ 可知，该离散系统是因果系统，系统的频率响应为

$$H(\mathrm{e}^{\mathrm{j}\Omega}) = H(z)\big|_{z=\mathrm{e}^{\mathrm{j}\Omega}} = \frac{1}{1 - a\mathrm{e}^{-\mathrm{j}\Omega}}$$

幅度响应为

$$|H(\mathrm{e}^{\mathrm{j}\Omega})| = (1 + a^2 - 2a\cos\Omega)^{-\frac{1}{2}}$$

相位响应为

$$\varphi(\Omega) = -\arctan\left(\frac{a\sin\Omega}{1 - a\cos\Omega}\right)$$

零极点图，幅频响应曲线和相频响应曲线如图 6 - 10 所示。若 $0 < a < 1$，系统呈低通特性，若 $-1 < a < 0$，系统呈高通特性。

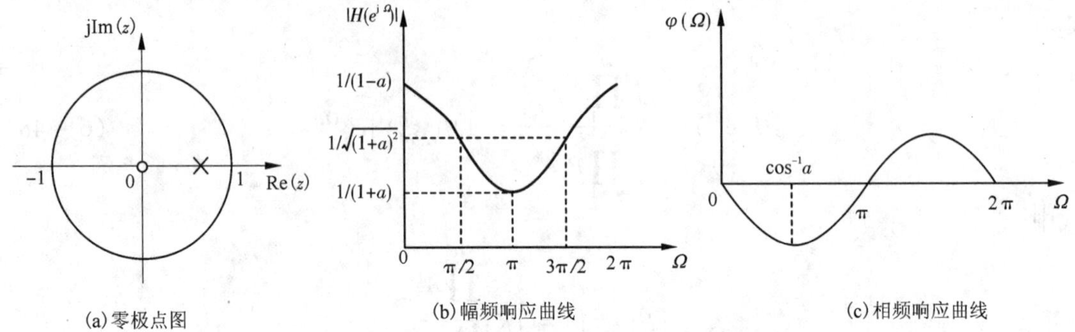

(a) 零极点图　(b) 幅频响应曲线　(c) 相频响应曲线

图 6 - 10　例 6 - 9 中离散系统的向量表示与频响曲线

6.5.4　利用系统函数判定系统的特性

一个线性移不变系统稳定的充分必要条件是单位抽样响应 $h(n)$ 绝对可和，即

$$\sum_{n=-\infty}^{\infty} |h(n)| < \infty$$

而系统函数 $H(z) = \sum\limits_{n=-\infty}^{\infty} h(n)z^{-n}$，当 $|z| = 1$ 时，$H(z) = \sum\limits_{n=-\infty}^{\infty} h(n)$。由此可知，如果系统收敛域包括单位圆 $|z| = 1$，则系统是稳定的，反过来也是成立的。

因果系统的单位抽样响应 $h(n)$ 为因果序列，因果序列 z 变换的收敛域为 $R_x < |z| \leqslant \infty$，也就是因果序列的收敛域是半径为 R_x 的圆的外部，且必须包括 $|z| = \infty$。

综合分析可知，一个因果稳定系统的系统函数 $H(z)$ 必须在从单位圆到 ∞ 的整个 z 域内收敛，即

$$1 \leqslant |z| \leqslant \infty$$

也就是说系统函数的极点必须全部在单位圆内。

例 6 - 10　已知某离散系统的系统函数为

$$H(z) = \frac{1}{(1 - 0.2z^{-1})(1 + 1.2z^{-1})}$$

试根据系统函数 $H(z)$ 的收敛域判断系统的因果性和稳定性。

解: $H(z)$ 有两个极点, $H(z)$ 的收敛域可能有三种情况。

(1) 当收敛域为 $|z| < 0.2$ 时, $h(n)$ 为左边序列, 收敛域不包括单位圆, 系统是非因果和不稳定的。

(2) 当收敛域为 $0.2 < |z| < 1.2$ 时, $h(n)$ 为双边序列, 收敛域包括单位圆, 系统是非因果和稳定的。

(3) 当收敛域为 $|z| > 1.2$ 时, $h(n)$ 为右边序列且有 $h(n) = h(n)u(n)$, 收敛域不包括单位圆, 系统是因果和不稳定的。

6.6　z 域分析

6.6.1　利用 z 变换解差分方程

线性移不变离散系统可利用 z 变换将时域差分方程变换成 z 域的代数方程, 然后解此代数方程, 再经 z 反变换求得系统响应。

线性移不变离散系统的差分方程一般形式可写成

$$\sum_{i=0}^{n} a_{n-i} y(k-i) = \sum_{j=0}^{m} b_{m-j} x(k-j) \tag{6-49}$$

将等式两边取单边 z 变换, 并利用 z 变换的移位性质可得

$$\sum_{i=0}^{n} a_{n-i} \left[z^{-i} Y(z) + \sum_{k=0}^{i-1} y(k-i) z^{-k} \right] = \sum_{j=0}^{m} b_{m-j} \left[z^{-j} X(z) + \sum_{k=0}^{j-1} x(k-j) z^{-k} \right]$$

考虑激励是因果序列, 则上式可写成

$$\sum_{i=0}^{n} a_{n-i} \left[z^{-i} Y(z) + \sum_{k=0}^{i-1} y(k-i) z^{-k} \right] = \sum_{j=0}^{m} b_{m-j} z^{-j} X(z)$$

解得

$$Y(z) = \frac{-\sum_{i=0}^{n} a_{n-i} \sum_{k=0}^{i-1} y(k-i) z^{-k}}{\sum_{i=0}^{n} a_{n-i} z^{-i}} + \frac{\sum_{j=0}^{m} b_{m-j} z^{-j}}{\sum_{i=0}^{n} a_{n-i} z^{-i}} X(z) = Y_{zi}(z) + Y_{zs}(z) \tag{6-50}$$

式(6-50)左边第一项只与系统的起始状态有关, 对其进行 z 反变换, 得到系统的零输入响应 $y_{zi}(k)$, 式(6-50)左边第二项只与系统的输入有关, 对它进行 z 反变换, 得到系统的零状态响应 $y_{zs}(k)$, 即系统的全响应应为

$$y(k) = y_{zi}(k) + y_{zs}(k) \tag{6-51}$$

例 6-11　已知某一线性移不变离散系统的差分方程为

$$y(k) - ay(k-1) = x(k)$$

若输入 $x(k) = b^k u(k)$, 起始状态 $y(-1) = 0$, 求系统的响应 $y(k)$。

解: 对差分方程两边取单边 z 变换, 可得

$$Y(z) - az^{-1} Y(z) - ay(-1) = X(z)$$

因 $y(-1) = 0$, 可得

$$Y(z) = \frac{X(z)}{1 - az^{-1}}$$

又有 $x(k) = b^k u(k)$，其 z 变换为

$$X(z) = \frac{z}{z-b}, \quad |z| > |b|$$

由此可得

$$Y(z) = \frac{z^2}{(z-a)(z-b)} = \frac{1}{a-b}\left(\frac{az}{z-a} - \frac{bz}{z-b}\right)$$

将上式进行 z 反变换，得系统响应为

$$y(k) = \frac{1}{a-b}(a^{k+1} - b^{k+1})u(k)$$

例 6－12　上例中输入不变，单起始状态为 $y(-1) = 5$，求系统的响应 $y(k)$。

解：差分方程的 z 变换为

$$Y(z) - az^{-1}Y(z) - ay(-1) = X(z)$$

因此

$$Y(z) = \frac{X(z) + ay(-1)}{1 - az^{-1}} = \frac{X(z)}{1 - az^{-1}} + \frac{ay(-1)}{1 - az^{-1}}$$

又有 $X(z) = \frac{z}{z-b}$，$|z| > |b|$ 以及 $y(-1) = 5$，可得

$$Y(z) = \frac{z^2}{(z-a)(z-b)} + \frac{5az}{z-a} = \frac{1}{a-b}\left(\frac{az}{z-a} - \frac{bz}{z-b}\right) + \frac{5az}{z-a}$$

进行 z 反变换得系统响应为

$$y(k) = \left[\frac{1}{a-b}(a^{k+1} - b^{k+1}) + 5a^{k+1}\right]u(k)$$

6.6.2　系统的 z 域框图

离散系统可用方框图表示出来，具体来说，若已知离散系统的差分方程或系统函数，可采用若干基本单元互连的方式来表示离散系统。

(1) 基本单元表示离散系统

表示离散系统的基本单元有加法器、常数乘法器和单位延时器，如图 6－11 所示。

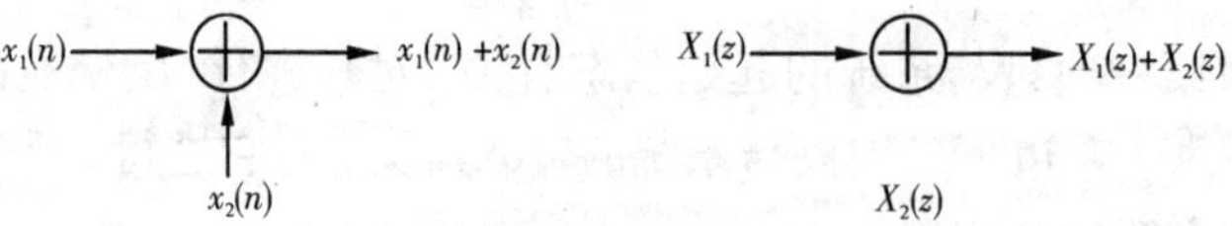

(a) 加法器的时域形式与 z 域形式

$x(n)$ → a → $ax(n)$　　$X(z)$ → a → $aX(z)$

(b) 常数乘法器的时域形式与 z 域形式

$x(n)$ → □ → $x(n-1)$　　$X(z)$ → z^{-1} → $z^{-1}X(z)$

(c) 单位延时器的时域形式与 z 域形式

图 6－11　离散系统的基本单元

例 6 - 13　某线性移不变离散系统的框图如图 6 - 12 所示，试描述该系统的差分方程。

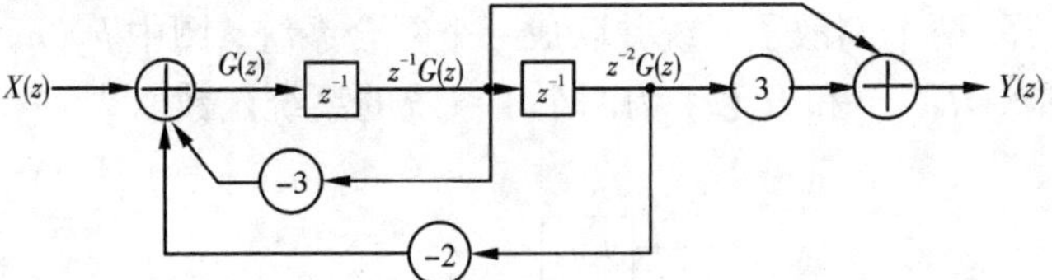

图 6 - 12　例 6 - 13 中离散系统框图

解： 设左边加法器输出为 $G(z)$，左边第一个延时器输出为 $z^{-1}G(z)$，第二个延时器输出为 $z^{-2}G(z)$，则有以下关系

$$G(z) = X(z) - 3z^{-1}G(z) - 2z^{-2}G(z)$$
$$Y(z) = z^{-1}G(z) + 3z^{-2}G(z)$$

整理可得

$$G(z) = \frac{X(z)}{1 + 3z^{-1} + 2z^{-2}}$$
$$Y(z) = \frac{z^{-1} + 3z^{-2}}{1 + 3z^{-1} + 2z^{-2}}X(z)$$

即有

$$(1 + 3z^{-1} + 2z^{-2})Y(z) = (z^{-1} + 3z^{-2})X(z)$$

对上式进行 z 反变换，可得系统的差分方程为

$$y(n) + 3y(n-1) + 2y(n-2) = x(n-1) + 3x(n-2)$$

(2) 离散系统的级联

如图 6 - 13 所示，两个离散子系统级联成一个复合系统，图中 $h_1(n)$ 和 $h_2(n)$ 为两个子系统的单位抽样响应，$H_1(z)$ 和 $H_2(z)$ 为两个子系统的系统函数。

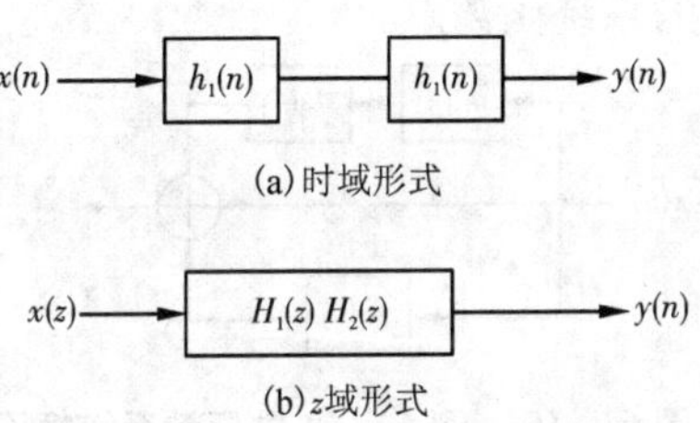

(a) 时域形式

(b) z 域形式

图 6 - 13　两个离散子系统级联

若复合系统为因果系统，则有

$$y(n) = x(n) * h_1(n) * h_2(n)$$

根据单边 z 变换的时域卷积性质，可得

$$Y(z) = X(z)H_1(z)H_2(z)$$

因此，级联复合系统的系统函数为

$$H(z) = \frac{Y(z)}{X(z)} = H_1(z)H_2(z) \tag{6-52}$$

也就是级联系统的系统函数为各个子系统的系统函数的乘积。

(3) 离散系统的并联

如图6－14所示，两个离散子系统并联成一个复合系统，图中 $h_1(n)$ 和 $h_2(n)$ 为两个子系统的单位抽样响应，$H_1(z)$ 和 $H_2(z)$ 为两个子系统的系统函数。

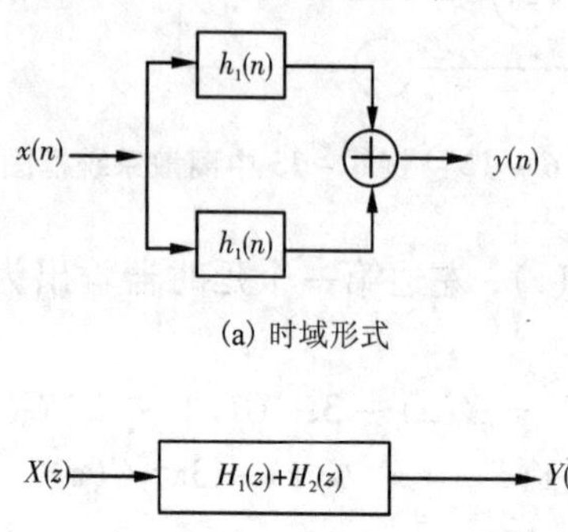

(a) 时域形式

(b) z域形式

图6－14　两个离散子系统并联

若复合系统为因果系统，则有

$$y(n) = x(n) * h_1(n) + x(n) * h_2(n)$$

根据单边 z 变换的时域卷积性质，可得

$$Y(z) = X(z)H_1(z) + X(z)H_2(z)$$

因此，并联复合系统的系统函数为

$$H(z) = \frac{Y(z)}{X(z)} = H_1(z) + H_2(z) \tag{6-52}$$

也就是并联系统的系统函数为各个子系统的系统函数之和。

例6－14　已知离散系统的框图如图6－15所示，图中 $h_1(n) = \delta(n)$，$h_2(n) = \delta(n-1)$，$h_3(n) = \delta(n-2)$，求该系统的系统函数。

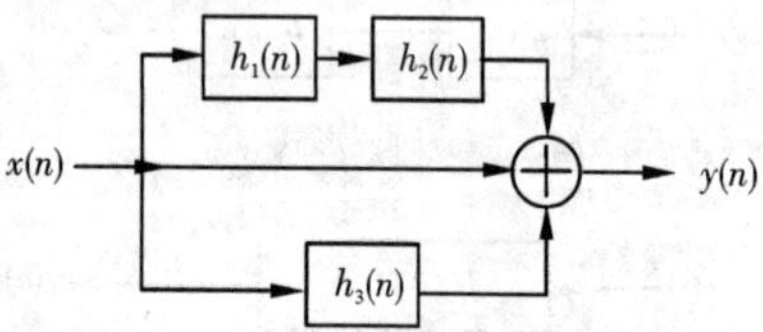

图6－15　例6－14中离散系统框图

解： 设系统的单位抽样响应为 $h(n)$，则有

$$\begin{aligned} h(n) &= \delta(n) * [1 + h_1(n) * h_2(n) + h_3(n)] \\ &= \delta(n) * [1 + \delta(n) * \delta(n-1) + \delta(n-2)] \\ &= \delta(n) + \delta(n-1) + \delta(n-2) \end{aligned}$$

对上式进行单边 z 变换，得系统函数为

$$H(z) = 1 + z^{-1} + z^{-2}, \ |z| > 0$$

习　题

6－1　已知某离散序列的 z 域表达式，但并没有标注收敛域，试讨论可能有几种形式的时域序列与之对应。并举出一个具体的例子。

6－2　求下列序列的 z 变换及收敛域。

(1) $x(n)=\begin{cases}3^n, & n<0\\ \left(\frac{1}{3}\right)^n, & n\geqslant 0\end{cases}$

(2) $x(n)=\left(\frac{1}{2}\right)^{|n|},\ n=0,\ \pm 1,\ \pm 2,\ \cdots$

6－3　用三种 z 反变换方法求下列 $X(z)$ 的反变换。

$$X(z)=\frac{1-\frac{1}{4}z^{-1}}{1-\frac{8}{15}z^{-1}+\frac{1}{15}z^{-2}},\quad \frac{1}{5}<|z|<\frac{1}{3}$$

6－4　已知 $X(z)=\frac{z+2}{2z^2-7z+3}$，求下列三种收敛域下对应的时域离散序列。

(1) $|z|<0.5$　(2) $0.5<|z|<3$　(3) $|z|>3$。

6－5　求下列 $X(z)$ 的反变换。

(1) $X(z)=\frac{1-0.5z^{-1}}{1+\frac{3}{4}z^{-1}+\frac{1}{8}z^{-2}},\quad |z|>0.5$

(2) $X(z)=\frac{10}{(1-0.5z^{-1})(1-0.25z^{-1})},\quad |z|>0.5$

6－6　运用 z 变换性质求下列序列的 z 变换。

(1) $x(n)=\frac{1}{2}[1+(-1)^n]u(n)$　(2) $x(n)=u(n)-u(n-7)$

(3) $x(n)=n(-1)^n u(n)$　(4) $x(n)=n(n-1)u(n)$

(5) $x(n)=\cos\left(\frac{n\pi}{2}\right)u(n)$　(6) $x(n)=\frac{a^n}{n+1}u(n)$

(7) $x(n)=\frac{(a^n-b^n)}{n}u(n-1)$　(8) $x(n)=2^n\sum_{k=0}^{n}\left(\frac{1}{2}\right)^k$

6－7　已知 $x(n)=a^n u(n)$，用卷积定理求 $y(n)=\sum_{k=0}^{n}f(k)$。

6－8　已知因果序列的 z 变换 $X(z)$，求序列的初值和终值。

(1) $X(z)=\frac{1}{(1-0.5z^{-1})(1+0.5z^{-1})}$　(2) $X(z)=\frac{z^{-1}}{1-1.5z^{-1}+0.5z^{-2}}$

6－9　试从定义和收敛域方面比较拉普拉斯变换和 z 变换。

6－10　已知 $x(t)=\cos(\omega t)u(t)$ 的拉普拉斯变换为 $\frac{s}{s^2+\omega^2}$，求抽样序列 $x(nT)=$

$\cos(\omega nT)u(nT)$ 的 z 变换。

6 - 11　已知因果离散系统的系统函数为 $H(z) = 1 + z^{-1}$，求系统的频率响应，并粗略画出系统的幅频响应曲线和相频响应曲线。

6 - 12　已知离散系统的系统函数为 $H(z) = \dfrac{9.5z}{(z-0.5)(10-z)}$，求下列两种情况下的系统单位抽样响应，并说明系统的因果性和稳定性。

(1) $0.5 < |z| < 10$　　　(2) $10 < |z| \leqslant \infty$

6 - 13　运用 z 域分析法求下列系统的系统函数和单位抽样响应，并判断该系统的稳定性。

(1) $y(n+2) - y(n+1) + 0.25y(n) = x(n)$　(2) $y(n+2) - y(n) = x(n+1) - x(n)$

6 - 14　运用 z 域分析法求下列系统的全响应。

(1) $y(n+1) - y(n) = u(n+1)$，$y_{zi}(0) = -1$

(2) $y(n) + 3y(n-1) + 2y(n-2) = u(n)$，$y(-1) = 0$，$y(-2) = 0.5$

6 - 15　试用离散系统 z 域的基本单元模拟下列因果离散系统。

(1) $H(z) = \dfrac{z(z+3)}{(z-0.5)(z-0.6)}$　(2) $H(z) = \dfrac{3z+1}{z(z+5)(z-0.5)^2}$

6 - 16　某因果移不变离散系统的框图如图 1 所示，试描述该系统的差分方程和单位抽样响应。

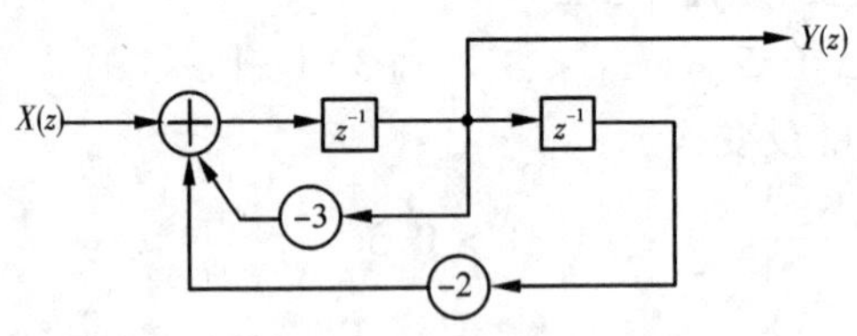

图 1　题 6 - 16 图

6 - 17　已知离散系统的框图如图 2 所示，图中 $H_1(z) = z^{-1}$，$H_2(n) = \dfrac{1}{z+2}$，$H_3(z) = \dfrac{1}{z-1}$，求该系统的差分方程及单位抽样响应。

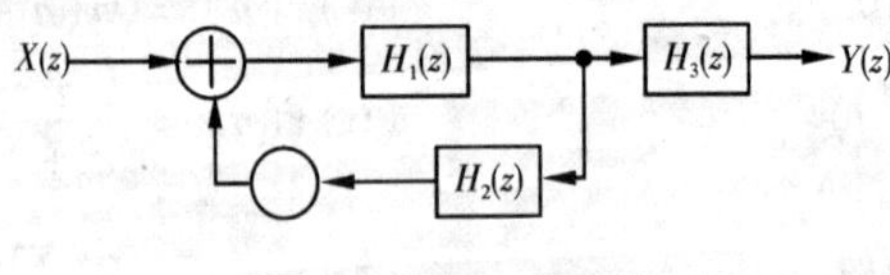

图 2　题 6 - 17 图

第 7 章　系统的状态变量分析

描述一个系统的方法，按照采用何种数学模型，可以分为两类：一类是输入输出描述法，另一类是状态变量分析法。

前面各章讨论的系统的各种分析方法，都着眼于激励函数与响应函数之间的直接关系，或者说输入信号和输出信号的直接关系，都属于输入 - 输出描述法。然而，这种方法只关心输入和输出信号之间的关系，无法描述系统的内部特性。在着眼于系统外部特性并且研究单输入 - 单输出系统时，这种方法是很方便的。但是，随着科学技术的进一步发展，现代工程中所采用的系统日趋复杂，它们往往是多输入 - 多输出的系统。

20 世纪 50—60 年代，系统状态变量分析法开始引入系统分析领域。此方法不仅可以描述系统的内部特性，还可以描述多输入 - 多输出系统。利用矩阵来表达数学式，便于借助计算机求解。此外，状态变量分析法也成功地用来描述非线性系统或时变系统。

7.1　状态变量分析的基本概念

首先，从一个简单实例给出关于状态变量的一些初步概念，如图 7 - 1 所示的串联谐振回路。

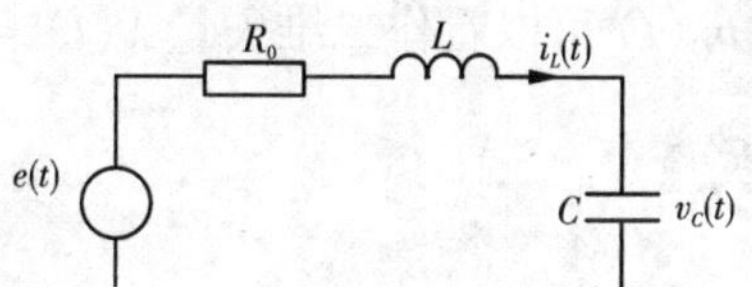

图 7 - 1　串联谐振电路

对于图 7 - 1 所示电路，希望了解电容上的电压 $v_C(t)$，同时希望知道在 $e(t)$ 的作用下，电感中电流 $i_L(t)$ 的变化情况。这时可以列出方程

$$R_0 i_L(t) + L\frac{\mathrm{d}}{\mathrm{d}t}i_L(t) + v_C(t) = e(t) \tag{7-1}$$

及

$$v_C(t) = \frac{1}{C}\int i_L(t)\,\mathrm{d}t$$

或

$$\frac{\mathrm{d}}{\mathrm{d}t}v_C(t) = \frac{1}{C}i_L(t) \tag{7-2}$$

上列两式可以写成

$$\begin{aligned}\frac{\mathrm{d}}{\mathrm{d}t}i_L(t) &= -\frac{R_0}{L}i_L(t) - \frac{1}{L}v_C(t) + \frac{1}{L}e(t)\\ \frac{\mathrm{d}}{\mathrm{d}t}v_C(t) &= \frac{1}{C}i_L(t)\end{aligned} \tag{7-3}$$

这是一个以 $i_L(t)$ 和 $v_C(t)$ 作为变量的一阶微分联立方程。对于图 7 - 1 所示的串联谐振电路，只要知道 $i_L(t)$ 及 $v_C(t)$ 的初始情况及加入的 $e(t)$ 情况，即可完全确定电路的全部行为。这种描述系统的方法称为系统的状态变量或状态空间分析法，其中 $i_L(t)$ 和 $v_C(t)$ 即为串联谐振电路的状态变量。方程组(7 - 3) 即为状态方程。

对于图 7 - 1 所示电路，若以 $r(t)$ 表示输出信号，输出方程的表达式可写作

$$r(t) = i_L(t) + v_C(t) \tag{7-4}$$

状态方程和输出方程组成了系统的状态变量描述法的全部内容，下面给出状态变量分析法中的几个名词定义。

7.1.1 状态

状态是表示一个系统所需要的最少物理量。只要知道 $t = t_0$ 时这组变量和 $t \geqslant t_0$ 时的输入，那么就能完全确定系统在任何时间 $t \geqslant t_0$ 的行为。

7.1.2 状态变量

能够表示系统状态的那些变量称为状态变量，例如图 7 - 1 中的 $i_L(t)$ 和 $v_C(t)$。

7.1.3 状态矢量

能够完全描述一个系统行为的 κ 个状态变量，可以看作矢量 $\boldsymbol{\lambda}(t)$ 的各个分量坐标。例如图 7 - 1 中的状态变量 $i_L(t)$ 和 $v_C(t)$ 可以看作二维矢量 $\boldsymbol{\lambda}(t) = \begin{bmatrix}\lambda_1(t)\\ \lambda_2(t)\end{bmatrix}$的两个分量 $\lambda_1(t)$ 和 $\lambda_2(t)$ 的坐标。$\boldsymbol{\lambda}(t)$ 即为状态矢量。

7.1.4 状态空间

状态矢量 $\boldsymbol{\lambda}(t)$ 所在的空间即为状态空间。

7.1.5 状态方程与输出方程

状态方程就是描述状态变量变化规律的一组一阶微分方程组，如式(7 - 3)，每一个等式左边是状态变量的一阶导数，右边是只包含系统参数、状态变量和激励的一般函数表达式，其中没有变量的积分和微分运算。

输出方程就是描述系统的输出与状态变量之间的关系的方程组，如式(7 - 4)，每一个等式左边是输出变量，右边是只包含系统参数、状态变量和激励的一般表达式，其中没有变量的积分和微分运算。

7.2　状态方程的建立

7.2.1　状态变量的选择

选用一组数量最少的代表系统状态的独立变量，$X_1(t)$，$X_2(t)$，…，$X_n(t)$，或用状态矢量 $\boldsymbol{X}(t)=[x_1(t), x_2(t)\cdots x_n(t)]^{\mathrm{T}}$ 表示。

对连续系统（电网络），状态变量应选择全部的独立的电感电流和电容电压。

7.2.2　状态方程的建立

作为连续系统的状态方程表现为状态变量的一阶微分联立方程组。如果系统是线性时不变的，则状态方程和输出方程是状态变量和输入信号的线性组合，即

状态方程

$$\begin{cases}\frac{\mathrm{d}}{\mathrm{d}t}\lambda_1(t)=a_{11}\lambda_1(t)+a_{12}\lambda_2(t)+\cdots+a_{1k}\lambda_k(t)+\\ \qquad b_{11}e_1(t)+b_{12}e_2(t)+\cdots+b_{1m}e_m(t)\\ \frac{\mathrm{d}}{\mathrm{d}t}\lambda_2(t)=a_{21}\lambda_1(t)+a_{22}\lambda_2(t)+\cdots+a_{2k}\lambda_k(t)+\\ \qquad b_{21}e_1(t)+b_{22}e_2(t)+\cdots+b_{2m}e_m(t)\\ \qquad\cdots\cdots\\ \frac{\mathrm{d}}{\mathrm{d}t}\lambda_k(t)=a_{k1}\lambda_1(t)+a_{k2}\lambda_2(t)+\cdots+a_{kk}\lambda_k(t)+\\ \qquad b_{k1}e_1(t)+b_{k2}e_2(t)+\cdots+b_{km}e_m(t)\end{cases}\tag{7-5}$$

输出方程

$$\begin{cases}r_1(t)=c_{11}\lambda_1(t)+c_{12}\lambda_2(t)+\cdots+c_{1k}\lambda_k(t)+\\ \qquad d_{11}e_1(t)+d_{12}e_2(t)+\cdots+d_{1m}e_m(t)\\ r_2(t)=c_{21}\lambda_1(t)+c_{22}\lambda_2(t)+\cdots+c_{2k}\lambda_k(t)+\\ \qquad d_{21}e_1(t)+d_{22}e_2(t)+\cdots+d_{2m}e_m(t)\\ \qquad\cdots\cdots\\ r_k(t)=c_{r1}\lambda_1(t)+c_{r2}\lambda_2(t)+\cdots+c_{rk}\lambda_k(t)+\\ \qquad d_{r1}e_1(t)+d_{r2}e_2(t)+\cdots+d_{rm}e_m(t)\end{cases}\tag{7-6}$$

式中，$\lambda_1(t)$，$\lambda_2(t)$，…，$\lambda_n(t)$ 为系统的 k 个状态变量。$e_1(t)$，$e_2(t)$，…，$e_n(t)$ 为系统的 m 个输入信号。$r_1(t)$，$r_2(t)$，…，$r_n(t)$ 为系统的 r 个输出信号。

用矢量矩阵形式可以表示为

状态方程

$$\frac{\mathrm{d}}{\mathrm{d}t}\boldsymbol{\lambda}_{k\times1}(t)=\boldsymbol{A}_{k\times k}\boldsymbol{\lambda}_{k\times1}(t)+\boldsymbol{B}_{k\times m}\boldsymbol{e}_{k\times1}(t)\tag{7-8}$$

输出方程

$$\boldsymbol{r}_{k\times1}(t)=\boldsymbol{C}_{k\times k}\boldsymbol{\lambda}_{k\times1}(t)+\boldsymbol{D}_{k\times m}\boldsymbol{e}_{k\times1}(t)\tag{7-8}$$

其中

$$\boldsymbol{\lambda}(t)=\begin{bmatrix}\lambda_1(t)\\ \lambda_2(t)\\ \vdots\\ \lambda_k(t)\end{bmatrix},\qquad \frac{\mathrm{d}}{\mathrm{d}t}\boldsymbol{\lambda}(t)=\begin{bmatrix}\frac{\mathrm{d}}{\mathrm{d}t}\lambda_1(t)\\ \frac{\mathrm{d}}{\mathrm{d}t}\lambda_2(t)\\ \vdots\\ \frac{\mathrm{d}}{\mathrm{d}t}\lambda_k(t)\end{bmatrix}$$

$$\boldsymbol{A}=\begin{bmatrix}a_{11} & a_{12} & \cdots & a_{1k}\\ a_{21} & a_{22} & \cdots & a_{2k}\\ \vdots & \vdots & & \vdots\\ a_{k1} & a_{k2} & \cdots & a_{kk}\end{bmatrix},\qquad \boldsymbol{B}=\begin{bmatrix}b_{11} & b_{12} & \cdots & b_{1m}\\ b_{21} & b_{22} & \cdots & b_{2m}\\ \vdots & \vdots & & \vdots\\ b_{k1} & b_{k2} & \cdots & b_{km}\end{bmatrix}$$

$$\boldsymbol{C}=\begin{bmatrix}c_{11} & c_{12} & \cdots & c_{1k}\\ c_{21} & c_{22} & \cdots & c_{2k}\\ \vdots & \vdots & & \vdots\\ c_{r1} & c_{r2} & \cdots & c_{rk}\end{bmatrix},\qquad \boldsymbol{D}=\begin{bmatrix}d_{11} & d_{12} & \cdots & d_{1m}\\ d_{21} & d_{22} & \cdots & d_{2m}\\ \vdots & \vdots & & \vdots\\ d_{r1} & d_{r2} & \cdots & d_{rm}\end{bmatrix}$$

$$\boldsymbol{r}(t)=\begin{bmatrix}r_1(t)\\ r_2(t)\\ \vdots\\ r_r(t)\end{bmatrix},\qquad \boldsymbol{e}(t)=\begin{bmatrix}e_1(t)\\ e_2(t)\\ \vdots\\ e_m(t)\end{bmatrix}$$

由此可以画出系统状态方程和输出方程分析的示意结构图，如图 7 - 2 所示。

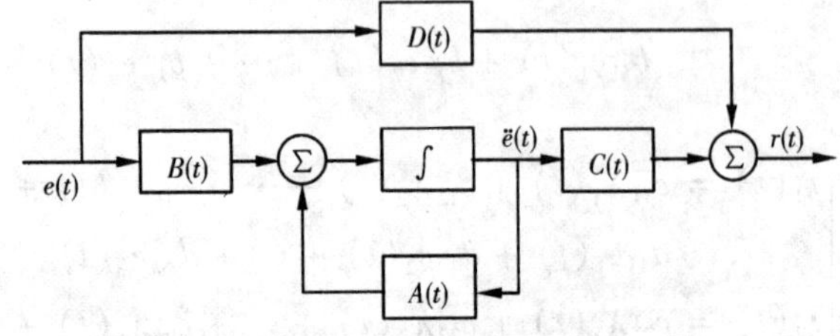

图 7 - 2 连续系统状态变量描述的结构图

由状态方程和输出方程可知，每一状态变量的导数是所有状态变量和输入激励信号的函数。而每一微分方程中，包含一个状态变量对时间的导数，且输出信号是状态变量和输入信号的函数。

7.2.3 电路的状态方程的建立

1. 状态变量的选择

在建立状态方程之前，首先要确定状态变量。

通常选择流经电感的电流i_L和电容两端的电压 u_C为状态变量，因为这两个物理量的导数具有明确的物理意义。例如，电感电流的导数与电感电压有关

$$\frac{\mathrm{d}}{\mathrm{d}t}i_L=\frac{1}{L}u_L \tag{7-9}$$

而电容上的电压的导数与电容电流有关

$$\frac{\mathrm{d}}{\mathrm{d}t}u_C = \frac{1}{C}i_C \tag{7-10}$$

选用这些变量将会给状态方程的建立带来方便。有时也选电容电荷与电感磁链作为状态变量。

2. 状态方程的建立

建立一个线性电路的状态方程，就是要列出每个状态变量的一阶微分方程，共有 k 个，即系统的阶数。需要注意的是，所选的每个状态变量都应该是独立变量。图 7－3(a) 将电压源 V_s 接到相互串联电容的两端，这两个电容上的电压不独立，只能选择其中之一为状态变量。而图 7－3(b) 任一电容电压都受到其余两电容电压值的约束，若要选取电容电压为状态变量，它们之中只有两个是独立的。

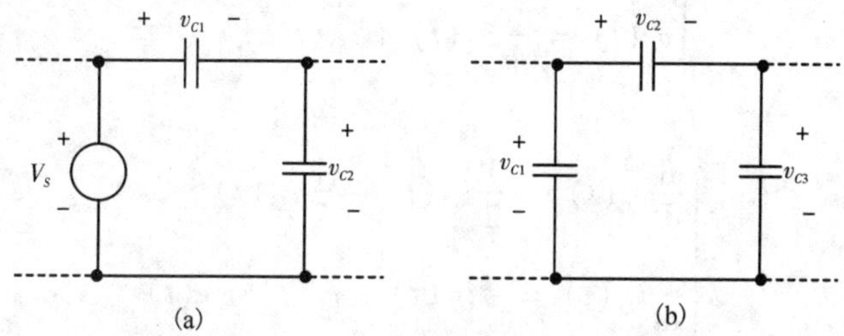

图 7－3　电容与电压源互连以及电容互连的回路

图 7－4(a) 由于电流源 I_s 的约束作用，只能选一个电感电流作独立的状态变量；图 7－4(b) 若要选取电感电流作状态变量，三个电流之中只有两个是独立的。

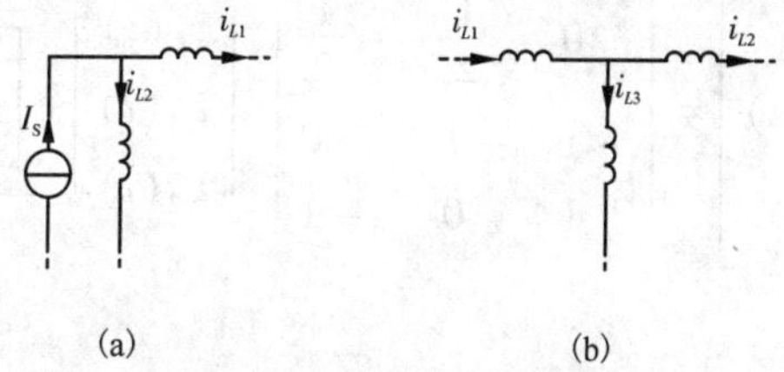

图 7－4　电感与电流源互连以及电感互连的结点

选定状态变量后，即可利用 KCL 和 KVL 列写电路方程，经化简消去一些不需要的变量，只留下状态变量和输入信号经整理给出状态方程。

例 7－1　给定下图的电路，列写电路的状态方程和输出方程。

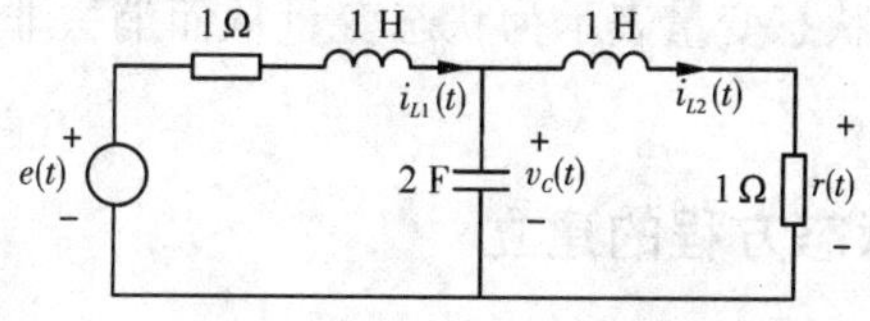

图 7－5　例 7－1 的电路图

解：选择电感电流 $i_{L1}(t)$，$i_{L2}(t)$ 和电容两端电压 $v_C(t)$ 作为状态变量，对连接电容的结点 A 列结点电流方程，即

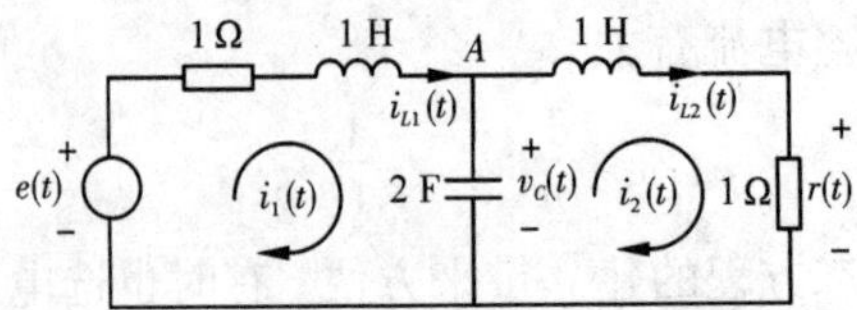

图 7－6 例 7－1 的电路分析图

$$i_{L1}(t)=i_{L2}(t)+2\frac{\mathrm{d}}{\mathrm{d}t}v_C(t) \tag{7-11}$$

对包含电容的回路 $i_1(t)$，$i_2(t)$ 列回路电压方程

$$\begin{cases}e(t)=i_{L1}(t)+\dfrac{\mathrm{d}}{\mathrm{d}t}i_{L1}(t)+v_C(t)\\ v_C(t)=\dfrac{\mathrm{d}}{\mathrm{d}t}i_{L2}(t)+i_{L2}(t)\end{cases} \tag{7-12}$$

整理可得

$$\begin{cases}\dfrac{\mathrm{d}}{\mathrm{d}t}v_C(t)=\dfrac{1}{2}i_{L1}(t)-\dfrac{1}{2}i_{L2}(t)\\ \dfrac{\mathrm{d}}{\mathrm{d}t}i_{L1}(t)=-i_{L1}(t)-v_C(t)+e(t)\\ \dfrac{\mathrm{d}}{\mathrm{d}t}i_{L2}(t)=v_C(t)-i_{L2}(t)\end{cases} \tag{7-13}$$

用矩阵的形式表示为

$$\begin{bmatrix}\dfrac{\mathrm{d}}{\mathrm{d}t}v_C(t)\\ \dfrac{\mathrm{d}}{\mathrm{d}t}i_{L1}(t)\\ \dfrac{\mathrm{d}}{\mathrm{d}t}i_{L2}(t)\end{bmatrix}=\begin{bmatrix}0 & \dfrac{1}{2} & -\dfrac{1}{2}\\ -1 & -1 & 0\\ 1 & 0 & -1\end{bmatrix}\cdot\begin{bmatrix}v_C(t)\\ i_{L1}(t)\\ i_{L2}(t)\end{bmatrix}+\begin{bmatrix}0\\1\\0\end{bmatrix}e(t) \tag{7-14}$$

则输出方程为

$$r(t)=i_{L2}(t) \tag{7-15}$$

由此可得建立状态方程的具体步骤如下：

(1) 选取所有独立的电感电流和电容电压为状态变量。

(2) 对于每一个电感电流，各写一个包括此电流的一阶导数在内的回路电流方程；对于每一个电容电压，各写一个包括此电压的一阶导数在内的节点电流方程。

(3) 把上面方程中的非状态变量表示为状态变量从而消去非状态变量，并经过整理，就可得到标准形式的状态方程。

7.2.4 连续时间系统状态方程的建立

用系统的状态变量描述法建立描述系统要经过三个步骤。第一，选定状态变量；第二，建立状态方程；第三，建立输出方程。其中，状态变量的选取特别重要。取用不同的状态变量将导致不同的状态方程。所以，一个系统可能有多种状态变量的表示方法。下面将详细介绍通过输入输出方程导出连续时间系统的状态方程和输出方程的方法。

假设某个物理系统可用下述微分方程表示

$$
\begin{aligned}
&\frac{\mathrm{d}^k}{\mathrm{d}t^k}r(t)+a_1\frac{\mathrm{d}^{k-1}}{\mathrm{d}t^{k-1}}r(t)+\cdots+a_{k-1}\frac{\mathrm{d}}{\mathrm{d}t}r(t)+a_kr(t)\\
&=b_0\frac{\mathrm{d}^k}{\mathrm{d}t^k}e(t)+b_1\frac{\mathrm{d}^{k-1}}{\mathrm{d}t^{k-1}}e(t)+\cdots+b_{k-1}\frac{\mathrm{d}^{k-1}}{\mathrm{d}t^{k-1}}e(t)+b_ke(t)
\end{aligned}
\tag{7-16}
$$

表示成算子形式为

$$(s^k+a_1s^{k-1}+\cdots+a_{k-1}s+a_k)r(t)=(b_0s^k+b_1s^{k-1}+\cdots+b_{k-1}s+b_k)e(t) \tag{7-17}$$

其传输算子为

$$H(s)=\frac{b_0s^k+b_1s^{k-1}+\cdots+b_{k-1}s+b_k}{s^k+a_1s^{k-1}+\cdots+a_{k-1}s+a_k} \tag{7-18}$$

为便于选择状态变量，把上式表示为

$$H(s)=\frac{b_0+b_1/s+\cdots+b_{k-1}/s^{k-1}+b_k/s^k}{1+a_1/s+\cdots+a_{k-1}/s^{k-1}+a_k/s^k} \tag{7-19}$$

用积分器实现该系统时，有图 7 - 7 所示的流图形式。

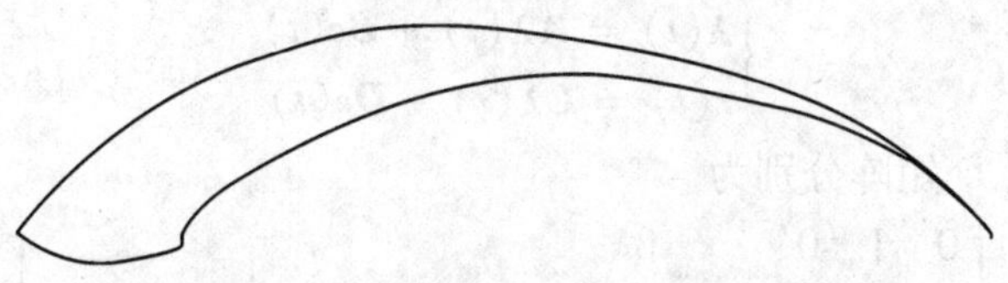

图 7 - 7　式(7 - 19) 的流图表示

为列写状态方程，取每一积分器的输出作为状态变量，如图中所标的 $\lambda_1(t)$，$\lambda_2(t)$，…，$\lambda_k(t)$，即

$$
\begin{cases}
\dot{\lambda}_1=\lambda_2\\
\dot{\lambda}_2=\lambda_3\\
\vdots\\
\dot{\lambda}_{k-1}=\lambda_k\\
\dot{\lambda}_k=-a_k\lambda_1-a_{k-1}\lambda_2-\cdots-a_2\lambda_{k-1}-a_1\lambda_k+e(t)
\end{cases}
$$

$$
\begin{aligned}
r(t)&=b_k\lambda_1+b_{k-1}\lambda_2+\cdots+b_2\lambda_{k-1}+b_1\lambda_k+\\
&\quad b_0[-a_k\lambda_1-a_{k-1}\lambda_2-\cdots-a_2\lambda_{k-1}-a_1\lambda_k+e(t)]\\
&=(b_k-a_kb_0)\lambda_1+(b_{k-1}-a_{k-1}b_0)\lambda_2+\cdots+\\
&\quad(b_2-a_2b_0)\lambda_{k-1}+(b_1-a_1b_0)\lambda_k+b_0e(t)
\end{aligned}
\tag{7-20}
$$

则方程(7 - 20) 即为对应式(7 - 16) 系统的状态方程和输出方程，表示成矢量矩阵的形式

$$\begin{bmatrix} \dot{\lambda}_1 \\ \dot{\lambda}_2 \\ \vdots \\ \dot{\lambda}_{k-1} \\ \dot{\lambda}_k \end{bmatrix} = \begin{bmatrix} 0 & 1 & 0 & \cdots & 0 \\ 0 & 0 & 1 & \cdots & 0 \\ \vdots & \vdots & & \vdots & \vdots \\ 0 & 0 & 0 & \cdots & 0 \\ -a_k & -a_{k-1} & -a_{k-2} & \cdots & -a_1 \end{bmatrix} \begin{bmatrix} \lambda_1 \\ \lambda_2 \\ \vdots \\ \lambda_{k-1} \\ \lambda_k \end{bmatrix} + \begin{bmatrix} 0 \\ 0 \\ \vdots \\ 0 \\ 1 \end{bmatrix} e(t) \tag{7-21}$$

$$r(t) = [(b_k - a_k b_0), (b_{k-1} - a_{k-1} b_0), \cdots, (b_2 - a_2 b_0)\lambda_{k-1}, (b_1 - a_1 b_0)] \begin{bmatrix} \lambda_1 \\ \lambda_2 \\ \vdots \\ \lambda_{k-1} \\ \lambda_k \end{bmatrix} + b_0 e(t) \tag{7-22}$$

或化简表示成

$$\begin{cases} \dot{\boldsymbol{\lambda}}(t) = \boldsymbol{A}\boldsymbol{\lambda}(t) + \boldsymbol{B}e(t) \\ \boldsymbol{r}(t) = \boldsymbol{C}\boldsymbol{\lambda}(t) + \boldsymbol{D}e(t) \end{cases} \tag{7-23}$$

对应的 $\boldsymbol{A}$、$\boldsymbol{B}$、$\boldsymbol{C}$、$\boldsymbol{D}$ 矩阵分别为

$$\boldsymbol{A} = \begin{bmatrix} 0 & 1 & 0 & \cdots & 0 \\ 0 & 0 & 1 & \cdots & 0 \\ \vdots & \vdots & \vdots & \vdots \\ 0 & 0 & 0 & \cdots & 0 \\ -a_k & -a_{k-1} & -a_{k-2} & \cdots & -a_1 \end{bmatrix}, \quad \boldsymbol{B} = \begin{bmatrix} 0 \\ 0 \\ \vdots \\ 0 \\ 1 \end{bmatrix}$$

$$\boldsymbol{C} = [(b_k - a_k b_0), (b_{k-1} - a_{k-1} b_0), \cdots, (b_2 - a_2 b_0)\lambda_{k-1}, (b_1 - a_1 b_0)]$$

$$\boldsymbol{D} = b_0 \tag{7-24}$$

对应式(7 - 20) 的不同输入情况，$\boldsymbol{A}$、$\boldsymbol{B}$ 矩阵是相同的，$\boldsymbol{C}$、$\boldsymbol{D}$ 矩阵有可能不同。

7.2.5 离散时间系统状态方程的建立

对于离散系统，通常用下列 k 阶差分方程来描述

$$\begin{aligned} &y(n) + a_1 y(n-1) + a_2 y(n-2) + \cdots + a_{k-1} y[n-(k-1)] + a_k y(n-k) \\ &= b_0 x(n) + b_1 x(n-1) + b_2 x(n-2) + \cdots + b_{k-1} x[n-(k-1)] + b_k x(n-k) \end{aligned} \tag{7-25}$$

如果表示为算子的形式为

$$\begin{aligned} &(E^k + a_1 E^{k-1} + \cdots + a_{k-1} E + a_k) y(n) \\ &= (b_0 E^k + b_1 E^{k-1} + \cdots + b_{k-1} E + b_k) x(n) \end{aligned} \tag{7-26}$$

传输算子为

$$H(E) = \frac{b_0 E^k + b_1 E^{k-1} + \cdots + b_{k-1} E + b_k}{E^k + a_1 E^{k-1} + \cdots + a_{k-1} E + a_k} \tag{7-27}$$

$$H(E) = \frac{b_0 + b_1/E + \cdots + b_{k-1}/E^{k-1} + b_k/E^k}{1 + a_1/E + \cdots + a_{k-1}/E^{k-1} + a_k/E^k} \tag{7-28}$$

考虑到离散系统用延时单元来实现，因此把式(7－28)改写为式(7－29)的形式，按式(7－28)可以画出其流图形式

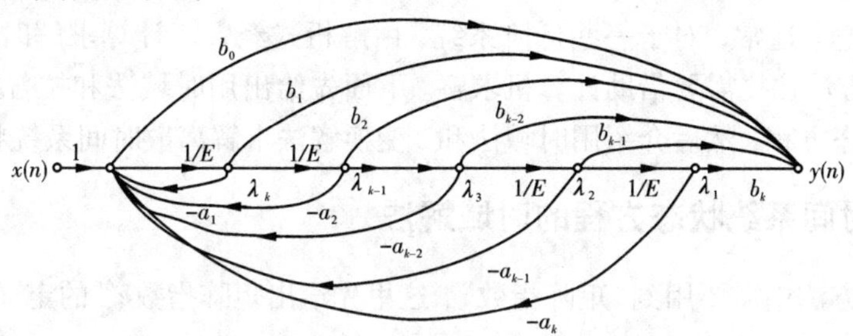

图7－8　式(7－28)的流图表示

选延时单元输出作为状态变量，如图7－8所示，有

$$\begin{cases} \lambda_1(n+1) = \lambda_2(n) \\ \lambda_2(n+1) = \lambda_3(n) \\ \quad\cdots\cdots \\ \lambda_{k-1}(n+1) = \lambda_k(n) \\ \lambda_k(n+1) = -a_k\lambda_1(n) - a_{k-1}\lambda_2(n) - \cdots - a_2\lambda_{k-1}(n) - a_1\lambda_k(n) + x(n) \end{cases}$$

$$\begin{aligned} y(n) &= b_k\lambda_1(n) + b_{k-1}\lambda_2(n) + \cdots + b_2\lambda_{k-1}(n) + b_1\lambda_k(n) + \\ &\quad b_0[-a_k\lambda_1(n) - a_{k-1}\lambda_2(n) - \cdots - a_2\lambda_{k-1}(n) - a_1\lambda_k(n) + x(n)] \\ &= (b_k - a_kb_0)\lambda_1(n) + (b_{k-1} - a_{k-1}b_0)\lambda_2(n) + \cdots + \\ &\quad (b_2 - a_2b_0)\lambda_{k-1}(n) + (b_1 - a_1b_0)\lambda_k(n) + b_0x(n) \end{aligned} \tag{7-29}$$

可表示成矢量方程的形式如下

$$\begin{cases} \boldsymbol{\lambda}(n+1) = \boldsymbol{A\lambda}(n) + \boldsymbol{Bx}(n) \\ \boldsymbol{y}(n) = \boldsymbol{C\lambda}(t) + \boldsymbol{Dx}(n) \end{cases} \tag{7-30}$$

对应的$\boldsymbol{A}$、$\boldsymbol{B}$、$\boldsymbol{C}$、$\boldsymbol{D}$矩阵分别为

$$\boldsymbol{A} = \begin{bmatrix} 0 & 1 & 0 & \cdots & 0 \\ 0 & 0 & 1 & \cdots & 0 \\ \vdots & \vdots & \vdots & & \vdots \\ 0 & 0 & 0 & \cdots & 0 \\ -a_k & -a_{k-1} & -a_{k-2} & \cdots & -a_1 \end{bmatrix} \quad \boldsymbol{B} = \begin{bmatrix} 0 \\ 0 \\ \vdots \\ 0 \\ 1 \end{bmatrix}$$

$$\boldsymbol{C} = [(b_k - a_kb_0), (b_{k-1} - a_{k-1}b_0), \cdots, (b_2 - a_2b_0)\lambda_{k-1}, (b_1 - a_1b_0)]$$

$$\boldsymbol{D} = b_0 \tag{7-31}$$

对比连续系统，我们可以发现，根据离散系统的传输算子来列写的系统的状态方程与连续系统完全一样，只不过用延时单元来代替连续系统中的积分器。所以对离散系统的其他形式的状态变量选择可以如连续系统采用的方法一样来做。

7.3 求解状态方程的基本知识

可以利用时域方法或变换域方法求解状态方程，在求解过程中要涉及一些有关矩阵卷积和矩阵变换的概念。通常，对于一些低阶系统，由解析式经人工计算求解时，变换域方法比较简便，而时域方法往往需要借助计算机求解。下面先给出用时域法和拉普拉斯变换法求解连续时间系统状态方程，然后介绍用时域法和 z 变换解法求解离散时间系统状态方程。

7.3.1 连续时间系统状态方程的时域解法

在时域求解方法中需要用到“矩阵指数”，这里先给出矩阵指数$\boldsymbol{e}^{\boldsymbol{A}t}$ 的定义和主要性质，它的定义为

$$\boldsymbol{e}^{\boldsymbol{A}t} = \boldsymbol{I} + \boldsymbol{A}t + \boldsymbol{A}^2 t^2 + \cdots + \boldsymbol{A}^k t^k + \cdots = \boldsymbol{A}^k t^k \tag{7-32}$$

式中，$\boldsymbol{A}$ 为 $k \times k$ 方阵，$\boldsymbol{e}^{\boldsymbol{A}t}$ 也是一个 $k \times k$ 方阵。它的主要性质有

$$\boldsymbol{e}^{\boldsymbol{A}t}\boldsymbol{e}^{-\boldsymbol{A}t} = \boldsymbol{I} \tag{7-33}$$

$$\boldsymbol{e}^{\boldsymbol{A}t} = [\boldsymbol{e}^{-\boldsymbol{A}t}]^{-1} \tag{7-34}$$

$$\frac{\mathrm{d}}{\mathrm{d}t}\boldsymbol{e}^{\boldsymbol{A}t} = \boldsymbol{A}\boldsymbol{e}^{\boldsymbol{A}t} = \boldsymbol{e}^{\boldsymbol{A}t}\boldsymbol{A} \tag{7-35}$$

$$\boldsymbol{e}^{\boldsymbol{A}t}\boldsymbol{e}^{-\boldsymbol{A}\tau} = \boldsymbol{e}^{\boldsymbol{A}(t+\tau)} \tag{7-36}$$

这些结论从直观上很容易接受，严格的证明如有兴趣可查看参考书目[1]。

另外，如果对于 $n \times n$ 阶的方阵$\boldsymbol{A}$ 和$\boldsymbol{B}$，有$\boldsymbol{AB} = \boldsymbol{BA}$，则$\boldsymbol{e}^{\boldsymbol{A}t}\boldsymbol{e}^{\boldsymbol{B}t} = \boldsymbol{e}^{(\boldsymbol{A}+\boldsymbol{B})t}$，如果$\boldsymbol{AB} \neq \boldsymbol{BA}$，则上式不成立。

下面对给定的状态方程进行时域求解，若已知

$$\frac{\mathrm{d}}{\mathrm{d}t}\boldsymbol{x}(t) = \boldsymbol{A}\boldsymbol{x}(t) + \boldsymbol{B}\boldsymbol{e}(t) \tag{7-37}$$

$$\boldsymbol{y}(t) = \boldsymbol{C}\boldsymbol{x}(t) + \boldsymbol{D}\boldsymbol{e}(t) \tag{7-38}$$

其中，$\boldsymbol{A}$、$\boldsymbol{B}$、$\boldsymbol{C}$、$\boldsymbol{D}$ 为常数阵。

并给定起始状态变量

$$\boldsymbol{x}(0_-) = \begin{bmatrix} x_1(0_-) \\ \vdots \\ x_k(0_-) \end{bmatrix} \tag{7-39}$$

对式(7－37) 两边左乘$\boldsymbol{e}^{\boldsymbol{A}t}$，移项化简可得

$$\frac{\mathrm{d}}{\mathrm{d}t}\boldsymbol{e}^{-\boldsymbol{A}t}x(t) = \boldsymbol{e}^{-\boldsymbol{A}t}\boldsymbol{B}\boldsymbol{e}(t) \tag{7-40}$$

两边取积分，在考虑到式(7－39) 的初始条件的同时两边左乘$\boldsymbol{e}^{\boldsymbol{A}t}$，可得

$$\begin{aligned} x(t) &= \boldsymbol{e}^{\boldsymbol{A}t}\boldsymbol{x}(0_-) + \int_{0_-}^{t}\boldsymbol{e}^{\boldsymbol{A}(t-\tau)}\boldsymbol{B}\boldsymbol{e}(\tau)\,\mathrm{d}\tau \\ &= \boldsymbol{e}^{\boldsymbol{A}t}\boldsymbol{x}(0_-) + \boldsymbol{e}^{\boldsymbol{A}t}\boldsymbol{B} * \boldsymbol{e}(t) \end{aligned} \tag{7-41}$$

式(7－41) 即为方程(7－37) 的一般解，将此结果代入式(7－37) 得

$$\boldsymbol{y}(t) = \boldsymbol{C}\boldsymbol{e}^{\boldsymbol{A}t}\boldsymbol{x}(0_-) + [\boldsymbol{C}\boldsymbol{e}^{\boldsymbol{A}t}\boldsymbol{B} + \boldsymbol{D}\boldsymbol{\delta}(t)] * \boldsymbol{e}(t) \tag{7-42}$$

无论状态方程的解或输出方程的解都由两部分相加组成，第一部分是零输入解，由 $\boldsymbol{x}(0\_)$ 引起，第二部分是零状态解，由激励信号 $\boldsymbol{e}(t)$ 引起。两部分的变化规律都与矩阵 $\boldsymbol{e}^{\boldsymbol{A}t}$ 有关，因此可以说 $\boldsymbol{e}^{\boldsymbol{A}t}$ 反映了系统状态变化的本质。

在这里，必须指出 $\boldsymbol{e}^{\boldsymbol{A}t}$ 的拉氏变换为

$$\boldsymbol{e}^{\boldsymbol{A}t} = [(s\boldsymbol{I}-\boldsymbol{A})^{-1}]$$

其中，$\boldsymbol{e}^{\boldsymbol{A}t}$ 称为“状态转移矩阵”，$(s\boldsymbol{I}-\boldsymbol{A})^{-1}$ 称为“特征矩阵”。详细说明会在7.3.2节中给出。

至此，时域的表达式虽已给出，但计算工作并未结束，为求得最终结果必须先求出 $\boldsymbol{e}^{\boldsymbol{A}t}$，一般是由 $(s\boldsymbol{I}-\boldsymbol{A})^{-1}$ 取逆变换间接得到 $\boldsymbol{e}^{\boldsymbol{A}t}$，当然，除了这种方法之外，还有几种从时域直接求 $\boldsymbol{e}^{\boldsymbol{A}t}$ 的方法，但计算过程烦琐，一般要借助计算机求解，本书限于篇幅，不再讨论，有兴趣的同学可查看参考书目[1]的12.3节。

7.3.2　连续时间系统状态方程的拉普拉斯变换解法

对状态方程进行拉普拉斯变换时，就是要对这些时间的矢量函数进行变换。一个矢量函数进行拉普拉斯变换时，它的各元素是原矢量函数相应元素的拉普拉斯变换。

若给定方程

$$\begin{cases}\dfrac{\mathrm{d}}{\mathrm{d}t}\boldsymbol{x}(t) = \boldsymbol{A}\boldsymbol{x}(t)+\boldsymbol{B}\boldsymbol{e}(t)\\ \boldsymbol{y}(t) = \boldsymbol{C}\boldsymbol{x}(t)+\boldsymbol{D}\boldsymbol{e}(t)\end{cases} \tag{7-43}$$

两边取拉氏变换得

$$\begin{cases}s\boldsymbol{X}(s)-\boldsymbol{x}(0_-) = \boldsymbol{A}\boldsymbol{X}(s)+\boldsymbol{B}\boldsymbol{E}(s)\\ \boldsymbol{Y}(s) = \boldsymbol{C}\boldsymbol{X}(s)+\boldsymbol{D}\boldsymbol{E}(s)\end{cases} \tag{7-44}$$

式中，$x(0_-)$ 为起始条件

$$\boldsymbol{x}(0_-) = \begin{bmatrix} x_1(0_-)\\ \vdots \\ x_k(0_-)\end{bmatrix}$$

整理得

$$\begin{cases}\boldsymbol{X}(s) = (s\boldsymbol{I}-\boldsymbol{A})^{-1}\boldsymbol{x}(0_-)+(s\boldsymbol{I}-\boldsymbol{A})^{-1}\boldsymbol{B}\boldsymbol{E}(s)\\ \boldsymbol{Y}(s) = \boldsymbol{C}(s\boldsymbol{I}-\boldsymbol{A})^{-1}\boldsymbol{x}(0_-)+[\boldsymbol{C}(s\boldsymbol{I}-\boldsymbol{A})^{-1}\boldsymbol{B}+\boldsymbol{D}]\boldsymbol{E}(s)\end{cases} \tag{7-45}$$

其中，$(s\boldsymbol{I}-\boldsymbol{A})^{-1}$ 是矩阵 $(s\boldsymbol{I}-\boldsymbol{A})$ 的逆矩阵。

对 $\boldsymbol{X}(s)$ 而言，取其拉氏反变换即得状态变量的时间矢量函数 $\boldsymbol{x}(t)$。可以发现 $\boldsymbol{X}(s)$ 是由两部分组成的：第一部分仅由初始状态决定而与输入激励无关，当初始状态为零时该项也为零，显然这是状态变量的零输入分量；而第二部分仅由输入激励函数决定而与初始状态无关，当输入为零时该项亦为零，显然这是状态变量的零状态分量。对于 $\boldsymbol{Y}(s)$，若取其反变换即得输出响应矢量函数 $\boldsymbol{y}(t)$。式中第一项代表零输入响应，第二项代表零状态响应。

因而时域表达式为

$$\begin{cases}\boldsymbol{x}(t) = L^{-1}[(s\boldsymbol{I}-\boldsymbol{A})^{-1}\boldsymbol{x}(0_-)]+L^{-1}[(s\boldsymbol{I}-\boldsymbol{A})^{-1}\boldsymbol{B}]*L^{-1}\boldsymbol{E}(s)\\ \boldsymbol{y}(t) = \boldsymbol{C}L^{-1}[(s\boldsymbol{I}-\boldsymbol{A})^{-1}\boldsymbol{x}(0_-)]+\{\boldsymbol{C}L^{-1}[(s\boldsymbol{I}-\boldsymbol{A})^{-1}\boldsymbol{B}]+\boldsymbol{D}\delta(t)\}*L^{-1}\boldsymbol{E}(s)\end{cases} \tag{7-46}$$

将时域求解结果式(7－41) 和式(7－42) 与变换域求解结果式(7－46) 相比较，不难发现$(s\boldsymbol{I}-\boldsymbol{A})^{-1}$ 就是$\boldsymbol{e}^{\boldsymbol{A}t}$ 的拉氏变换。由此结果可以看出，在计算过程中最关键的一步是求$(s\boldsymbol{I}-\boldsymbol{A})^{-1}$，下面举例说明。

例 7－2 已建立状态方程和输出方程为

$$\begin{bmatrix}\frac{\mathrm{d}}{\mathrm{d}t}x_1(t)\\ \frac{\mathrm{d}}{\mathrm{d}t}x_2(t)\end{bmatrix}=\begin{bmatrix}1 & 0\\ 1 & -3\end{bmatrix}\begin{bmatrix}x_1(t)\\ x_2(t)\end{bmatrix}+\begin{bmatrix}1\\ 0\end{bmatrix}u(t)$$

$$y(t)=\left[\frac{1}{4},1\right]\begin{bmatrix}x_1(t)\\ x_2(t)\end{bmatrix}$$

起始条件为

$$x_1(0_-)=1,\quad x_2(0_-)=2$$

用拉氏变换法求响应$y(t)$。

解

$$(s\boldsymbol{I}-\boldsymbol{A})=s\begin{bmatrix}1 & 0\\ 0 & 1\end{bmatrix}-\begin{bmatrix}1 & 0\\ 1 & -3\end{bmatrix}=\begin{bmatrix}s-1 & 0\\ -1 & s+3\end{bmatrix}$$

由此求$(s\boldsymbol{I}-\boldsymbol{A})^{-1}$，这时需借助伴随矩阵 adj，利用矩阵代数知

$$(s\boldsymbol{I}-\boldsymbol{A})^{-1}=\frac{\mathrm{adj}(s\boldsymbol{I}-\boldsymbol{A})}{|s\boldsymbol{I}-\boldsymbol{A}|}=\frac{1}{(s-1)(s+3)}\begin{bmatrix}s+3 & 0\\ 1 & s-1\end{bmatrix}$$

$$=\begin{bmatrix}\frac{1}{s-1} & 0\\ \frac{1}{(s-1)(s+3)} & \frac{1}{s+3}\end{bmatrix}$$

将此结果代入式(7－45) 可以得到零输入响应和零状态响应的拉氏变换式$Y_{zi}(s)$ 和$Y_{zs}(s)$ 分别为

$$Y_{zi}(s)=\boldsymbol{C}(s\boldsymbol{I}-\boldsymbol{A})^{-1}\boldsymbol{x}(0_-)$$

$$=\left[-\frac{1}{4},1\right]\begin{bmatrix}\frac{1}{s-1} & 0\\ \frac{1}{(s-1)(s+3)} & \frac{1}{s+3}\end{bmatrix}\begin{bmatrix}1\\ 2\end{bmatrix}$$

$$=\frac{7}{4}\cdot\frac{1}{s+3}$$

$$Y_{zs}(s)=[\boldsymbol{C}(s\boldsymbol{I}-\boldsymbol{A})^{-1}\boldsymbol{B}+\boldsymbol{D}]\boldsymbol{E}(s)$$

$$=\left[-\frac{1}{4},1\right]\begin{bmatrix}\frac{1}{s-1} & 0\\ \frac{1}{(s-1)(s+3)} & \frac{1}{s+3}\end{bmatrix}\begin{bmatrix}1\\ 0\end{bmatrix}\cdot\frac{1}{s}$$

$$=\frac{1}{12}\left(\frac{1}{s+3}-\frac{1}{s}\right)$$

合并以上二式并求拉氏逆变换得到响应的时域解

$$\boldsymbol{y}(t)=\left[\frac{7}{4}\mathrm{e}^{-3t}+\frac{1}{12}(\mathrm{e}^{-3t}-1)\right]u(t)=\left(\frac{11}{6}\mathrm{e}^{-3t}-\frac{1}{12}\right)u(t)$$

7.3.3　离散时间系统状态方程的时域解法

离散时间系统的状态方程和输出方程表示为

$$\boldsymbol{x}(n+1)=\boldsymbol{A}\boldsymbol{x}(n)+\boldsymbol{B}\boldsymbol{e}(n) \tag{7-47}$$

$$\boldsymbol{y}(n)=\boldsymbol{C}\boldsymbol{x}(n)+\boldsymbol{D}\boldsymbol{e}(n) \tag{7-48}$$

式中，$\boldsymbol{A}$、$\boldsymbol{B}$、$\boldsymbol{C}$、$\boldsymbol{D}$ 为常数阵。

本节要研究的是如何求解式(7－47)所示的状态方程，至于式(7－48)所示的输出矢量，只要解得状态矢量 $\boldsymbol{x}(n)$，就很容易通过矩阵的代数运算求出。

先研究状态差分方程的时域解法。设给定系统的起始状态为：在 $n=n_0$，则按式(7－47)有

$$\boldsymbol{x}(n_0+1)=\boldsymbol{A}\boldsymbol{x}(n_0)+\boldsymbol{B}\boldsymbol{e}(n_0)$$

以下用迭代法，求 (n_0+2)，(n_0+3)，…，n 时刻的值

$$\begin{aligned}
\boldsymbol{x}(n_0+1)&=\boldsymbol{A}\boldsymbol{x}(n_0)+\boldsymbol{B}\boldsymbol{e}(n_0)\\
\boldsymbol{x}(n_0+2)&=\boldsymbol{A}\boldsymbol{x}(n_0+1)+\boldsymbol{B}\boldsymbol{e}(n_0+1)\\
&=\boldsymbol{A}^2\boldsymbol{x}(n_0)+\boldsymbol{A}\boldsymbol{B}\boldsymbol{e}(n_0)+\boldsymbol{B}\boldsymbol{e}(n_0+1)\\
\boldsymbol{x}(n_0+1)&=\boldsymbol{A}\boldsymbol{x}(\mathrm{n}_0)+\boldsymbol{B}\boldsymbol{e}(n_0)\\
&=\boldsymbol{A}^3\boldsymbol{x}(n_0)+\boldsymbol{A}^2\boldsymbol{B}\boldsymbol{e}(n_0)+\boldsymbol{A}\boldsymbol{B}\boldsymbol{e}(n_0+1)+\boldsymbol{B}\boldsymbol{e}(n_0+2)\\
&\cdots\cdots
\end{aligned}$$

按此进行，可以推知：对于任意 n 值，当 $n>n_0$ 时有

$$\begin{aligned}
\boldsymbol{x}(n)&=\boldsymbol{A}\boldsymbol{x}(n-1)+\boldsymbol{B}\boldsymbol{e}(n-1)\\
&=\boldsymbol{A}^{n-n_0}\boldsymbol{x}(n_0)+\boldsymbol{A}^{n-n_0-1}\boldsymbol{B}\boldsymbol{e}(n_0)+\boldsymbol{A}^{n-n_0-2}\boldsymbol{B}\boldsymbol{e}(n_0+1)+\cdots+\boldsymbol{B}\boldsymbol{e}(n-1)\\
&=\boldsymbol{A}^{n-n_0}\boldsymbol{x}(n_0)+\sum_{i=n_0}^{n-1}\boldsymbol{A}^{n-1-i}\boldsymbol{B}\boldsymbol{e}(i)
\end{aligned} \tag{7-49}$$

式(7－49)中，当 $n=n_0$ 时第二项不存在，此时的结果只由第一项决定，即 $\boldsymbol{x}(n_0)$ 本身，只有当 $n>n_0$ 时，式(7－49)才可给出完整的 $\boldsymbol{x}(n)$ 结果。

如果起始时刻选 $n_0=0$，并将上述对 n 值的限制以阶跃信号的形式写入表达式，于是有

$$\boldsymbol{x}(n)=\boldsymbol{A}^n\boldsymbol{x}(0)\boldsymbol{u}(n)+\left[\sum_{i=n_0}^{n-1}\boldsymbol{A}^{n-1-i}\boldsymbol{B}\boldsymbol{e}(i)\right]\boldsymbol{u}(n-1) \tag{7-50}$$

式中，$\boldsymbol{A}^n$ 称为离散系统的状态转移矩阵。

这就是所要求的状态变量的时域解。式中右方第一项仅由初始状态决定而与输入激励无关，是起始状态经转移后在 n 时刻造成的分量，称为零输入分量；第二项仅由输入激励决定而与初始状态无关，是对 $(n-1)$ 时刻以前的输入量的响应，称为零状态分量。

由 $\boldsymbol{x}(n)$ 还可解得输出为

$$\begin{aligned}
\boldsymbol{y}(n)&=\boldsymbol{C}\boldsymbol{x}(n)+\boldsymbol{D}\boldsymbol{e}(n)\\
&=\boldsymbol{C}\boldsymbol{A}^n\boldsymbol{x}(0)\boldsymbol{u}(n)+\left[\sum_{i=n_0}^{n-1}\boldsymbol{C}\boldsymbol{A}^{n-1-i}\boldsymbol{B}\boldsymbol{e}(i)\right]\boldsymbol{u}(n-1)+\boldsymbol{D}\boldsymbol{e}(n)\boldsymbol{u}(n)
\end{aligned} \tag{7-51}$$

求状态方程和输出方程时都需要计算状态转移矩阵 $\boldsymbol{A}^n$，这矩阵当然可以用矩阵 $\boldsymbol{A}$ 自乘 n

次来算得。但当n值较大时，计算工作就十分繁重。在计算状态过渡矩阵的其他方法中，最方便的还是利用z变换方法来求得A^n。见下面的状态方程的z变换解法。

7.3.4 离散时间系统状态方程的 z 变换解法

正如对于一个矩阵函数进行拉普拉斯变换是将该矩阵函数每一元素进行拉普拉斯变换一样，对于一个矩阵函数进行z变换也是将该矩阵的每一元素进行z变换。

由离散系统的状态方程和输出方程

$$\begin{cases}\boldsymbol{x}(n+1)=\boldsymbol{A}\boldsymbol{x}(n)+\boldsymbol{B}\boldsymbol{e}(n)\\ \boldsymbol{y}(n)=\boldsymbol{C}\boldsymbol{x}(n)+\boldsymbol{D}\boldsymbol{e}(n)\end{cases}\tag{7-52}$$

两边取z变换

$$\begin{cases}z\boldsymbol{X}(z)-z\boldsymbol{x}(0)=\boldsymbol{A}\boldsymbol{X}(z)+\boldsymbol{B}\boldsymbol{E}(z)\\ \boldsymbol{Y}(z)=\boldsymbol{C}\boldsymbol{X}(z)+\boldsymbol{D}\boldsymbol{E}(z)\end{cases}\tag{7-53}$$

整理得

$$\begin{cases}\boldsymbol{X}(z)=(z\boldsymbol{I}-\boldsymbol{A})^{-1}z\boldsymbol{x}(0)+(z\boldsymbol{I}-\boldsymbol{A})^{-1}\boldsymbol{B}\boldsymbol{E}(z)\\ \boldsymbol{Y}(z)=\boldsymbol{C}(z\boldsymbol{I}-\boldsymbol{A})^{-1}z\boldsymbol{x}(0)+[\boldsymbol{C}(z\boldsymbol{I}-\boldsymbol{A})^{-1}\boldsymbol{B}+\boldsymbol{D}]\boldsymbol{E}(z)\end{cases}\tag{7-54}$$

取其逆变换即得时域表达式为

$$\begin{cases}\boldsymbol{x}(n)=\mathscr{F}^{-1}[(z\boldsymbol{I}-\boldsymbol{A})^{-1}z]\boldsymbol{x}(0)+\mathscr{F}^{-1}[(z\boldsymbol{I}-\boldsymbol{A})^{-1}\boldsymbol{B}]*\mathscr{F}^{-1}[\boldsymbol{E}(z)]\\ \boldsymbol{y}(n)=\mathscr{F}^{-1}[\boldsymbol{C}(z\boldsymbol{I}-\boldsymbol{A})^{-1}z]\boldsymbol{x}(0)+\mathscr{F}^{-1}[\boldsymbol{C}(z\boldsymbol{I}-\boldsymbol{A})^{-1}+\boldsymbol{D}]*\mathscr{F}^{-1}[\boldsymbol{E}(z)]\end{cases}\tag{7-55}$$

将式(7－50)、式(7－51)与式(7－55)相比较可以得出，状态转移矩阵即为

$$\boldsymbol{A}^n=\mathscr{F}^{-1}[(z\boldsymbol{I}-\boldsymbol{A})^{-1}z]=\mathscr{F}^{-1}[(\boldsymbol{I}-z^{-1}\boldsymbol{A})^{-1}]\tag{7-56}$$

或

$$\boldsymbol{A}^{n-1}\boldsymbol{u}(n-1)=\mathscr{F}^{-1}[(z\boldsymbol{I}-\boldsymbol{A})^{-1}]\tag{7-57}$$

经过上述分析，我们可以发现，求解离散系统的状态方程和输出方程最关键的是要求出$[(z\boldsymbol{I}-\boldsymbol{A})^{-1}z]$或$(\boldsymbol{I}-z^{-1}\boldsymbol{A})^{-1}$，下面举例说明。

例 7－3 已知描述系统的矩阵参数$\boldsymbol{A}=\begin{bmatrix}\frac{1}{2}&0\\ \frac{1}{4}&\frac{1}{4}\end{bmatrix}$，求$\boldsymbol{A}^n$。

解：

$$(\boldsymbol{I}-z^{-1}\boldsymbol{A})^{-1}=\begin{bmatrix}1-\frac{1}{2}z^{-1}&0\\ -\frac{1}{4}z^{-1}&1-\frac{1}{4}z^{-1}\end{bmatrix}^{-1}=\frac{1}{(1-\frac{1}{2}z^{-1})(1-\frac{1}{4}z^{-1})}\begin{bmatrix}1-\frac{1}{4}z^{-1}&0\\ \frac{1}{4}z^{-1}&1-\frac{1}{2}z^{-1}\end{bmatrix}$$

$$=\begin{bmatrix}\dfrac{1}{1-\frac{1}{2}z^{-1}}&0\\ \dfrac{\frac{1}{4}z^{-1}}{(1-\frac{1}{2}z^{-1})(1-\frac{1}{4}z^{-1})}&\dfrac{1}{1-\frac{1}{4}z^{-1}}\end{bmatrix}$$

取其 z 变换的反变换即得

$$\boldsymbol{A}^n = \begin{bmatrix} \left(\frac{1}{2}\right)^n & 0 \\ \left(\frac{1}{2}\right)^n - \left(\frac{1}{4}\right)^n & \left(\frac{1}{4}\right)^n \end{bmatrix}$$

$$= \left(\frac{1}{4}\right)^n \begin{bmatrix} 2^n & 0 \\ 2^n - 1 & 1 \end{bmatrix}, \qquad n \geqslant 0$$

在得到 $\boldsymbol{A}^n$ 之后，即可根据需要按式(7－50)和式(7－51)从时域解出状态方程和输出方程。

习　题

7－1　给定系统的状态方程和初始条件为

$$\begin{bmatrix} \frac{\mathrm{d}}{\mathrm{d}t} x_1(t) \\ \frac{\mathrm{d}}{\mathrm{d}t} x_2(t) \end{bmatrix} = \begin{bmatrix} 1 & -2 \\ 1 & 4 \end{bmatrix} \begin{bmatrix} x_1(t) \\ x_2(t) \end{bmatrix}; \quad \begin{bmatrix} x_1(0_-) \\ x_2(0_-) \end{bmatrix} = \begin{bmatrix} 3 \\ 2 \end{bmatrix}$$

用拉普拉斯变换方法求解系统。

7－2　已知一离散系统的状态方程和输出方程表示为

$$\begin{cases} x_1(n+1) = x_1(n) - x_2(n) \\ x_1(n+1) = -x_1(n) - x_2(n) \end{cases}$$

$$Y(n) = x_1(n)\, x_2(n) + x(n)$$

(1) 给定 $x_1(0) = 2$，$x_2(0) = 2$，求状态方程的零输入解；

(2) 求系统的差分方程表达式；

(3) 给定(1)的起始条件，且给定 $x(n) = 2^n$，$n \geqslant 0$，求输出响应 $y(n)$。

参考文献

[1] 郑君里，应启珩，杨为理. 信号与系统. 第 3 版[M]. 北京：高等教育出版社，2011
[2] 管致中，夏恭恪，孟桥. 信号与线性系统. 第 5 版[M]. 孟桥，夏恭恪(修订). 北京：高等教育出版社，2011
[3] 吴大正，杨林耀，张永瑞，等. 信号与线性系统分析. 第 4 版[M]. 北京：高等教育出版社，2005
[4] 张维玺. 信号与系统. 第 2 版[M]. 北京：电子工业出版社，2011
[5] 徐守时，谭勇，郭武. 信号与系统理论、方法与应用. 第 2 版[M]. 合肥：中国科学技术大学出版社，2010
[6] 张小虹. 信号与系统. 第 2 版[M]. 西安：西安电子科技大学出版社，2008
[7] A V. Oppenheim，A S. Willsky，S H. Nawab. 信号与系统. 第 2 版[M]. 刘树棠(译). 北京：电子工业出版社，2013
[8] S Haykin，B V. Veen. 信号与系统. 第 2 版[M]. 林秩盛等译. 北京：电子工业出版社，2013
[9] 陈后金，胡健，薛键. 信号与系统[M]. 北京：高等教育出版社，2007
[10] 陈生潭，郭宝龙，李学武，等. 信号与系统. 第 4 版[M]. 西安：西安电子科技大学出版社，2018
[11] 段哲民. 信号与系统(第三版)[M]. 北京：电子工业出版社，2012 年 9 月
[12] 陈从颜，翟军勇. 信号与系统基础 [M]. 北京：机械工业出版社，2009 年 2 月
[13] 周昌雄. 信号与系统[M]. 西安：西安电子科技大学出版社，2008 年 5 月
[14] 燕庆明. 信号与系统(第二版)[M]. 北京：高等教育出版社，2007 年 11 月
[15] 王宝祥，胡航. 信号与系统习题及精解[M]. 哈尔滨：哈尔滨工业大学出版社，，2000 年 4 月
[16] 宋琪，陆三兰. 信号与系统辅导与题解[M]，武汉：华中科技大学出版社，2014 年 4 月
[17] 张明友，吕幼新. 信号与系统复习考研例题详解[M]. 北京：电子工业出版社，2003 年 7 月

图书在版编目（CIP）数据

信号与系统／刘昕，黄亚飞，曹斌芳主编．—长沙：中南大学出版社，2019.8

普通高等教育电气与自动化专业理实一体化“十三五”规划教材

ISBN 978-7-5487-3670-7

Ⅰ.①信… Ⅱ.①刘… ②黄… ③曹… Ⅲ.①信号系统—高等学校—教材 Ⅳ.①TN911.6

中国版本图书馆 CIP 数据核字(2019)第 134376 号

信号与系统

刘 昕 黄亚飞 曹斌芳 主编

□责任编辑 韩 雪
□责任印制 易建国
□出版发行 中南大学出版社
社址：长沙市麓山南路 邮编：410083
发行科电话：0731-88876770 传真：0731-88710482
□印 装 长沙雅鑫印务有限公司

□开 本 787×1092 1/16 □印张 13.5 □字数 342 千字
□版 次 2019 年 8 月第 1 版 □2019 年 8 月第 1 次印刷
□书 号 ISBN 978-7-5487-3670-7
□定 价 38.00 元

图书出现印装问题，请与经销商调换